数学思维 3

概率、统计与图论

（原书第7版）

[美] 罗伯特·布利策 著
Robert Blitzer

汪雄飞 汪荣贵 译

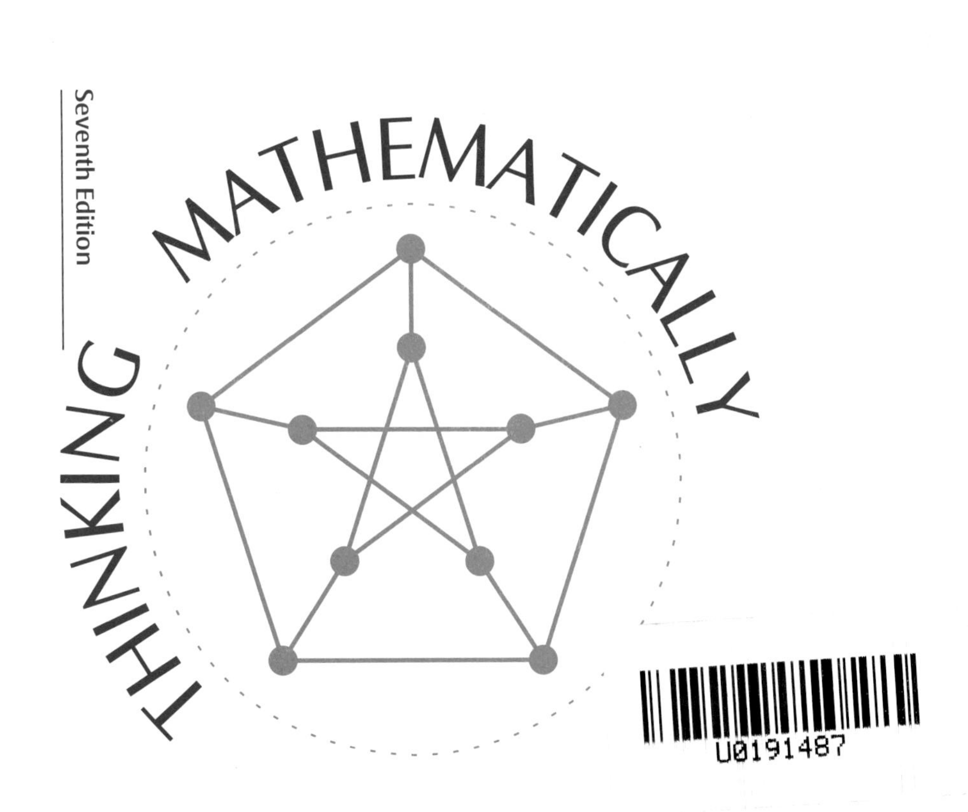

机械工业出版社
CHINA MACHINE PRESS

本书是一本经典的数学思维入门图书，从最基本的概率、统计与图论的知识开始，将不同方面的数学内容巧妙地加以安排和设计，使得它们在逻辑上层层展开，形成易于理解的知识体系。本书以趣味性的写作风格和与实际相关的例子，吸引读者的数学学习兴趣，培养读者的数学思维，体现数学知识在日常生活中的重要性。

本书内容丰富，表述通俗易懂，例子讲解详细，图例直观形象，适合作为青少年数学思维课程的教材或阅读资料，也可供广大数学爱好者、数学相关专业的科研人员和工程技术人员自学参考。

图书在版编目（CIP）数据

数学思维. 3，概率、统计与图论：原书第 7 版 /（美）罗伯特 · 布利策（Robert Blitzer）著；汪雄飞，汪荣贵译. —北京：机械工业出版社，2023.12（2024.9重印）

书名原文：Thinking Mathematically，Seventh Edition

ISBN 978-7-111-74303-3

Ⅰ. ①数… Ⅱ. ①罗… ②汪… ③汪… Ⅲ. ①数学 – 思维方法 Ⅳ. ① O1-0

中国国家版本馆 CIP 数据核字（2023）第 225187 号

机械工业出版社（北京市百万庄大街 22 号　邮政编码 100037）

策划编辑：刘　慧　　　　责任编辑：刘　慧

责任校对：李可意　牟丽英　　责任印制：常天培

北京机工印刷厂有限公司印刷

2024 年 9 月第 1 版第 2 次印刷

186mm × 240mm · 14.25 印张 · 312 千字

标准书号：ISBN 978-7-111-74303-3

定价：89.00 元

电话服务　　　　　　网络服务

客服电话：010-88361066　　机　工　官　网：www.cmpbook.com

010-88379833　　机　工　官　博：weibo.com/cmp1952

010-68326294　　金　　书　　网：www.golden-book.com

封底无防伪标均为盗版　　机工教育服务网：www.cmpedu.com

Thinking Mathematically
Seventh Edition

译者序

无论是科学研究还是技术开发，都离不开对相关问题进行数学方面的定量表示和分析，数学知识和数学思维的重要性是毋庸置疑的。长期以来，国内初等数学的教学侧重于数学知识体系的讲授，对数学思维能力的培养则重视不够。所谓数学思维能力，就是用数学进行思考的能力，主要包括逻辑思维能力、抽象思维能力、计算思维能力、空间思维能力等，以及这些思维能力的组合。数学思维能力的形成并不是一件容易的事情，通常需要较长时间的系统学习和训练。目前，国内尚比较缺乏系统性介绍和讨论初等数学思维的课程和相关教材，而机械工业出版社引进的 *Thinking Mathematically, Seventh Edition*（《数学思维（第 7 版）》）可以很好地弥补这方面的不足。

原书《数学思维（第 7 版）》是一本从青少年的视角，以日常生活中大量生动有趣的实际问题求解为导向的书，使用通俗诙谐的语言介绍和讨论了“逻辑与数”“代数与几何”“概率、统计与图论”等多个数学领域的基本知识，并将这些问题求解过程作为培养学生数学思维的训练过程，这种方式符合青少年的学习心理特征和学习习惯，能够较好地激发学生的数学学习兴趣，唤醒学生的数学潜能，培养学生的数学思维。但是，在翻译的过程中，我们感觉到这部鸿篇巨著过于庞大，对于任何想要了解数学的青少年或者其他初学者来说，都会是一种无形压力。于是，在中文版的出版中，根据知识体系的自洽性和相互依赖关系将原书分成相对独立的三本书，形成一套:《数学思维 1：逻辑与数（原书第 7 版）》《数学思维 2：代数与几何（原书第 7 版）》《数学思维 3：概率、统计与图论（原书第 7 版）》。

《数学思维 1》专注于数学思维的根本——逻辑与数，是相对较为基础的一部分，包括原书的第 1～5 章：解决问题与批判性思维，集合论，逻辑，数字表示法及计算，数论与实数系统。《数学思维 2》聚焦数学思维的核心，也是当前初等数学的核心——代数与几何，包括原书的第 6～10 章：代数（等式与不等式），代数（图像、函数与线性方程组），个人理财，测量，几何。《数学思维 3》关注现代数学中更贴合实际应用的领域——概率、统计与图论，阐述了从事科学研究和技术开发的几种工具，包括原书的第 11～14 章：计数法与概率论，统计学，选举与分配，图论。这三本书的学习没有必然的先后顺序，读者完全可以根据自己的兴趣进行选择性学习，但是，如果按照章节的先后顺序进行学习，更能理解数学思维从古到今的演进，也更能达到训练数学思维的效果。具体来说，其基本特点主要表现在如下三个方面：

首先，系统性强。三本书分别基于不同的知识领域介绍和讨论相关的初等数学思维，所涉及的数学内容非常广，几乎涵盖了初等数学的所有分支。只要完成这三本书的学习，就可以较好地掌握几乎所有的初等数学基本知识以及相应的逻辑、抽象、计算、空间等数学思维能力。

其次，可读性好。原书是一本比较经典的数学思维教材，从最简单、最基本的数学知识开始介绍，循序渐进，通过将来自不同领域的数学知识进行巧妙安排和设计，使得它们在逻辑上层层展开、环环相扣，形成一套易于理解的知识体系。经过多年的使用和迭代改进，知识体系和表达方式已基本趋于成熟稳定。

最后，趣味性强。以实际问题求解为导向并结合有趣的历史资料进行介绍，很好地展示了数学知识的实用性和数学存在的普遍性，通过实用性和趣味性巧妙化解了青少年数学学习的困难，不仅能够有效消除他们数学学习的抵触心理和畏惧心理，而且能够很好地激发他们的好奇心和问题求解动力，使其在不知不觉中习得数学思维。

这套书内容丰富，文字表述通俗易懂，实例讲解详细，图例直观形象。每章均配有丰富的习题，使得本书不仅适合作为青少年数学思维课程的教材或阅读资料，也可供广大数学爱好者、数学相关专业的科研人员和工程技术人员自学参考。

这套书由汪雄飞、汪荣贵共同翻译，统稿工作由汪荣贵完成。感谢研究生张前进、江丹、孙旭、尹凯健、王维、张珉、李婧宇、修辉、雷辉、张法正、付炳光、李明熹、董博文、麻可可、李懂、刘兵、王耀、杨伊、陈震、沈俊辉、黄智毅、禚天宇等同学提供的帮助，感谢机械工业出版社各位编辑的大力支持。

由于时间仓促，译文难免存在不妥之处，敬请读者不吝指正！

译 者
2023 年 4 月

前 言

本书为我们提供了能够在现实世界中派上用场的数学知识纲要。我编写这本书的主要目的是向学生展示如何以有趣、愉快和有意义的方式将数学应用到实际生活中。本书主题丰富，各章相对独立，十分适合作为一个或两个学期数学课程的教材，包含了文科数学、定量推理、有限数学等内容，以及为满足基本数学要求所专门设计的内容。

本书具有如下四个主要目标：

1. 帮助学生掌握数学的基础知识。

2. 向学生展示如何使用数学知识解决实际生活中的问题。

3. 使得学生在面对大学、工作和生活中可能遇到的定量问题和数学思想时，能够对其进行正确的理解和推理。

4. 在有趣的环境中培养学生解决问题的能力并形成批判性思维。

实现这些目标的一个主要障碍在于，很少有学生能够做到用心阅读课本。这一直是我和我的同事经常感到沮丧的原因。我多年来收集的逸事证据显著地表明，导致学生不认真阅读课本的基本因素主要有如下两个：

“这些知识我永远都用不上。”

“我看不懂这些解释。”

本书就是为了消除上述两个因素。

新内容

- **全新的和更新的应用案例和实际数据**。我一直在寻找可以专门用于说明数学应用的实际数据和应用案例。为了准备第 7 版，我查阅了大量的书籍、杂志、报纸、年鉴和网站。第 7 版包含了 110 个使用新数据集的可解示例和练习，以及 104 个使用更新数据的示例和练习。新的应用案例包括学生贷款债务统计、电影租赁选择、学业受阻的五大因素、大学生未按时完成作业的借口、2020 年工作岗位对不同教育背景的需求、不同专业大学生的平均收入、员工薪酬差距、拼字游戏以及发明家是先天的还是后天的等。

- **全新的“布利策补充”内容**。第 7 版补充了许多全新的但可选的小文章。新版中的“布利策补充”内容比以往任何版本的都要多，例如，新增了“用归纳法惊呆朋友吧”“预测预期寿命”“上大学值得吗？”“量子计算机”“大学毕业生的最佳理财建议”“三个奇怪的测量单位”“屏幕尺寸的数学”等。

- **新的图形计算器截屏**。所有截屏都使用 TI-84 Plus C 进行了更新。

- **全新的 MyLab 数学** ⊖。除了更新后的 MyLab 数学中的新功能，MyLab 数学还包含了特有的新项目：

  —新的目标视频及评估；

  —互动概念视频及评估；

  —带评估的动画；

  —StatCrunch 集成。

特色

- **章开头和节开头的场景**　每一章、每一节都由一个具体的场景展开，呈现了数学在学生课外生活中的独特应用。这些场景将在章或节的例子、讨论或练习中得到重新讨论。这些开场白通常语言幽默，旨在帮助害怕和不情愿学习数学的学生克服他们对数学的负面看法。每一章的开头都包含了一个叫作“相关应用所在位置”的特色栏目。

- **学习目标（我应该能学到什么？）**　每节的开头都有明确的学习目标说明。这些目标可以

⊖ 关于教辅资源，仅提供给采用本书作为教材的教师用作课堂教学、布置作业、发布考试等。如有需要的教师，请直接联系Pearson北京办公室查询并填表申请。联系邮箱：Copub.Hed@pearson.com。——编辑注

帮助学生认识并专注于本节中一些最重要的知识点。这些学习目标会在相关知识点处得到重申。

- **详细的可解例子** 每个例子都有标题，以明确该例子的目的。例子的书写尽量做到思路清晰，并能够为学生提供详细的、循序渐进的解决方案。每一步都有详细的解释，没有省略任何步骤。
- **解释性对话框** 解释性对话框以各种各样的具有特色的语言表达方式揭开数学的神秘面纱。它们将数学语言翻译成自然语言，帮助阐明解决问题的过程，提供理解概念的替代方法，并在解决问题的过程中尽量与学生已经学过的概念联系起来。
- **检查点的例子** 每个例子后面都配有一个相似的问题，我们称之为检查点，通过类似的练习题来测试学生对概念的理解程度。检查点的答案附在书后的“部分练习答案”部分。MyLab 数学课程为很多检查点制作了视频解决方案。
- **好问题！** 这个特色栏目会在学生提问时展现学习技巧，能够在学生回答问题时提供解决问题的建议，指出需要避免的常见错误并提供非正式的提示和建议。这个特色栏目还可以避免学生在课堂上提问时感到焦虑或害怕。
- **简单复习** 本书的“简单复习”总结了学生以前应该掌握的数学技能，但很多学生仍然需要对它们进行复习。当学生首次需要使用某种特定的技能，相关的“简单复习”就会出现，以便重新介绍这些技能。
- **概念和术语检查**[1] 第 7 版包含 653 道简答题，其中主要是填空题和判断题，用于评估学生对于每一节所呈现的定义和概念的理解。概念和术语检查作为一种单独的专题放在练习集之前，可以在 MyLab 数学课程中进行概念和术语检查。
- **覆盖面广且内容多样的练习集**[2] 在每节的结尾都有一组丰富的练习。其中的练习包含七个基本类型：实践练习、实践练习 +、应用题、概念解释题、批判性思维练习、技术练习和小组练习。“实践练习 +”通常需要学生综合使用多种技能或概念才能得到解决，可供教师选为更具挑战性的实践练习。
- **总结、回顾练习和测试**[3] 每一章都包含一个总结图表，总结了每一节中的定义和概念。图表还引用了可以阐述关键概念的例题。总结之后是每节的回顾练习。随后是一个测试，用于测试学生对本章所涵盖内容的理解程度。在 MyLab 数学课程或 YouTube 上，

---

[1][2][3] 相关内容扫封底二维码获取。——编辑注

每章测试需要准备的问题都附有精心制作的视频解决方案以供参考。

- **学习指南** 本书“学习指南”的知识内容是根据学习目标进行组织的，可以为笔记、练习和录像复习提供良好的支持。“学习指南”以 pdf 文件形式在 MyLab 数学中给出。该文件也可以与教科书和 MyLab 数学访问代码打包在一起。

我希望我对学习的热爱，以及对多年来所教过的学生的尊重，能够在本书中体现出来。我想通过把数学知识与学生学习环节联系起来，向学生展示数学在这个世界上是无处不在的，π 是真实存在的。

罗伯特 · 布利策

Thinking Mathematically
Seventh Edition

目 录

第 11 章

计数法与概率论

美国人民最爱戴的两位总统，亚伯拉罕 · 林肯与约翰 · F. 肯尼迪之间存在着令人称奇的巧合。

- 林肯是在 1860 年当选总统的，肯尼迪是在 1960 年当选的。
- 刺杀林肯的约翰 · 威尔克斯 · 布斯生于 1839 年，刺杀肯尼迪的李 · 哈维 · 奥斯瓦尔德生于 1939 年。
- 林肯的秘书名叫肯尼迪，他在林肯遇刺当晚警告林肯不要去剧院。肯尼迪的秘书名叫林肯，他在肯尼迪遇刺那天警告肯尼迪不要去达拉斯。
- 布斯在剧院射击林肯之后逃到了仓库。奥斯瓦尔德在仓库射击肯尼迪之后逃到了剧院。
- 林肯和肯尼迪都是背后中弹，他们的夫人也都在现场。
- 林肯的继任者安德鲁 · 约翰逊生于 1808 年，肯尼迪的继任者林登 · 约翰逊，生于 1908 年。

来源：Edward Burger and Michael Starbird, *Coincidences, Chaos, and All That Math Jazz*, W.W. Norton and Company, 2005.

这是惊人的巧合还是宇宙阴谋？其实都不是。在本章中，你将学习关于不确定性和风险的数学，即概率论，是如何从数字上预期意外情况的。通过给极不可能发生的事情指定数值，我们可以从逻辑上分析巧合，而不会错误地以为正在发生奇怪和神秘的事件。我们甚至还会发现，通过检验一种几乎可以确定的“惊人”巧合，我们对某一事件可能性的直觉是多么的不准确。

相关应用所在位置

我们在“布利策补充”中讨论巧合，并在练习集 11.7 的练习 77 中进一步讨论几乎是确定的巧合。

11.1 基本计数原理

学习目标

学完本节之后，你应该能够：

使用基本计数原理判断某种情况下可能结果的数量。

你有没有想过如果你的彩票中了奖，你的生活会是什么样的？你会做出什么样的改变？在你幻想成为一个闲散的人，并和一群听话的仆人住在一起之前，想想这个：中彩票头奖的概率和被闪电击中的概率差不多。在彩票中有数百万种可能的数字组合，但只有一种组合才能赢得头奖。确定获奖的概率涉及计算从所有可能的结果中得到获奖组合的概率。在本节中，我们将通过学习计算可能结果的方法，开始为令人惊讶的概率世界做准备。

使用基本计数原理判断某种情况下可能结果的数量

两组事物的基本计数原理

现在是清晨，你昏昏沉沉的，还得选件衣服去上八点的课。幸运的是，你的“上课衣柜”相当有限，只有两条牛仔裤可供选择（A, B），三件 T 恤可供选择（C, D, E）。图 11.1 演示了清晨的困境。

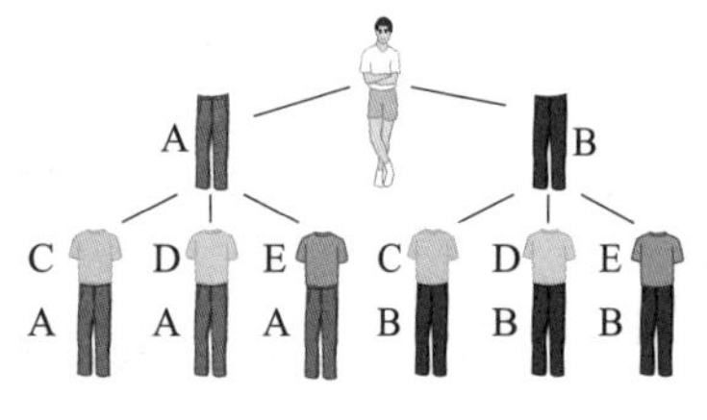

图 11.1 选择一套服饰

这个**树状图**因为它的枝干而得名，展示了你可以从两条牛仔裤和三件 T 恤中选出六种不同的搭配组合。每一条牛仔裤都可以与三件 T 恤中的一件搭配。注意，搭配组合的可能性总数等于牛仔裤的选择乘以 T 恤的选择，即 2 乘以 3：

$$2 \cdot 3 = 6$$

我们可以使用**基本计数原理**将这个理念拓展到任意两组事物，而不仅仅是牛仔裤和 T 恤的搭配问题。

> **基本计数原理**
>
> 如果你可以在一个有 M 个事物的小组中选出第一个事物，并且在一个有 N 个事物的小组中选出第二个事物，那么两个事物的选择总数就是 $M \cdot N$。

例 1 应用基本计数原理

路边餐馆有 6 道开胃菜，14 道正菜。一份两道菜的套餐有多少种可能性？

解答

我们需要从 6 道开胃菜中选出一道，然后从 14 道正菜中选出一道，一份两道菜的套餐的可能性数量是

$$6 \cdot 14 = 84$$

一份两道菜的套餐有 84 种可能性。

☑ **检查点 1** 一个餐厅有 15 道开胃菜，15 道正菜。一份两道菜的套餐有多少种可能性？

例 2 应用基本计数原理

这学期你们要修心理学和社会科学的必修课程。因为你决定提前注册，所以有 15 门心理学课程供你选择。此外，社会科学的 9 门课程并不与心理学课程的时间相冲突。满足心理学和社会科学要求的两门课程的选课方式有多少种可能性？

解答

满足心理学和社会科学要求的两门课程的选课方式的可能性总数等于两门课程选择数量的乘积。你可以在心理学 15 门课程中选择一门，还可以在社会科学 9 门课程中选择一门。对于这两门课程来说，你有

$$15 \cdot 9 = 135$$

种选择。因此，满足心理学和社会科学要求的两门课程的选课方式有 135 种可能性。

☑ **检查点 2** 将例 2 中心理学与社会科学不冲突的课程数量减去 5，再计算满足心理学和社会科学要求的两门课程的选课方式有多少种可能性。

超过两组事物的基本计数原理

哦豁！你忘了在上课衣柜中选鞋子了！你有两双运动鞋可供选择（F, G）。包括鞋子的穿搭可能性如图 11.2 所示。

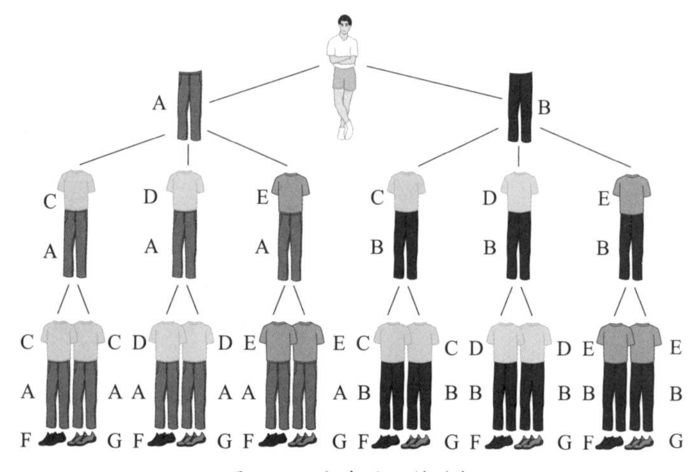

图 11.2　变多的服饰选择

这幅树状图显示了，两条牛仔裤、三件 T 恤和两双运动鞋有 12 种可能性。注意，可能性的数量等于牛仔裤的条数乘以 T 恤的件数再乘以运动鞋的双数，即 2 乘以 3 再乘以 2：

$$2\cdot3\cdot2=12$$

和之前的情景不一样的是，现在你需要从三组事物中选择。我们可以将基本计数原理拓展到判断有三组或更多组事物的情景下的可能性总数。

基本计数原理

一系列相继事件发生方式的数量是通过将每一件事情发生方式的数量相乘求出的。

例如，如果你有 30 条牛仔裤，20 件 T 恤和 12 双运动鞋，那么你有 $30\cdot20\cdot12=7\ 200$ 种选择。

国际象棋中两个玩家的前四步走法一共有 318 979 564 000 种可能性。

例 3　计划课程时间表的选择

下学期你打算选三门课——数学、英语和人文学科。根据时间和教授的评价，有 8 种数学、5 种英语和 4 种人文学科适合你。假设时间表没有冲突，三门课的时间表有多少种不同的可能性？

解答

这个场景涉及从三组事物中做出选择。

数学 英语 人文学科

8 种 5 种 4 种

我们使用基本计数原理来求出三门课的时间表有多少种不同的可能性。将三门课的可能性相乘即可。

$$8 \cdot 5 \cdot 4 = 160$$

三门课的时间表有 160 种不同的可能性。

☑ **检查点 3** 一份比萨可以有两种大小选择（中号或大号），三种外皮选择（薄的、厚的或普通），五种馅料选择（绞牛肉、香肠、意大利辣香肠、培根或蘑菇）。一份比萨有多少种可能的组合？

例 4 未来的汽车

现在汽车制造商正在试验一种轻便的三轮汽车，这种汽车专为单人设计，被认为是城市驾驶的理想选择。感兴趣吗？假设你可以订购这样一辆车，有 9 种颜色、2 种（有或没有）空调、2 种（电动或汽油）驱动方式和 2 种（有或没有）车载计算机可供选择。根据这些选择，这辆车有多少种订购方式？

解答

这个场景涉及从四组事物中进行选择。

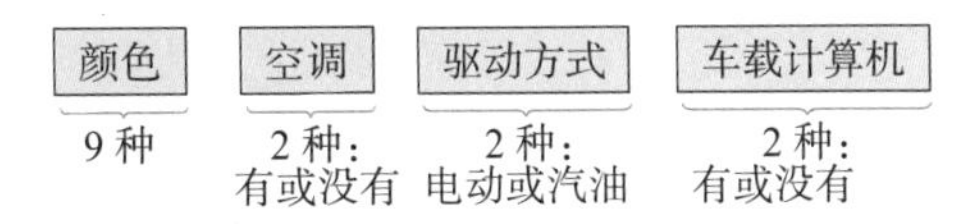

我们使用基本计数原理求出有多少种可能性。将这四组事物的选择相乘。

$$9 \cdot 2 \cdot 2 \cdot 2 = 72$$

这辆车有 72 种订购方式。

☑ **检查点 4** 例 4 中的汽车现在有 10 种颜色，选择仍包含空调、驱动方式、车载计算机。此外，这款车可以选择全球定位系统（有或没有）。根据这些选择，这辆车有多少种订购方式？

例 5 单选测试题

你正在做一个有 10 道问题的单选题测试。每道题有四个选项，每道题有一个正确答案。如果你从每道题的四个选项中随便选择一个，并且每道题都选了，回答问题的方法有多少种？

解答

这个场景涉及从 10 道题中进行选择。

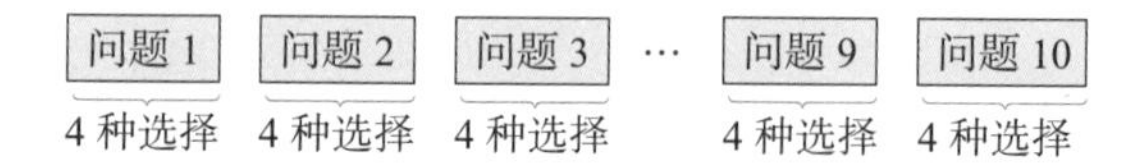

我们使用基本计数原理来计算有多少种方式回答测试中的单选题。将 10 道题的四个选项相乘。

$$4\cdot4\cdot4\cdot4\cdot4\cdot4\cdot4\cdot4\cdot4\cdot4=4^{10}=1\ 048\ 576$$

因此，回答问题的方法有 1 048 576 种。

10 道单选题有超过 100 万种可能答案，你感到惊讶吗？当然，只有一种回答方式能获得满分。通过猜测获得满分的概率是所有 1 048 576 种可能结果中只有一种结果获得满分的概率。总之，要好好准备考试，不要靠猜！

☑ **检查点 5** 你正在做一个有 6 道问题的单选题测试。每道题有三个选项，只有一个正确答案。如果你从每道题的三个选项中随便选一个，并且每道题都选了，回答问题的方法有多少种？

例 6 美国的电话号码

美国的电话号码开头是三位数的地区码，然后是七位数的本地电话号码。地区码和本地电话号码的开头不能是 0 或 1。电话号码的可能性有多少种？

解答

这个场景涉及从十组事物中进行选择。

十组事物中每组事物的选择数量如下所示：

地区码：8 10 10　本地电话号码：8 10 10 10 10 10 10

我们使用基本计数原理来求出电话号码的可能性有多少种。电话号码的可能性总数是

$$8\cdot10\cdot10\cdot8\cdot10\cdot10\cdot10\cdot10\cdot10\cdot10=6\ 400\ 000\ 000$$

电话号码的可能性有 64 亿种。

☑ **检查点 6** 一道电子门可以通过输入五位密码开启，密码可以是 0，1，2，3，…，8，9。如果第一位密码不能是 0，一共有多少种可能的密码？

11.2 排列

学习目标

学完本节之后，你应该能够：

1. 使用基本计数原理计算排列。
2. 计算阶乘表达式。
3. 使用排列的公式。
4. 求出重复项的排列数量。

1 使用基本计数原理计算排列

我们可以使用基本计数原理计算讲 6 个笑话的方式。第一个笑话可以在 6 个笑话中选。讲完一个笑话之后，第二个笑话可以在 5 个笑话中选。接着，你可以在 4 个笑话中选。依此类推，这个讲笑话的情形如下所示：

第一个笑话	第二个笑话	第三个笑话	第四个笑话	第五个笑话	第六个笑话
6 种选择	5 种选择	4 种选择	3 种选择	2 种选择	1 种选择

使用基本计数原理，我们将选择的数量相乘：

$$6\cdot5\cdot4\cdot3\cdot2\cdot1=720$$

因此，讲 6 个笑话有 720 种不同的方式。这种有顺序的安排称为 6 个笑话的排列。

一个**排列**是事物的有序安排，其中

- 没有事物的使用超过一次。（每个笑话只讲一次。）
- 安排的顺序会有影响。（讲笑话的顺序会影响人们对笑话的接受程度。）

例 1　计算排列的数量

如果 Bob Blitzer 的笑话第一个讲，Jerry Seinfeld 的笑话最后一个讲，6 个笑话有多少种讲法？

解答

Bob Blitzer 的笑话第一个讲和 Jerry Seinfeld 的笑话最后一个讲的条件如下所示：

选择第一个笑话	选择第二个笑话	选择第三个笑话	选择第四个笑话	选择第五个笑话	选择第六个笑话
Bob Blitzer 第一个讲					Jerry Seinfeld 最后一个讲

现在我们来填写第 2 个到第 5 个笑话的选择数。你可以从剩下的 4 个笑话中选择一个第二个讲。一旦你选择了这个笑话，你将有 3 个笑话可以供第三个讲。然后，你就只剩下 2 个笑话供第四个讲。一旦做出了这个选择，就只剩下 1 个笑话可供第五个讲了。

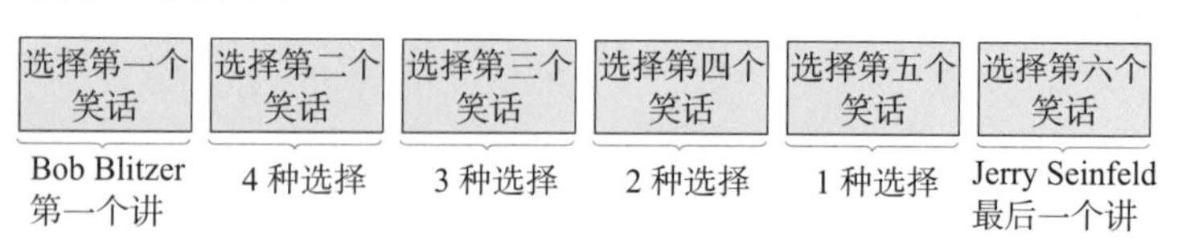

我们使用基本计数原理求出讲 6 个笑话有多少种方式。将选择的数量相乘：

$$1 \cdot 4 \cdot 3 \cdot 2 \cdot 1 \cdot 1 = 24$$

因此，如果 Bob Blitzer 的笑话第一个讲和 Jerry Seinfeld 的笑话最后一个讲，有 24 种不同的讲笑话方式。

☑ **检查点 1**　5 男 1 女每人讲了一个笑话，如果第一个笑话是男性讲的，那么 6 个笑话有多少种讲法？

> **布利策补充**
>
> **如何消磨 250 万年的时间？**
>
> 如果你想要在书架上排列 15 本不同的书，每次排列需要花 1 分钟时间，排列完所有的可能需要花 2 487 965 年。
>
> 来源：*Isaac Asimov's Book of Facts*

例 2　计算排列的数量

你需要在一个小书架上排列 7 本你喜欢的书。如果书的排列顺序对你有影响，那么这些书有多少种排列方式？

解答

你可以在书架第一个位置上选择 7 本书中的任意 1 本，这就给第二个位置留下了 6 个选择。前两个位置填满后，第三个位置有 5 本书可选，第四个位置有 4 本书可选，第五个位置有 3 本书可选，第六个位置有 2 本书可选，最后一个位置只有 1 本书可选。这种情形可以表现为：

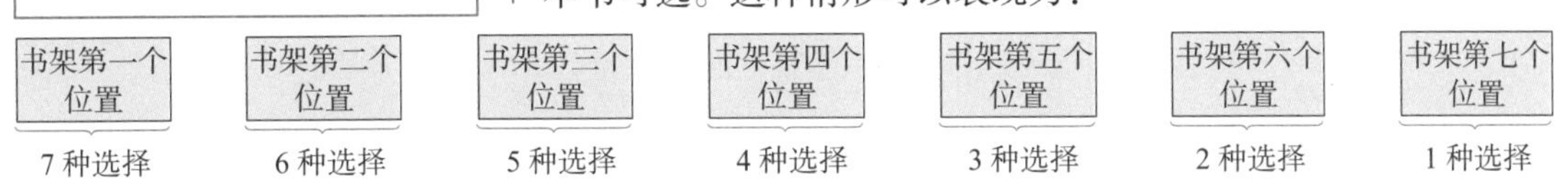

我们使用基本计数原理求出排列 7 本书有多少种方式。将选择的数量相乘：

$$7 \cdot 6 \cdot 5 \cdot 4 \cdot 3 \cdot 2 \cdot 1 = 5\,040$$

因此，你有 5 040 种排列书的方式，也就是有 5 040 种不同的可能排列。

☑ **检查点 2**　你需要在一个书架上排列 5 本你喜欢的书。如果书的排列顺序对你有影响，那么这些书有多少种排列方式？

2　计算阶乘表达式

阶乘表示法

例 2 中的积，

$$7 \cdot 6 \cdot 5 \cdot 4 \cdot 3 \cdot 2 \cdot 1$$

有一个特殊的名字和符号。它称为 7 的**阶乘**，写作 7!。因此，

$$7! = 7 \cdot 6 \cdot 5 \cdot 4 \cdot 3 \cdot 2 \cdot 1$$

在一般情况下，如果 n 是一个正整数，那么 $n!$（n 的阶乘）是所有从 n 到 1 之间的正整数的乘积。例如，

$$1! = 1$$
$$2! = 2 \cdot 1$$
$$3! = 3 \cdot 2 \cdot 1$$
$$4! = 4 \cdot 3 \cdot 2 \cdot 1$$
$$5! = 5 \cdot 4 \cdot 3 \cdot 2 \cdot 1$$
$$6! = 6 \cdot 5 \cdot 4 \cdot 3 \cdot 2 \cdot 1$$

从 0 到 20 的阶乘

0!	1
1!	1
2!	2
3!	6
4!	24
5!	120
6!	720
7!	5 040
8!	40 320
9!	362 880
10!	3 628 800
11!	39 916 800
12!	479 001 600
13!	6 227 020 800
14!	87 178 291 200
15!	1 307 674 368 000
16!	20 922 789 888 000
17!	355 687 428 096 000
18!	6 402 373 705 728 000
19!	121 645 100 408 832 000
20!	2 432 902 008 176 640 000

技术

大部分计算器有按键或菜单项来计算阶乘。求出 9! 的按键顺序如下所示。

科学计算器：

9 [x!] [=]

图形计算器：

9 [!] [ENTER]

因为随着 n 的增长，$n!$ 会变得非常大，你的计算器会用科学计数法表示较大的数。

阶乘表示法

在一般情况下，如果 n 是一个正整数，那么 $n!$（读作“n 的阶乘”）是所有从 n 到 1 之间的正整数的乘积。

$$n!=n(n-1)(n-2)\cdots(3)(2)(1)$$

根据定义，0!（0 的阶乘）等于 1。

$$0!=1$$

例 3 使用阶乘表示法

使用计算器上的阶乘键计算下面阶乘表达式：

a. $\frac{8!}{5!}$　　b. $\frac{26!}{21!}$　　c. $\frac{500!}{499!}$

解答

a. 虽然我们可以分别计算 $\frac{8!}{5!}$ 的分子和分母部分，但是这么做更加简单：

$$\frac{8!}{5!}=\frac{8\cdot7\cdot6\cdot\boxed{5\cdot4\cdot3\cdot2\cdot1}}{\boxed{5\cdot4\cdot3\cdot2\cdot1}}=\frac{8\cdot7\cdot6\cdot\boxed{5!}}{\boxed{5!}}=\frac{8\cdot7\cdot6\cdot\cancel{5!}}{\cancel{5!}}=8\cdot7\cdot6=336$$

b. 除了将 $\frac{26!}{21!}$ 中的分子 26! 写出来，我们还可以将 26! 表示成

$$26!=26\cdot25\cdot24\cdot23\cdot22\cdot21!$$

这样，我们就可以消掉阶乘表达式分子和分母中的 21! 了。

$$\frac{26!}{21!}=\frac{26\cdot25\cdot24\cdot23\cdot22\cdot21!}{21!}$$

$$=\frac{26\cdot25\cdot24\cdot23\cdot22\cdot\cancel{21!}}{\cancel{21!}}$$

$$=26\cdot25\cdot24\cdot23\cdot22=7\ 893\ 600$$

c. 要想消去 $\frac{500!}{499!}$ 中分子和分母相同的部分，我们可以将 500! 写成 500 · 499!。

$$\frac{500!}{499!}=\frac{500\cdot499!}{499!}=\frac{500\cdot\cancel{499!}}{\cancel{499!}}=500$$

☑ **检查点 3** 使用计算器上的阶乘键计算下面阶乘表达式：

a. $\frac{9!}{6!}$ b. $\frac{16!}{11!}$ c. $\frac{100!}{99!}$

3 使用排列的公式

排列的公式

假设你是小联盟棒球队的教练。这支球队有 13 名球员。你需要定下 9 个球员的击球顺序。顺序是有区别的，因为，举例来说，如果满垒，而球员是第四或第五个击球，他可能的本垒打将会得到额外的三分。有多少种击球顺序？

第一次击球你有 13 个人选，然后第二次击球有 12 个人选，接着第三次击球有 11 个人选，依此类推。这个情形如下所示：

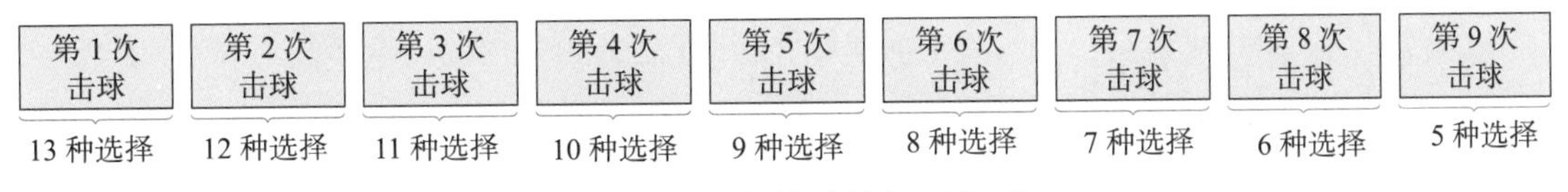

击球顺序的总数如下所示：

$$13 \cdot 12 \cdot 11 \cdot 10 \cdot 9 \cdot 8 \cdot 7 \cdot 6 \cdot 5 = 259\ 459\ 200$$

13 个球员的小联盟球队就有 2.6 亿种击球顺序。因为击球手的顺序会有影响，所以每一个击球顺序都是一个排列。从 13 个球员中选出 9 个的排列数量有 259 459 200 种。

我们可以重写上述计算得到求出排列数量的公式：

$$13 \cdot 12 \cdot 11 \cdot 10 \cdot 9 \cdot 8 \cdot 7 \cdot 6 \cdot 5$$

$$= \frac{13 \cdot 12 \cdot 11 \cdot 10 \cdot 9 \cdot 8 \cdot 7 \cdot 6 \cdot 5 \cdot \boxed{4 \cdot 3 \cdot 2 \cdot 1}}{\boxed{4 \cdot 3 \cdot 2 \cdot 1}}$$

$$= \frac{13!}{4!} = \frac{13!}{(13-9)!}$$

因此，从 13 个事物中选出 9 个的排列数量有 $\frac{13!}{(13-4)!}$ 种。用 P_{13}^{9} 来替代“13 个事物中选出 9 个的排列数量”。使用这一新的表示法，我们可以这么写

$$P_{13}^{9} = \frac{13!}{(13-9)!}$$

好问题！

我只能使用 P_n^r 的公式来解决排列问题吗？

不是。因为所有的排列问题也是基本计数问题，可以使用 P_n^r 的公式来解决，也可以使用基本计数原理来解决。

我们来花一点时间研究公式 P_{13}^{9}，即 13 个事物中选出 9 个的排列数量：

$$P_{13}^{9}=\frac{13!}{(13-9)!}$$

这个表达式的分子是事物数量的阶乘，即 13 个队员的阶乘：13!。分母也是一个阶乘。这个阶乘是事物数量 13 与每个排列中事物数量的差，即 13 个队员与 9 个击球手的差的阶乘：(13−9)!。

P_n^r 的含义是从 n 个事物中选出 r 个的排列数量。我们可以一般化从 13 个队员中选出 9 个击球手的情况。通过一般化，我们得到了下列从 n 个事物中选出 r 个的排列数量的公式。

从 n 个事物中选出 r 个的排列数量

从 n 个事物中选出 r 个的排列可能性等于

$$P_n^r=\frac{n!}{(n-r)!}$$

技术

图形计算器有一个用于计算排列的菜单项，通常标为 [$_nP_r$]。例如，要想求出 P_{20}^{3}，按键如下：

20 [$_nP_r$] 3 [ENTER]

要想在一台 TI-84 Plus C 计算器上实现 [$_nP_r$]，首先按下 [MATH]，然后使用左箭头或右箭头高亮 [PROB]。按下 [2] 得到 [$_nP_r$]。

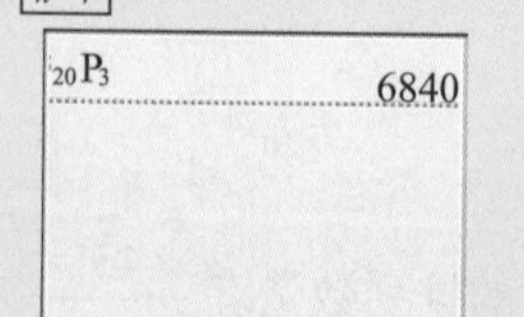

如果你使用的是科学计算器，请查看说明书，了解计算排列和所需按键的菜单项的位置。

例 4 使用排列的公式

你和你的 19 个朋友决定成立一家网络营销咨询公司。团队需要选出 3 名管理者，即首席执行官、运营经理和财务主管。管理者的人选有多少种排列方式？

解答

你的团队需要从 n=20 名（你和你的 19 个朋友）中选出 r=3 名管理者。因为首席执行官、运营经理和财务主管是不同的职位，所以排列的顺序会有影响。因此，我们需要求出从 20 个人中选出 3 个人的排列可能性。我们使用公式

$$P_n^r=\frac{n!}{(n-r)!}$$

其中 n=20 且 r=3。

$$P_{20}^{3}=\frac{20!}{(20-3)!}=\frac{20!}{17!}=\frac{20\cdot19\cdot18\cdot17!}{17!}$$

$$=\frac{20\cdot19\cdot18\cdot\cancel{17!}}{\cancel{17!}}=20\cdot19\cdot18=6\ 840$$

因此，管理者的人选有 6 840 种不同方式。

☑ **检查点 4**　一家公司的董事会有 7 名成员。有多少种不同的方式选出主席、副主席、秘书和财务主管?

例 5　使用排列的公式

你在情景喜剧电视网工作。你的任务是帮助安排周一晚上 7 点到 10 点的电视时间表。你需要在 6 个 30 分钟的时间段里安排节目，第一个时间段是 7 点到 7 点 30 分，最后一个时间段是 9 点 30 分到 10 点。你可以从下列喜剧中选择：*The Office, Seinfeld, That 70s Show, Cheers, The Big Bang Theory, Frasier, All in the Family, I Love Lucy, M* A* S* H, The Larry Sanders Show, Modern Family, Married With Children, Curb Your Enthusiasm*。电视时间表有多少种可能性?

解答

你要从 n=13 部情景喜剧中选出 r=6 部播放。节目的顺序会有影响。在早一点的时间段，如 7 点到 7 点 30 分，合家欢类型的喜剧更受欢迎。相比之下，在迟一点的时间段，成年人主题的喜剧更受欢迎。简而言之，我们需要求出从 13 部喜剧中选出 6 部的排列可能性。我们使用公式

$$\mathrm{P}_n^r=\frac{n!}{(n-r)!}$$

其中 n=13 且 r=6。

$$\mathrm{P}_{13}^6=\frac{13!}{(13-6)!}=\frac{13!}{7!}=\frac{13\cdot 12\cdot 11\cdot 10\cdot 9\cdot 8\cdot 7!}{7!}$$

$$=\frac{13\cdot 12\cdot 11\cdot 10\cdot 9\cdot 8\cdot \cancel{7!}}{\cancel{7!}}$$

$$=13\cdot 12\cdot 11\cdot 10\cdot 9\cdot 8=1\ 235\ 520$$

因此，电视时间表有 1 235 520 种可能性。

☑ **检查点 5**　从 9 部经典情景喜剧中选出 5 部，有多少种不同的节目安排?

4 求出重复项的排列数量

重复项的排列

单词 SET 中的字母的排列顺序是 3!，即 6。这六种排列分别是

SET，STE，EST，ETS，TES，TSE

ANA 中的字母是不是也有 6 种排列？答案是否定的。和 SET 不同的是，ANA 的三个字母并不是互不相同的，有两个重复的 A。如果像上面的 SET 一样重新排列 ANA 的字母顺序，我们得到

ANA，AAN，NAA，NAA，ANA，AAN

除非用不同颜色区分两个字母 A，不然只有三种不同的排列：ANA，AAN，NAA。

当存在重复项时，求出不同排列数量的公式如下所示。

> **重复项的排列**
>
> n 个物体中有 p 个物体相同、q 个物体相同、r 个物体相同，依此类推，这 n 个物体的排列数量如下所示：
>
> $$\frac{n!}{p!q!r!\cdots}$$

例如，ANA 有三个字母（$n=3$），其中两个字母相同（$p=2$）。因此，不同排列的数量等于

$$\frac{n!}{p!}=\frac{3!}{2!}=\frac{3\cdot \cancel{2!}}{\cancel{2!}}=3$$

我们已经看到，三种不同的排列分别是 ANA，AAN，NAA。

> **技术**
>
> 当你在用计算器计算 $\frac{11!}{4!4!2!}$ 时，需要加上括号。
>
> ```
> 11!/(4!4!2!)
>                34650
> ```

例 6 使用重复项的排列公式

单词 MISSISSIPPI 的字母有多少种不同的排列方式？

解答

这个单词有 11 个字母（$n=11$），其中有 4 个相同的 I（$p=4$），4 个相同的 S（$q=4$），还有 2 个相同的 P（$r=2$）。不同的排列方式如下所示：

$$\frac{n!}{p!q!r!\cdots}=\frac{11!}{4!4!2!}=\frac{11\cdot10\cdot9\cdot8\cdot7\cdot6\cdot5\cdot4!}{4!\cdot4\cdot3\cdot2\cdot1\cdot2\cdot1}=34\ 650$$

因此，单词 MISSISSIPPI 的字母有 34 650 种不同的排列方式。

☑ **检查点 6**　单词 OSMOSIS 的字母有多少种不同的排列方式？

11.3 组合

学习目标

学完本节之后，你应该能够：

1. 区分排列和组合问题。
2. 使用组合公式解决组合问题。

《今日美国》（2008 年 1 月 30 日）在讨论年仅 28 岁的演员希斯·莱杰的死亡时，列举了 5 位在死后获得崇高地位的人。他们分别是玛丽莲·梦露（女演员，1927—1962）、詹姆斯·迪恩（男演员，1931—1955）、吉姆·莫里森（音乐家和大门乐队主唱，1943—1971）、詹尼斯·乔普林（蓝调 / 摇滚歌手，1943—1970）和吉米·亨德里克斯（吉他演奏家，1943—1970）。

想象一下，你问你的朋友这样一个问题："在这五个人中，你会选择哪三个人拍一部展示他们最好作品的纪录片？"你并不是让你的朋友按照任何顺序来给他们最喜欢的三位艺术家排序，他们只需要选择三位艺术家就可以拍纪录片了。

一个朋友回答说："吉姆·莫里森，詹尼斯·乔普林，吉米·亨德里克斯。"另一个回答说："吉米·亨德里克斯，詹尼斯·乔普林，吉姆·莫里森。"虽然这两个人选择的艺术家名字顺序不同，但是他们选择的艺术家是相同的。对于这部纪录片，我们感兴趣的是有哪些艺术家出现，而不是他们出现的顺序。因为这些项是不考虑顺序的，所以这不是一个排列问题，不涉及任何排序。

之后，你问室友，她会选哪三位艺术家来拍这部纪录片。她选择了玛丽莲·梦露、詹姆斯·迪恩和吉米·亨德里克斯。因为她选的是不同的艺人，所以她的选择与你的另外两个朋友不同。

数学家将你室友选出来的一组艺术家称为**组合**。一些事物的组合具有下列性质：

- 这些事物是从同一个组里选出来的（五位死后获得盛名的艺术家）。

- 没有一个事物出现超过一次。（或许你会把吉米·亨德里克斯视为吉他之神，但是你不能选吉米·亨德里克斯、吉米·亨德里克斯和吉米·亨德里克斯。）
- 事物的顺序没有影响。（在纪录片中，莫里森、乔普林和亨德里克斯与亨德里克斯、乔普林和莫里森是同一个组。）

1 区分排列和组合问题

你发现排列和组合的区别了吗？排列是一组给定的事物的有序排列。组合是一组不考虑排列顺序而选取出来的事物。**排列**问题涉及事物的**顺序会造成影响**的情况。**组合**问题则涉及事物的**顺序没有影响**的情况。

例 1 区分排列和组合

判断下列问题是排列问题还是组合问题，不需要解决问题。

a. 6 名学生正在竞选学生会主席、副主席和财务主管。得票最多的学生成为主席，得票数第二的学生成为副主席，得票数第三的学生成为财务主管。这三个职位有多少种可能的结果？

b. 有 6 个人是你家附近公园的监事会成员。现在需要一个三人委员会来研究扩大公园的可能性。这 6 个人可以组成多少个不同的委员会？

c. Baskin-Robbins 提供 31 种不同口味的冰淇淋。其中一款产品是一种碗装冰淇淋，由三勺冰淇淋组成，每勺的口味各不相同。这种碗装冰淇淋有多少种可能？

解答

a. 学生们正在从 6 名候选人中选出 3 名学生会成员。成员被选择的顺序是不同的，因为每个成员（主席、副主席和财务主管）是不同的。顺序会造成影响。因此，这是一个涉及排列的问题。

b. 从 6 人组成的监事会中选中一个三人委员会。因为这三个人在委员会中没有起到不同的作用，所以他们的选择顺序并没有造成影响。因此，这是一个涉及组合的问题。

c. 三勺由三种不同口味冰淇淋组成的碗装冰淇淋将由 31 种口味中的三种组成。三勺冰淇淋放在碗里的顺序并不会造成影响。一个装有巧克力、香草和草莓冰淇淋的碗装冰淇淋和一个装有香草、草莓和巧克力冰淇淋的碗装冰淇淋完全一样。不同的顺序不会造成影响，所以这是一个涉及组合的问题。

☑ **检查点 1**　判断下列问题是排列问题还是组合问题，不需要解决问题。

a. 从 200 个 DVD 中选择 6 个免费 DVD 有多少种方法？

b. 在一场有 50 名选手且没有平局的比赛中，赢得比赛前三名的选手有多少种可能性？

2　使用组合公式解决组合问题

组合公式

我们已经学过，P_n^r 表示的是从 n 个事物中选出 r 个事物的排列数量。同样地，**C_n^r 表示的是从 n 个事物中选出 r 个事物的组合数量**。

我们可以通过比较排列和组合得到 C_n^r 的公式。思考 4 个字母：A、B、C 和 D。从这 4 个字母中选出 3 个的排列数量是

$$P_4^3=\frac{4!}{(4-3)!}=\frac{4!}{1}=\frac{4\cdot3\cdot2\cdot1}{1}=24$$

这 24 种排列如下所示：

ABC,	ABD,	ACD,	BCD
ACB,	ADB,	ADC,	BDC,
BAC,	BAD,	CAD,	CBD,
BCA,	BDA,	CDA,	CDB,
CAB,	DAB,	DAC,	DBC,
CBA,	DBA,	DCA,	DCB
这一列只包含 ABC 的组合	这一列只包含 ABD 的组合	这一列只包含 ACD 的组合	这一列只包含 BCD 的组合

因为这些字母的顺序没有对判断组合造成影响，所以四个各包含 6 种排列可能的竖列分别表示一个组合。四个组合如下所示：

ABC，ABD，ACD，BCD

因此，$C_4^3=4$。从 4 个事物中选出 3 个事物的组合数量是 4。

好问题！

我只能通过 C_n^r 的组合公式解决组合公式吗？

是的。从 n 个事物中选出 r 个事物的组合数量不能通过基本计数原理解决，需要使用下框内的公式。

相同的问题有 24 种排列可能性，只有 4 种组合可能性。排列可能性是组合可能性的 6 倍，或 3! 倍。

一般来说，n 个事物中选出 r 个事物的排列数量是 n 个事物中选出 r 个事物的组合数量的 $r!$ 倍。因此，我们可以通过将 n 个事物中选出 r 个事物的排列数量除以 $r!$ 得到 n 个事物中选出 r 个事物的组合数量。

$$C_n^r = \frac{P_n^r}{r!} = \frac{\frac{n!}{(n-r)!}}{r!} = \frac{n!}{(n-r)!r!}$$

从 n 个事物中选出 r 个事物的组合公式

从 n 个事物中选出 r 个事物的组合的可能性数量等于

$$C_n^r = \frac{n!}{(n-r)!r!}$$

技术

图形计算器有计算组合的菜单项，一般的标识是 $_nC_r$（在 TI 图形计算器上，$_nC_r$ 需要使用 MATH PROB 菜单。）例如，要想求出 C_8^3，大部分图形计算器的按键顺序如下所示：

8 [$_nC_r$] 3 [ENTER]

要想在一台 TI-84 Plus C 计算器上使用 [$_nC_r$]，首先需要按下 [MATH] 键，然后使用左箭头或右箭头高亮 [PROB] 键。按下 [3] 键以使用 [$_nC_r$]。

如果你使用的是科学计算器，查阅说明书，看看有没有计算组合的菜单项。

如果你使用计算器的阶乘键计算 $\frac{8!}{5!3!}$，要确保用括号将阶乘符号括起来。

8 [!] [÷] [(] 5 [!] [×] 3 [!] [)]

按下 [=] 或 [ENTER] 键输出答案。

例 2 使用组合公式

现在需要组建一个三人委员会来研究改善公共交通的方法。八名监事会成员可以组成多少个三人委员会？

解答

这三个人选出来的顺序并没有什么影响。这是一个从 $n=8$ 个人中选出 $r=3$ 个人的组合问题。我们需要求出从 8 个人中选出 3 个人的组合数量。我们使用公式

$$C_n^r = \frac{n!}{(n-r)!r!}$$

其中，$n=8$ 且 $r=3$。

$$C_8^3 = \frac{8!}{(8-3)!3!} = \frac{8!}{5!3!} = \frac{8\cdot7\cdot6\cdot5!}{5!\cdot3\cdot2\cdot1} = \frac{8\cdot7\cdot6\cdot\cancel{5!}}{\cancel{5!}\cdot3\cdot2\cdot1} = 56$$

因此，八名监事会成员可以组成 56 个三人委员会。

☑ **检查点 2** 你去帮你的朋友照看宠物，他养了 7 只不同的动物。如果你选取 7 只宠物中的 3 只，有多少种不同的宠物组合？

例 3　使用组合公式

在扑克牌中，一个人从标准的 52 张牌中抽 5 张牌，5 张牌的顺序无关紧要。5 张牌总共有多少种不同的可能？

解答

因为抽 5 张牌的顺序无关紧要，所以这是一个组合问题。我们需要求出从 $n=52$ 张牌中选出 $r=5$ 张牌的组合数量。我们使用公式

$$\mathrm{C}_n^r=\frac{n!}{(n-r)!r!}$$

其中，$n=52$ 且 $r=5$。

$$\mathrm{C}_{52}^5=\frac{52!}{(52-5)!5!}=\frac{52!}{47!5!}$$

$$=\frac{52\cdot51\cdot50\cdot49\cdot48\cdot\cancel{47!}}{\cancel{47!}\cdot5\cdot4\cdot3\cdot2\cdot1}=2\ 598\ 960$$

因此，5 张牌总共有 2 598 960 种不同的可能。仅仅 52 张牌居然会有超过 250 万种可能的 5 张牌，很多人都会大吃一惊。

图 11.3　一个皇家同花顺

如果你是一名扑克牌玩家，那么没有什么比获得图 11.3 中所示的 5 张扑克牌更棒的了。这 5 张牌叫作皇家同花顺。它由 A、K、Q、J 和 10 组成，花色相同：都是红桃、都是方片、都是梅花或都是黑桃。抽到皇家同花顺的概率是通过计算得到这样一手牌的方法数量而得到的：在所有 2 598 960 种可能的牌中只有 4 种。在下一节中，我们将从计算可能性转移到计算概率。

☑ **检查点 3**　从一个有 16 张不同牌的牌组中抽 4 张牌，有多少种不同的可能性？

例 4　使用组合公式与基本计数原理

2017 年 1 月，美国参议院由 46 名民主党人、52 名共和党人和 2 名无党派人士组成。如果每个委员会必须有 2 名民主党人和 3 名共和党人，那么可以组成多少种不同的五人委员会？

解答

成员选出来的顺序无关紧要。因此，这是一个和组合有关的问题。

我们从 46 名民主党人中选出 2 名民主党人，不需要考虑顺序。我们需要求出从 n=46 名民主党人中选出 r=2 名民主党人的组合数量。我们使用公式

$$C_n^r = \frac{n!}{(n-r)!r!}$$

其中，n=46 且 r=2。

$$C_{46}^2 = \frac{46!}{(46-2)!2!} = \frac{46 \cdot 45 \cdot \cancel{44!}}{\cancel{44!} \cdot 2 \cdot 1} = \frac{46 \cdot 45}{2 \cdot 1} = 1\ 035$$

从 46 名民主党人中选出 2 名民主党人有 1 035 种方法。

接着，我们从 52 名共和党人中选出 3 名共和党人，不需要考虑顺序。我们需要求出从 n=52 名共和党人中选出 r=3 名共和党人的组合数量。我们使用公式

$$C_n^r = \frac{n!}{(n-r)!r!}$$

其中，n=52 且 r=3。

$$C_{52}^3 = \frac{52!}{(52-3)!3!} = \frac{52 \cdot 51 \cdot 50 \cdot \cancel{49!}}{\cancel{49!} \cdot 3 \cdot 2 \cdot 1} = \frac{52 \cdot 51 \cdot 50}{3 \cdot 2 \cdot 1} = 22\ 100$$

从 52 名共和党人中选出 3 名共和党人有 22 100 种方法。

我们使用基本计数原理求出可以组成多少种不同的五人委员会。

$$C_{46}^2 \cdot C_{52}^3 = 1\ 035 \cdot 22\ 100 = 22\ 873\ 500$$

因此，可以组成 22 873 500 种不同的五人委员会。

☑ **检查点 4** 动物园里有 6 只公熊和 7 只母熊。现在要挑选 2 只公熊和 3 只母熊参加另一家动物园的动物交换项目。被选出来的 5 只熊有多少种可能组合？

11.4 概率的基本原理

学习目标

学完本节之后，你应该能够：

1. 计算理论概率。
2. 计算实际概率。

你每天晚上一般睡几个小时？表 11.1 显示，3 亿美国人中有 7 500 万人每晚睡 6 个小时。美国人每晚睡 6 个小时的概率是 $\frac{75}{300}$。这个分数可以化简为 $\frac{1}{4}$，或表示为 0.25 或 25%。因此，有 25% 的美国人每晚睡 6 个小时。

我们通过一个数除以另一个数来求概率。概率被分配给一个事件，比如平时晚上睡 6 个小时。确定会发生的事件的概率为 1 或 100%。例如，某个人最终死亡的概率是 1。伍迪・艾伦抱怨道："我不想通过我的作品来获得不朽。我想通过不死来实现不朽。"死亡（和税收）总是必然会发生的。相反，如果一个事件不可能发生，它的概率是 0。遗憾的是，猫王回归并最后一次重唱 *Don't Be Cruel* 的可能性是零。

表 11.1　美国人每晚的睡眠时间

睡眠时间（小时）	美国人数（百万）
4或更少	12
5	27
6	75
7	90
8	81
9	9
10或更多	6

总计：300

来源：Discovery Health Media

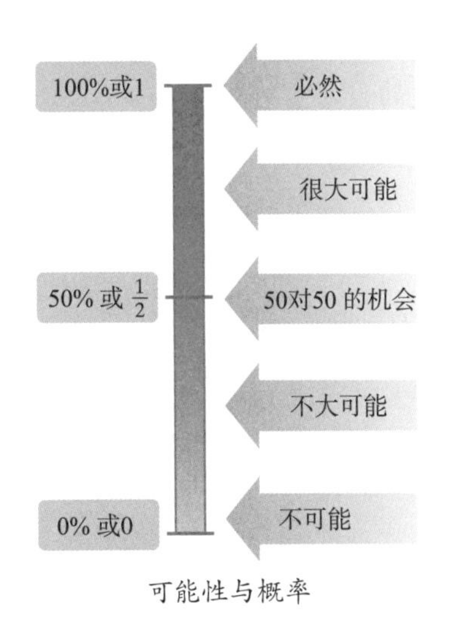

可能性与概率

事件的概率用 0 到 1 或 0% 到 100% 之间的数字表示。事件的概率越接近于 1，该事件发生的可能性就越大。事件的概率越接近于 0，该事件发生的可能性就越小。

1　计算理论概率

理论概率

你掷一枚硬币。虽然硬币正面朝上（记为 H），或反面朝上（记为 T）是等可能的，但是实际结果是未知的。任何结果未知的事件都称为**实验**。因此，掷硬币就是一个实验的例子。一个实验的所有可能的结果的集合是这个实验的**样本空间**，记为 S。掷硬币实验的样本空间是

$$S=\{\mathrm{H},\mathrm{T}\}$$

正面朝上　反面朝上

一个**事件**，记为 E，是一个样本空间的任意一个子集。例如，子集 $E=\{\mathrm{T}\}$ 就是掷硬币实验中反面朝上的结果。

理论概率适用于下面的情况，样本空间只包含可能性相等的结果，所有这些结果都是已知的。为了计算一个事件的理论概率，我们将导致该事件的结果数量除以样本空间中结果的总数。

计算理论概率

如果一个事件 E 有 $n(E)$ 个等可能的结果，它的样本空间 S 有 $n(S)$ 个等可能的结果，事件 E 的**理论概率**，记为 $P(E)$，为

$$P(E)=\frac{\text{事件}E\text{的结果数量}}{\text{所有可能结果的数量}}=\frac{n(E)}{n(S)}$$

我们怎样才能应用这个公式计算掷硬币反面朝上的概率？我们使用下面的集合：

$$E=\{\mathrm{T}\} \quad S=\{\mathrm{H},\mathrm{T}\}$$

这是反面朝上事件

这是所有等可能结果的样本空间

掷硬币反面朝上的概率是

$$P(E)=\frac{\text{反面朝上的结果数量}}{\text{所有可能结果的数量}}=\frac{n(E)}{n(S)}=\frac{1}{2}$$

图 11.4 掷骰子的结果

理论概率适用于很多碰运气的游戏，包括掷骰子、彩票、卡牌游戏和轮盘赌。我们从掷骰子开始研究。根据图 11.4，当掷下一枚骰子时，有六种等可能的结果。样本空间可以表示为

$$S=\{1,2,3,4,5,6\}$$

例 1 计算理论概率

掷下一枚骰子。求出下列事件的概率：

a. 3 点　　b. 偶数点　　c. 小于 5 的点　　d. 小于 10 的点
e. 大于 6 的点

解答

样本空间为 $S=\{1,2,3,4,5,6\}$，其中 $n(S)=6$。在每一个

概率分数中，我们都使用所有可能结果的数量作为分母，也就是6。

a.“3 点” 表示的是事件 $E=\{3\}$。这个事件有 1 种可能：$n(E)=1$。

$$P(3)=\frac{\text{点数是3的结果数量}}{\text{所有可能结果的数量}}=\frac{n(E)}{n(S)}=\frac{1}{6}$$

掷出 3 点的概率是 1/6。

b.“偶数点”表示的是事件 $E=\{2,4,6\}$。这个事件有三种可能：$n(E)=3$。

$$P(\text{偶数点})=\frac{\text{点数是偶数的结果数量}}{\text{所有可能结果的数量}}=\frac{n(E)}{n(S)}=\frac{3}{6}=\frac{1}{2}$$

掷出偶数点的概率是 1/2。

c.“点数小于 5”表示的是事件 $E=\{1,2,3,4\}$。这个事件有 4 种可能：$n(E)=4$。

$$P(\text{小于}5)=\frac{\text{点数小于5的结果数量}}{\text{所有可能结果的数量}}=\frac{n(E)}{n(S)}=\frac{4}{6}=\frac{2}{3}$$

掷出小于 5 的点的概率是 2/3。

d.“点数小于 10”表示的是事件 $E=\{1,2,3,4,5,6\}$。这个事件有 6 种可能：$n(E)=6$。

$$P(\text{小于}10)=\frac{\text{点数小于10的结果数量}}{\text{所有可能结果的数量}}=\frac{n(E)}{n(S)}=\frac{6}{6}=1$$

掷出小于 10 的点的概率是 1。

e.“点数大于 6”表示的是不可能发生的事件，是一个空集。因此，$E=\varnothing$ 且 $n(E)=0$。

$$P(\text{大于}6)=\frac{\text{点数大于6的结果数量}}{\text{所有可能结果的数量}}=\frac{n(E)}{n(S)}=\frac{0}{6}=0$$

掷出大于 6 的点的概率是 0。

在例 1 中，有 6 种可能的结果，每一种的概率都是 1/6。

$$P(1) = P(2) = P(3) = P(4) = P(5) = P(6) = \frac{1}{6}$$

这六个概率的和等于 1：$\frac{1}{6}+\frac{1}{6}+\frac{1}{6}+\frac{1}{6}+\frac{1}{6}+\frac{1}{6}=1$。一般来说，**样本空间中所有可能结果的理论概率的和等于** 1。

☑ **检查点 1** 掷下一枚骰子。求出下列事件的概率：

a. 2 点　　b. 点数小于 4

c. 点数大于 7　　d. 点数小于 7

布利策补充

试试在健身房卧推这个

52 张扑克牌的每种排列你都有一副。如果每副牌的重量仅为一个氢原子的重量，那么所有牌组加在一起的重量将是太阳重量的 10 亿倍。

来源：Isaac Asimov's Book of Facts

下一个例子涉及标准的 52 张扑克牌，如图 11.5 所示。一副扑克牌有四个花色：红色的红桃和方片，黑色的梅花和黑桃。每个花色有 13 种牌，分别是 A，2，3，4，5，6，7，8，9，10，J，Q，K。J、Q 和 K 称为**人头牌**。

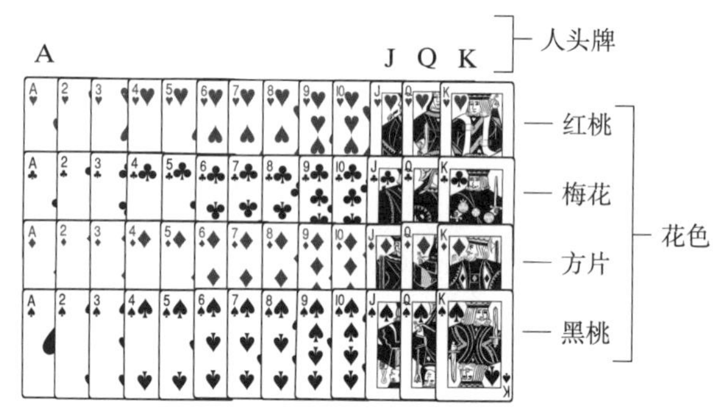

图 11.5　一副 52 张的标准扑克牌

例 2　概率与扑克牌

你从一副 52 张的标准扑克牌中抽牌。求出下列事件的概率。

a. 一张 K　　b. 一张红桃　　c. 一张红桃 K

解答

因为一副牌里有 52 张扑克牌，抽一张牌有 52 种可能性。样本空间的所有可能结果的数量是 52：$n(S)=52$。我们使用所有可能结果的数量作为分母，也就是 52。

a. 令 E 是抽到一张 K 的事件。因为一副牌中有 4 张 K，所以这个事件有 4 种可能的结果：$n(E)=4$。

$$P(\text{一张K})=\frac{\text{一张K的结果数量}}{\text{所有可能结果的数量}}=\frac{n(E)}{n(S)}=\frac{4}{52}=\frac{1}{13}$$

抽到一张 K 的概率是 1/13。

b. 令 E 是抽到一张红桃的事件。因为一副牌中有 13 张红桃，这个事件有 13 种可能的结果：$n(E)=13$。

$$P(\text{一张红桃})=\frac{\text{一张红桃的结果数量}}{\text{所有可能结果的数量}}=\frac{n(E)}{n(S)}=\frac{13}{52}=\frac{1}{4}$$

抽到一张红桃的概率是 1/4。

c. 令 E 是抽到一张红桃 K 的事件。因为一副牌中只有 1 张红桃 K，这个事件有 1 种可能的结果：$n(E)=1$。

$$P(\text{一张红桃K})=\frac{\text{一张红桃K的结果数量}}{\text{所有可能结果的数量}}=\frac{n(E)}{n(S)}=\frac{1}{52}$$

抽到一张红桃 K 的概率是 1/52。

☑ **检查点 2** 你从一副 52 张的标准扑克牌中抽牌。求出下列事件的概率。

a. 一张 A　　b. 一张红色牌　　c. 一张红色的 K

概率在遗传学中起到重要的作用。例 3 涉及遗传性肺病囊性纤维化，这种病在白种人中发病率约为两千分之一，而在非白种人中发病率约为二十五万分之一。

例 3 遗传学中的概率

每个人都携带两种与囊性纤维化病相关的基因。大多数美国人有两种正常的基因，不会受到囊性纤维化的影响。然而，每二十五个美国人中就有一个人携带一个正常基因和一个缺陷基因。如果我们使用 c 来表示一个缺陷基因，用 C 表示一个正常基因，这样基因型的人可以表示为 Cc。因此，CC 是一个既不携带囊性纤维化基因也没有患上囊性纤维化病的人。Cc 是患病基因的携带者并没有真的生病，而 cc 表示一个患了囊性纤维化病的人。表 11.2 显示了父母双方都携带一个囊性纤维化基因，而孩子遗传的四种等可能的结果。父母双方都遗传给孩子一种基因。

如果父母双方都有一个囊性纤维化缺陷基因，他们的孩子患有囊性纤维化病的概率是多少？

解答

表 11.2 显示了有四种等可能的结果。样本空间是 $S=\{\mathrm{CC}, \mathrm{Cc}, \mathrm{cC}, \mathrm{cc}\}$ 且 $n(S)=4$。患有囊性纤维化病表示的是基因型是 cc 的孩子。因此 $E=\{\mathrm{cc}\}$ 且 $n(E)=1$。

表 11.2　囊性纤维化基因遗传

	双亲中的另一个 C	双亲中的另一个 c
双亲中的一个 C	CC	Cc
双亲中的一个 c	cC	cc

表中显示的是父母各携带一种囊性纤维化基因的孩子的四种可能性

$$P(\text{患有囊性纤维化病})=\frac{\text{患有囊性纤维化病的结果数量}}{\text{所有可能结果的数量}}=\frac{n(E)}{n(S)}=\frac{1}{4}$$

如果父母双方都有一个囊性纤维化缺陷基因，他们的孩子患有囊性纤维化病的概率是 $\frac{1}{4}$。

☑ **检查点 3**　使用例 3 中的表 11.2 解决这个练习。如果父母双方都有一个囊性纤维化缺陷基因，他们的孩子不患有囊性纤维化病但是是缺陷基因携带者的概率是多少？

2　计算实际概率

实际概率

理论概率基于一组等可能的结果和集合中元素的数量。相比之下，实际概率适用于我们观察事件发生频率的情况。我们用下面的公式来计算一个事件的实际概率：

计算实际概率

事件 E 的实际概率是

$$P(E)=\frac{\text{观察到的}E\text{发生的次数}}{\text{观察到的事件发生的总数}}$$

例 4　计算实际概率

2015 年，不低于 15 岁的美国人口大约有 2.54 亿人。表 11.3 根据性别和婚姻情况划分了这个总体。表格中的单位是百万。

表 11.3　根据婚姻状况区分人口

	已婚	未婚	离异	丧偶	总计
男性	66	43	11	3	123
女性	67	38	15	11	131
总计	133	81	26	14	254

总男性：66+43+11+3=123

总女性：67+38+15+11=131

总已婚数：66+67=133

总未婚数：43+38=81

总离异数：11+15=26

总丧偶数：3+11=14

总人口：123+131=254

来源：U.S. Census Bureau

好问题！

从总体中随机选择一个人是什么意思?

这句话的意思是总体中的每一个人被选中的机会都是均等的。我们将在第 12 章中讨论随机选择。

如果从表 11.3 中随机选择一个人，求出下列事件的概率，结果保留两位小数。

a. 离异　　b. 女性

解答

a. 选中一个离异的人的概率是观察到的离异人口的数量，即 26（百万），然后除以总体数量，即 254（百万）。

$$P(\text{从总体中选中离异的人})=\frac{\text{离异的人的数量}}{\text{总体数量}}=\frac{26}{254}\approx 0.10$$

从表 11.3 的总体中随机选择一个人是离异的实际概率大约是 0.10。

b. 选中一名女性的概率是观察到的女性的数量，即 131（百万），除以总体数量，即 254（百万）。

$$P(\text{从总体中选中女性})=\frac{\text{女性的数量}}{\text{总体数量}}=\frac{131}{254}\approx 0.52$$

从表 11.3 的人口中随机选择一个人是女性的实际概率大约是 0.52。

☑ **检查点 4** 如果从表 11.3 中随机选择一个人，求出下列事件的概率，结果保留两位小数。

a. 未婚　　b. 男性

在某些情况下，我们可以建立理论概率和实际概率之间的关系。举个例子，考虑一枚硬币坠地时正面和反面的可能性是一样的。这样的硬币叫作**均匀硬币**。实际概率可以用来判断一枚硬币是否均匀。假设我们掷硬币 10 次、50 次、100 次、1 000 次、10 000 次，100 000 次。我们记录下观察到的正面的数量，如表 11.4 所示。对于表中每一种情况，硬币是正面的实际概率是通过观察到的正面次数除以投掷次数来计算的。

表 11.4　掷硬币正面朝上的概率

掷硬币的次数	正面朝上的次数	正面朝上的实际概率，即 $P(H)$
10	4	$P(H)=\frac{4}{10}=0.4$
50	27	$P(H)=\frac{27}{50}=0.54$
100	44	$P(H)=\frac{44}{100}=0.44$
1 000	530	$P(H)=\frac{530}{1\,000}=0.53$
10 000	4 851	$P(H)=\frac{4\,851}{10\,000}=0.485\,1$
100 000	49 880	$P(H)=\frac{49\,880}{100\,000}=0.498\,8$

表 11.4 最右列的实际概率显示了一种规律。随着投掷次数的增加，实际概率趋于 0.5，即理论概率。这些结果让我们没有理由怀疑硬币是不均匀的。

表 11.4 说明了一个当观察到的结果不确定时的重要原理，如硬币正面着地的事件。随着实验的重复次数越来越多，某一事件的实际概率会趋近于该事件的理论概率。这个原理被称为**大数定律**。

11.5 基本计数原理、排列和组合的概率

学习目标

学完本节之后，你应该能够：

1. 计算排列的概率。
2. 计算组合的概率。

根据精算表，至少在 115 岁之前，没有哪一年死亡的概率与继续活下去的概率相等。在这 115 岁之前，每一年的死亡概率从 11 岁女性的 0.000 09 到 114 岁女性的 0.465 。对于一个健康的 30 岁的人来说，今年死亡的概率与在彩票游戏中赢得头奖的概率相比，哪个概率更高？在本节中，我们将使用基本计数原理、排列和组合来研究概率，并将给出对这个问题的令人惊讶的答案。

不同年龄的死亡概率

年龄	男性死亡概率	女性死亡概率
10	0.000 13	0.000 10
20	0.001 40	0.000 50
30	0.001 53	0.000 50
40	0.001 93	0.000 95
50	0.005 67	0.003 05
60	0.012 99	0.007 92
70	0.034 73	0.017 64
80	0.076 44	0.039 66
90	0.157 87	0.112 50
100	0.268 76	0.239 69
110	0.397 70	0.390 43

来源：George Shaffner, *The Arithmetic of Life and Death*.

排列的概率

1 计算排列的概率

例 1 概率与排列

有 6 个笑话分别由 Groucho Marx、Bob Blitzer、Steven Wright、Henny Youngman、Jerry Seinfeld 和 Phyllis Diller 讲述，前五位是男性，第六位是女性。假设这六个笑话分别写在六张卡片上。这些卡片放在一个帽子里，然后一次抽一张，抽六次。抽卡片的顺序决定了讲笑话的顺序。男性讲的笑话最先讲且最后讲的概率是多少？

解答

我们从应用这个情景的概率定义入手

$$P(\text{男性讲的笑话最先讲且最后讲}) = \frac{\text{男性讲的笑话最先讲且最后讲的排列数量}}{\text{所有可能的排列数量}}$$

我们可以使用基本计数原理来求出所有可能的排列数量，也就是讲六个笑话的顺序有多少种。

讲第一个笑话	讲第二个笑话	讲第三个笑话	讲第四个笑话	讲第五个笑话	讲第六个笑话
6 种选择	5 种选择	4 种选择	3 种选择	2 种选择	1 种选择

排列的数量一共有 $6 \cdot 5 \cdot 4 \cdot 3 \cdot 2 \cdot 1 = 720$ 种。也就是说，讲六个笑话的顺序有 720 种。

我们还可以使用基本计数原理来求出男性讲第一个笑话，且讲最后一个笑话的排列数量。这些条件如下所示：

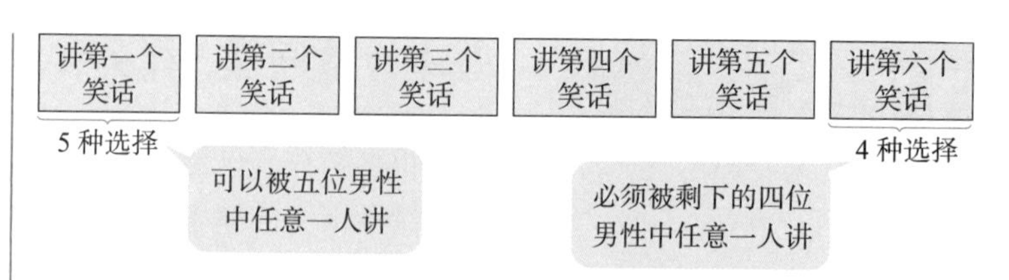

下面，我们来填上第三个到第五个笑话的选择数量。

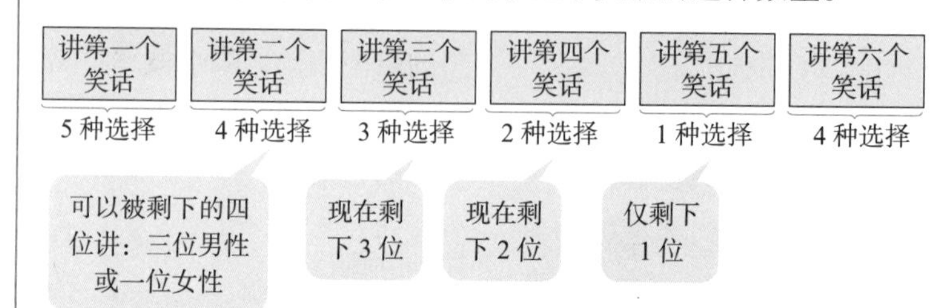

因此，排列的数量一共有 $5\cdot4\cdot3\cdot2\cdot1\cdot4=480$ 种。也就是说，男性讲的笑话最先讲且最后讲的顺序有 480 种。

现在，我们可以求出概率了。

$$P(\text{男性讲的笑话最先讲且最后讲})$$
$$=\frac{\text{男性讲的笑话最先讲且最后讲的排列数量}}{\text{所有可能的排列数量}}$$
$$=\frac{480}{720}=\frac{2}{3}$$

男性讲的笑话最先讲且最后讲的概率是 $\frac{2}{3}$。

☑ **检查点 1** 考虑六个关于书的笑话，这些笑话分别由 Groucho Marx、Bob Blitzer、Steven Wright、Henny Youngman、Jerry Seinfeld 和 Phyllis Diller 讲述，前五位是男性，第六位是女性。假设这六个笑话分别写在六张卡片上。这些卡片放在一个帽子里，然后一次抽一张，直到抽完六张。抽卡片的顺序决定了讲笑话的顺序。第一个笑话的讲述者的姓的首字母是 G 且男性讲的笑话最后讲的概率是多少？

2 计算组合的概率

组合的概率

在 2015 年，美国人在州际和多州彩票上的支出为 701.5 亿美元，超过了在书籍、音乐、电子游戏、电影和体育赛事上的支出总和。在每次抽奖中，有人中头奖的概率相对较高。如果没有大赢家，那么几乎可以肯定最终会有人获得数百万美元。那么，和这个未公开身份的人相比，你为什么这么不走运呢？在例 2 中，我们将会给出这个问题的答案。

例 2　概率与组合：强力球彩票

强力球彩票是美国大多数州都玩的一种多州彩票。这是第一个从两个大桶中随机抽取数字的彩票游戏。这个游戏是这样设置的，每个玩家从 1 到 69 选择五个不同的数字，从 1 到 26 选择一个强力球数字。每星期两次，从有 69 个白球的大桶中随机抽取 5 个白球，编号为 1 到 69，然后从有 26 个红球的大桶中随机抽取 1 个红色强力球，编号为 1 到 26。一名玩家如果成功匹配从白球中以任意顺序抽取的五个数字以及红色强力球上的一个数字，即可赢得头奖。一张 2 美元的强力球彩票，中头奖的概率是多少？

解答

因为白球上显示的五个数字的顺序无关紧要，所以这是有关组合的情况。我们从概率的公式开始。

$$P(\text{赢得头奖}) = \frac{\text{赢得头奖的方式数量}}{\text{所有可能的组合数量}}$$

我们可以使用组合公式

$$\mathrm{C}_n^r = \frac{n!}{(n-r)!r!}$$

来求出强力球彩票第一部分的所有可能的组合数量。我们从有 69 个白球的大桶中随机抽取 5 个白球，即 $r=5$ 且 $n=69$ 。

$$\mathrm{C}_{69}^5 = \frac{69!}{(69-5)!5!} = \frac{69\cdot 68\cdot 67\cdot 66\cdot 65\cdot 64!}{64!\cdot 5\cdot 4\cdot 3\cdot 2\cdot 1}$$

$$=11\ 238\ 513$$

强力球彩票第一部分的所有可能的组合数量是 11 238 513。

下面，我们必须求出选择红色强力球的所有可能的组合数量。因为第二个大桶里有 26 个强力球，所有一共有 26 种可能。

> **布利策补充**
>
> **比较死亡的概率与中强力球头奖的概率**
>
> 如果你是一个不抽烟的、健康的三十岁的普通人，那么你在这一年意外死亡的概率大约是0.001。将这个概率除以中强力球彩票的概率 $\left(\frac{1}{292\ 201\ 338} \approx 0.000\ 00\ 003\ 422\right)$：
>
> $$\frac{0.001}{0.000\ 000\ 003\ 422} \approx 292\ 227$$
>
> 一个健康的三十岁的普通人在这一年死亡的概率是中强力球彩票概率的292 227倍。难怪计算概率的人会将彩票称为“智商税”了。

我们使用基本计数原理来求出强力球所有可能的组合数量。

$$C_{69}^{5} \cdot 26 = 11\ 238\ 513 \cdot 26 = 292\ 201\ 338$$

强力球一共有 292 201 338 种组合。如果一个人买一张 2 美元的彩票，那么这个人就是随机选择一种组合方式。买一张彩票就只有一种中头奖的方式。

现在我们可以来计算概率了。

$$P(\text{赢得头奖}) = \frac{\text{赢得头奖的方式数量}}{\text{所有可能的组合数量}} = \frac{1}{292\ 201\ 338}$$

买一张强力球彩票中头奖的概率是 1/292 201 338，即 2.92 亿分之一。

假设一个人买了 5 000 张不同的强力球彩票，因为这个人选择了 5 000 种不同的组合方式，所以赢得头奖的概率是

$$\frac{5\ 000}{292\ 201\ 338} \approx 1.71 \times 10^{-5} = 0.000\ 017\ 1$$

赢得头奖的概率大约是 1 000 万分之 171。按照每张彩票 2 美元的价格，这个人很有可能损失 10 000 美元。

☑ **检查点 2** 在强力球中中头奖并不是赢得奖金的唯一方式。例如，匹配从 69 个白球中抽出的 5 个数字中的 4 个数字，并且匹配从 26 个红色强力球中抽出的 1 个数字的玩家，可以得到至少 5 万美元的奖励。求出赢得这个安慰奖的概率，并用分数表示答案。

例 3 概率与组合

一个俱乐部由五名男性和七名女性组成。现在随机选择三名成员参加会议。求出下列事件的概率。

a. 三名成员都是男性　　b. 一名男性和两名女性

解答

在随机选择三名成员的情况下，排列顺序没有影响，所以这是一个组合的问题。

a. 我们从选择的三名成员都是男性的概率算起。

$$P(\text{三男})=\frac{\text{选择三名男性的方式数量}}{\text{所有可能的组合数量}}$$

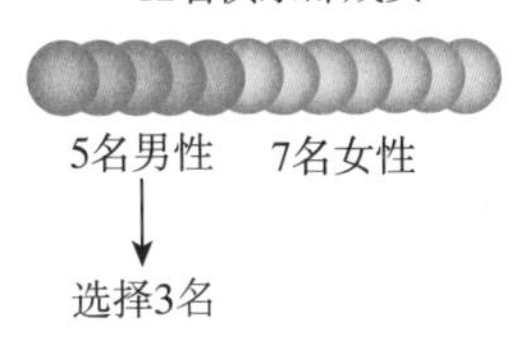

首先，我们求出概率分数中的分母部分。我们要从一组 12 人（5 名男性和 7 名女性）中选出 3 人，即 $r=3$ 且 $n=12$。所有组合的可能性如下所示

$$C_{12}^{3}=\frac{12!}{(12-3)!3!}=\frac{12!}{9!3!}=\frac{12\cdot 11\cdot 10\cdot \cancel{9!}}{\cancel{9!}\cdot 3\cdot 2\cdot 1}=220$$

因此，选出 3 人一共有 220 种可能。

下面，我们求出概率分数中的分子部分，我们需要求出从 5 名男性中选取 3 名男性的方式数量，即 $r=3$ 且 $n=5$。三名男性的所有组合的可能性如下所示

$$C_{5}^{3}=\frac{5!}{(5-3)!3!}=\frac{5!}{2!3!}=\frac{5\cdot 4\cdot \cancel{3!}}{\cancel{3!}\cdot 2\cdot 1}=10$$

因此，选出三名男性的方式一共有 10 种。现在，我们可以将分子和分母代入概率分数中。

$$P(\text{三男})=\frac{\text{选择三名男性的方式数量}}{\text{所有可能的组合数量}}=\frac{10}{220}=\frac{1}{22}$$

选择的三名成员都是男性的概率是 $\frac{1}{22}$。

b. 现在我们来求一名男性和两名女性的概率，先设好概率分数。

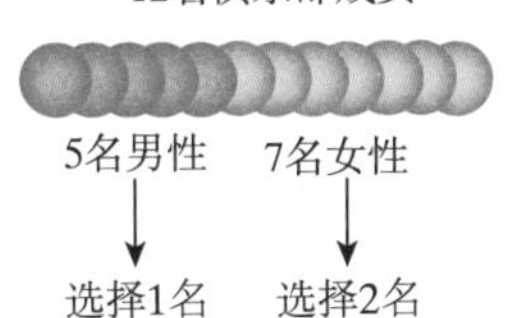

$$P(\text{一男两女})=\frac{\text{选择一男两女的方式数量}}{\text{所有可能的组合数量}}$$

这个分数的分母部分和 a 中的一样，都是从一组 12 人中选出 3 人，即 $r=3$ 且 $n=12$：$C_{12}^{3}=220$。

下面，我们需要求出概率分数的分子。从 5 名男性中选取 1 名男性的方式数量，即 $r=1$ 且 $n=5$，等于

$$C_{5}^{1}=\frac{5!}{(5-1)!1!}=\frac{5}{4!1!}=\frac{5\cdot \cancel{4!}}{\cancel{4!}\cdot 1}=5$$

从 7 名女性中选取 2 名女性的方式数量，即 $r=2$ 且 $n=7$，等于

$$C_7^2=\frac{7!}{(7-2)!2!}=\frac{7!}{5!2!}=\frac{7\cdot 6\cdot \cancel{5!}}{\cancel{5!}\cdot 2\cdot 1}=21$$

根据基本计数原理，选出一名男性和两名女性的概率是

$$C_5^1\cdot C_7^2=5\cdot 21=105$$

现在我们可以将分子和分母代入概率分数。

$$P(一男两女)=\frac{选择一男两女的方式数量}{所有可能的组合数量}$$

$$=\frac{C_5^1\cdot C_7^2}{C_{12}^3}=\frac{105}{220}=\frac{21}{44}$$

选择一名男性和两名女性的概率为 $\frac{21}{44}$。

☑ **检查点 3** 一个俱乐部由六名男性和四名女性组成。现在随机选择三名成员参加会议。求出下列事件的概率。

a. 三名成员都是男性 b. 两名男性和一名女性

11.6 “非”和“或”事件以及胜算

学习目标

学完本节之后，你应该能够：

1. 求出一个事件不发生的概率。
2. 求出第一个事件或第二个事件发生的概率。
3. 理解并使用胜算。

你最害怕什么？鲨鱼袭击？飞机坠毁？哈佛风险分析中心帮助人们正确看待这些担忧。根据哈佛中心的研究，发生致命鲨鱼袭击的胜算是 1 比 2.8 亿，而发生致命飞机事故的胜算是 1 比 3 百万。

有几种表示事件可能性的方法。例如，我们可以确定致命的鲨鱼袭击或致命的飞机事故的胜算。我们还可以确定对这些事件发生和不发生的胜算。在本节中，我们将扩展和概率相关的知识，并解释胜算的含义。

1 求出一个事件不发生的概率

一个事件不发生的概率

如果我们知道 $P(E)$，即一个事件发生的概率，我们就可以求出这个事件不发生的概率，由 P(非 E) 表示。因为事件非 E 的样本空间 S 中的所有结果都不是事件 E 的结果，所以它是事件 E 的**互补事件**。在任意实验中，要么一个事件发生，要么它的互补事件发生。因此，一个事件发生的概率与不发生

的概率的和是 1：

$$P(E)+P(非E)=1$$

通过求解 $P(E)$ 或 $P(非E)$，我们可以得到下列公式：

概率的互补法则

- 一个事件 E 不发生的概率等于 1 减去这个事件发生的概率。

$$P(非E)=1-P(E)$$

- 一个事件 E 发生的概率等于 1 减去这个事件不发生的概率。

$$P(E)=1-P(非E)$$

我们使用集合表示法，如果 E' 是 E 的互补事件，那么

$P(E')=1-P(E)$ 且 $P(E)=1-P(E')$。

好问题！

我是不是只能用 $P(非E)$ 的公式求解例 1？

不是的。不用 $P(非E)$ 公式求解的方法如下所示：

$$P(非Q)=\frac{非Q的方式数量}{所有可能结果的数量}=\frac{48}{52}=\frac{4\cdot 12}{4\cdot 13}=\frac{12}{13}$$

有 4 张 Q，52−4=48 张不是 Q

例 1　一个事件不发生的概率

如果你从一副 52 张的标准扑克牌里抽一张牌，求出不是 Q 的概率。

解答

因为

$$P(非E)=1-P(E)$$

所以

$$P(非Q)=1-P(Q)$$

一副 52 张的标准扑克牌中有 4 张 Q，抽到一张 Q 的概率是 $\frac{4}{52}=\frac{1}{13}$。因此，

$$P(非Q)=1-P(Q)=1-\frac{1}{13}=\frac{12}{13}$$

抽一张牌不是 Q 的概率是 $\frac{12}{13}$。

☑ **检查点 1**　如果你从一副 52 张的标准扑克牌里抽一张牌，求出不是方片的概率。

例 2 一个事件不发生的概率

你可能会惊讶地发现，数据显示，在电视转播的美国国家橄榄球联盟（NFL）比赛中，真正的比赛部分是多么得少。图 11.6 中的扇形图显示了平均 190 分钟的 NFL 电视广播的时间分配（以分钟为单位）。随机抽取一分钟的广播不是关于比赛或真正的橄榄球部分的概率是多少？用化简后的分数表示概率。

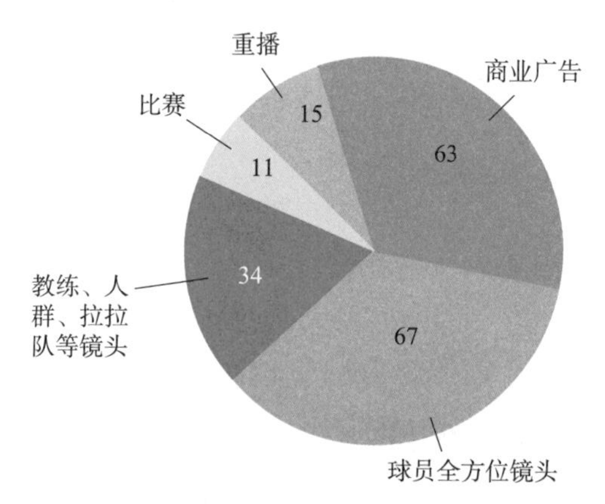

图 11.6 平均 190 分钟 NFL 电视广播的时间分配（分钟）

来源：*Wall Street Journal*

解答

我们可以计算一分钟内不播放比赛的概率，方法是将四个部分中不播放比赛的时间相加，然后将总和除以 190（分钟）。然而，使用互补事件更容易。

我们用一分钟内播放比赛的概率来求一分钟不播放比赛的概率。

$$P(\text{不播放比赛})$$
$$=1-P(\text{播放比赛})$$
$$=1-\frac{11}{190}$$
$$=\frac{190}{190}-\frac{11}{190}=\frac{179}{190}$$

图显示 11 分钟用于播放比赛

190 分钟是给定的，也可以将扇形五个区域相加得到

NFL 节目不播放比赛的概率是 $\frac{179}{190}$。

☑ **检查点 2** 使用图 11.6 中的数据求出一分钟内 NFL 不播放广告的概率。

例 3 使用互补法则

图 11.7 中的扇形图表显示了美国 2.14 亿汽车司机按年龄组别的分布情况，所有数字四舍五入到百万。如果从总体中随机选择一个司机，求出这个人小于 80 岁的概率。用化简后的分数表示概率。

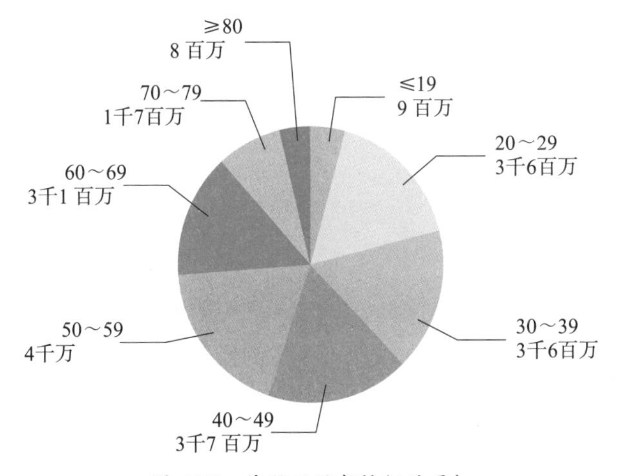

图 11.7 美国不同年龄组的司机

来源：U. S. Census Bureau

解答

和例 2 一样，我们可以将表示小于 80 岁的司机的七个部分加起来再除以司机总数 2.14 亿来计算随机选择一名司机年龄小于 80 岁的概率。然而，使用互补事件更加容易。随机选择一名年龄小于 80 岁的司机的互补事件是选择一名年龄不低于 80 岁的司机。

$$P(\text{小于80岁})$$

$$=1-P(\text{不低于80岁})$$

$$=1-\frac{8}{214}$$

年龄不低于 80 岁的司机有 8 百万

$$=\frac{214}{214}-\frac{8}{214}=\frac{206}{214}=\frac{103}{107}$$

随机选择一位年龄不低于 80 岁的司机的概率为 $\frac{103}{107}$。

☑ **检查点 3** 如果从图 11.7 中的司机中随机选择一名，求出这名司机至少有 20 岁的概率，用化简后的分数表示。

2 求出第一个事件或第二个事件发生的概率

互斥事件的“或”概率

假设你从一副 52 张的标准扑克牌中随机抽一张牌。令 A 表示你抽到一张 K 的事件，令 B 表示你抽到一张 Q 的事件。你抽了一张牌，所以不可能既是 K 又是 Q。抽一张 K 和抽一张 Q 不能同时发生。不能同时发生的事件称为**互斥事件**。

互斥事件

如果事件 A 和 B 不能同时发生，那么它们就是互斥的。

一般来说，如果事件 A 和 B 是互斥的，那么事件 A 或 B 发生的概率等于它们分别发生的概率相加。

互斥事件的“或”概率

如果事件 A 和 B 是互斥的，那么

$$P(A\text{或}B)=P(A)+P(B)$$

使用集合表示就是 $P(A\cup B)=P(A)+P(B)$

例 4　两个互斥事件中的一个发生的概率

如果你从一副 52 张的标准扑克牌中随机抽一张牌，抽到一张 K 或一张 Q 的概率是多少？

解答

我们通过将这两个互斥事件各自的概率相加求出其中一个事件发生的概率。

$$P(\text{K或Q})=P(\text{K})+P(\text{Q})=\frac{4}{52}+\frac{4}{52}=\frac{8}{52}=\frac{2}{13}$$

抽到一张 K 或一张 Q 的概率是 $\frac{2}{13}$。

☑ **检查点 4** 如果你掷一个六个面的骰子，掷出来 4 或 5 的概率是多少？

并不互斥的事件的“或”概率

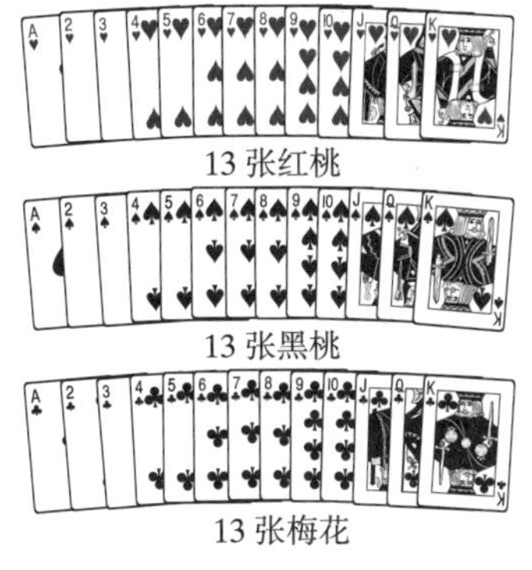

图 11.8 52 张扑克牌

请思考一下图 11.8 中的一副 52 张的标准扑克牌。假设重新洗牌然后从牌组中随机抽一张牌。抽到一张方片或一张人头牌（J、Q、K）概率是多少？我们从将它们分别发生的概率相加开始计算。

$$P(\text{方片})+P(\text{人头牌})=\frac{13}{52}+\frac{12}{52}$$

52 张牌中有 13 张方片　　52 张牌中有 12 张人头牌

图 11.9 三张牌既是方片又是人头牌

然而，这个概率并不是抽到一张方片或一张人头牌的概率。原因在于，有三张牌既是方片又是人头牌，如图 11.9 所示。抽到一张方片或一张人头牌的事件并不是互斥的，有可能抽到一张牌既是方片又是人头牌。

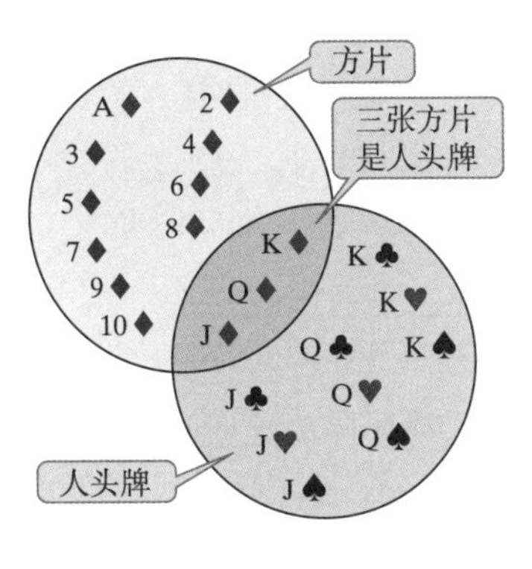

图 11.10

这个情况如图 11.10 中的韦恩图所示。为什么不能通过将这两个事件分别发生的概率相加求出抽到一张方片或一张人头牌的概率？根据韦恩图，有三张牌，即三张既是方片又是人头牌的牌，在将它们分别发生的概率相加时算了两次。首先将这三张牌算作方片，然后又算作人头牌。为了避免发生算两次的错误，我们需要减去既是方片又是人头牌的概率，即 $\frac{3}{52}$，如下所示：

$$P(\text{方片或人头牌})$$
$$=P(\text{方片})+P(\text{人头牌})-\mathrm{P}(\text{方片且人头牌})$$
$$=\frac{13}{52}+\frac{12}{52}-\frac{3}{52}=\frac{13+12-3}{52}=\frac{22}{52}=\frac{11}{26}$$

因此，抽到一张方片或一张人头牌概率是 $\frac{11}{26}$。

一般来说，如果事件 A 和 B 不是互斥的，那么 A 或 B 发生的概率等于它们分别的概率相加再减去同时发生的概率。

并不互斥的事件的“或”概率

如果事件 A 和 B 不是互斥的，那么

$$P(A\text{或}B)=P(A)+P(B)-P(A\text{且}B)$$

使用集合表示就是

$$P(A\cup B)=P(A)+P(B)-P(A\cap B)$$

例5 并不互斥的事件的“或”概率

在一群25只狒狒中，有18只喜欢梳理邻居毛皮，有16只喜欢野蛮地吼叫，有10只喜欢梳理邻居毛皮且野蛮地吼叫。如果随机选择一只狒狒，它喜欢梳理邻居的毛皮或野蛮地吼叫的概率是多少？

解答

一只狒狒有可能既喜欢梳理邻居的毛皮又喜欢野蛮地吼叫。有10只狒狒喜欢做这两件事。因此，这两个事件不是互斥的。

$$\begin{aligned}&P(\text{梳毛或吼叫})\\&=P(\text{梳毛})+P(\text{吼叫})-P(\text{梳毛且吼叫})\\&=\frac{18}{25}+\frac{16}{25}-\frac{10}{25}\\&=\frac{18+16-10}{25}=\frac{24}{25}\end{aligned}$$

族群中狒狒喜欢梳理邻居的毛皮或野蛮地吼叫的概率是 $\frac{24}{25}$。

☑ **检查点5** 在一组50名学生中，有23名选修数学，11名选修心理学，7名两门都选了，如果随机抽取一名学生，求这名学生选修了数学或心理学的概率。

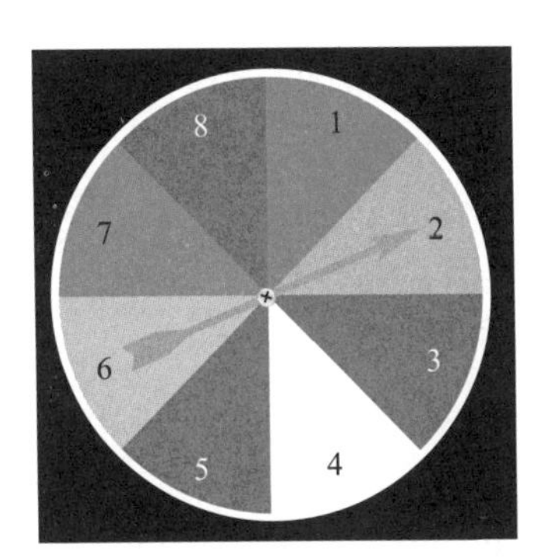

图 11.11　指针落在八个区域的可能性是相等的

例 6　并不互斥的事件的"或"概率

图 11.11 显示了一个转盘。指针落在转盘内的八个区域的可能性是相等的。如果指针落在边界上，就再转一次。求出指针落在偶数区域或大于 5 的区域的概率。

解答

指针有可能既落在偶数区域又落在大于 5 的区域。有两个数字同时满足这两个条件，即 6 和 8。因此，这两个事件不是互斥的。指针落在偶数区域或大于 5 的区域的概率如下所示：

$$P(\text{偶数或大于5})$$

$$=P(\text{偶数})+P(\text{大于5})-P(\text{偶数且大于5})$$

$$=\frac{4}{8}+\frac{3}{8}-\frac{2}{8}$$

$$=\frac{4+3-2}{8}=\frac{5}{8}$$

8 个数中有 4 个（2,4,6,8）是偶数

8 个数中有 2 个（6,8）既是偶数又大于 5

8 个数中有 3 个（6, 7, 8）大于 5

指针落在偶数区域或大于 5 的区域的概率是 $\frac{5}{8}$。

☑ **检查点 6**　使用图 11.11 来求出指针落在奇数区域或小于 5 的区域的概率。

例 7　真实世界的"或"概率数据

表 11.5 显示了 2015 年美国人口的婚姻状况，表格内数据的单位是百万。

表 11.5　2015 年年龄为 15 岁及以上的美国人的婚姻状况（以百万为单位）

	已婚	未婚	离异	丧偶	总计
男性	66	43	11	3	123
女性	67	38	15	11	131
总计	133	81	26	14	254

来源：U.S.Census Bureau

如果从表 11.5 中随机抽取一个人，求出下列事件的概率：

a. 这个人离异或是男性。

b. 这个人已婚或离异。

使用化简之后的分数表示概率，然后保留两位小数。

解答

a. 一个人有可能既是离异的又是男性。因此，这两个事件不是互斥的。

$$P(\text{离异或男性})$$

$$=P(\text{离异})+P(\text{男性})-P(\text{离异且男性})$$

2.54亿美国人中，0.26 亿人离异

$$=\frac{26}{254}+\frac{123}{254}-\frac{11}{254}$$

2.54 亿美国人中，0.11 亿人离异且为男性

2.54亿美国人中，1.23 亿为男性

$$=\frac{26+123-11}{254}=\frac{138}{254}=\frac{2\cdot 69}{2\cdot 127}=\frac{69}{127}\approx 0.54$$

随机抽取的人离异或是男性的概率是 $\frac{69}{127}$，约等于 0.54 。

b. 一个人不可能既是离异的又是已婚的。因此，这两个事件是互斥的。

$$P(\text{离异或已婚})$$

$$=P(\text{离异})+P(\text{已婚})$$

2.54亿美国人中，0.26 亿人离异

$$=\frac{26}{254}+\frac{133}{254}$$

2.54亿美国人中，1.33 亿已婚

$$=\frac{26+133}{254}=\frac{159}{254}\approx 0.63$$

随机抽取的人离异或已婚的概率是 $\frac{159}{254}$，约等于 0.63 。

☑ **检查点 7** 如果从表 11.5 中随机抽取一个人，求出下列事件的概率：

a. 这个人已婚或是女性。

b. 这个人离婚或丧偶。

使用化简之后的分数表示概率，然后保留两位小数。

---

3 理解并使用胜算

胜算

如果我们知道一个事件发生的概率，那么也就知道这个事

件发生的胜算与不发生的胜算。下列定义将概率和胜算联系起来：

概率转换成胜算

如果 $P(E)$ 是一个事件发生的概率，那么

1. **E 发生的胜算**是通过 E 发生的概率除以 E 不发生的概率得到的。

$$E\text{发生的胜算}=\frac{P(E)}{P(\text{非}E)}$$

2. **E 不发生的胜算**是通过 E 不发生的概率除以 E 发生的概率得到的。

$$E\text{不发生的胜算}=\frac{P(\text{非}E)}{P(E)}$$

我们也可以通过求 E 发生的胜算的倒数来求 E 不发生的胜算。

例 8　从概率到胜算

你掷一次六个面的骰子。

a. 求出掷出 2 点的胜算。

b. 求出没掷出 2 点的胜算。

解答

我们令 E 表示掷出 2 点的事件。为了求出胜算，我们首先必须求出 E 发生的概率和不发生的概率。样本空间 $S=\{1,2,3,4,5,6\}$ 且 $E=\{2\}$，我们可以看出

$$P(E)=\frac{1}{6}$$

$$P(\text{非}E)=1-\frac{1}{6}=\frac{6}{6}-\frac{1}{6}=\frac{5}{6}$$

现在，我们可以计算 E 发生的胜算和不发生的胜算。

a.

$$E\text{发生的胜算}(\text{即掷出2点})=\frac{P(E)}{P(\text{非}E)}=\frac{\frac{1}{6}}{\frac{5}{6}}=\frac{1}{6}\cdot\frac{6}{5}=\frac{1}{5}$$

> **好问题！**
>
> 当你在计算例 8 中的 a 时，两个概率的分母部分被消掉了。这个情况是不是总是会出现？
>
> 是的。

掷出 2 点的胜算是 $\frac{1}{5}$。$\frac{1}{5}$ 这个比值通常写作 1∶5，读作"一比五"。因此，掷出 2 点的胜算是一比五。

b. 现在我们求出了掷出 2 点的胜算，即 $\frac{1}{5}$ 或 1∶5。我们可以通过求这个胜算的倒数来求出没掷出 2 点的胜算。

$$E\text{不发生的胜算}\left(\text{没掷出2点}\right)=\frac{5}{1}\text{或 }5:1$$

因此，没掷出 2 点的胜算是五比一。

☑ **检查点 8** 你从一副 52 张的标准扑克牌中抽一张牌。

a. 求出抽到红色的 Q 的胜算。

b. 求出没抽到红色的 Q 的胜算。

例 9 从概率到胜算

抽奖的获胜者将获得一辆新的 SUV。如果一共卖出去了 500 张奖券，而你买了 10 张，不中奖的胜算是多少？

解答

我们令 E 表示赢得 SUV 的事件。因为你买了 10 张奖券，而且一共卖出去 500 张，所以

$$P(E)=\frac{10}{500}=\frac{1}{50}$$

$$P(\text{非}E)=1-\frac{1}{50}=\frac{49}{50}$$

现在，我们可以计算 E 不发生的胜算。

$$E\text{不发生的胜算}=\frac{P(\text{非}E)}{P(E)}=\frac{\frac{49}{50}}{\frac{1}{50}}=\frac{49}{50}\cdot\frac{50}{1}=\frac{49}{1}$$

不中奖的胜算是 49 比 1，写作 49∶1。

☑ **检查点 9** 抽奖的获胜者将获得两年的奖学金。如果一共卖出去了 1 000 张奖券，而你买了 5 张，不中奖的胜算是多少？

布利策补充

赛马的胜算

在赛马和所有赌博游戏中给出的赔率通常都是不发生的胜算。如果某匹马在比赛中获胜的胜算是 2 比 5，那么不获胜的胜算是 5 比 2。在赛马中，这匹马的赔率是 5 比 2。这些赛马赔率告诉赌徒赌注的回报是什么。赌徒在这匹马上押下 2 美元的赌注，如果马赢了，赌徒将赢得 5 美元，而且 2 美元的赌注还会退回去。

胜算能帮助我们公平地打赌或玩游戏。例如，我们已经学过掷出 2 点的胜算是 1 比 5。假设有一场赌局，你在掷出 2 点上押上 1 美元。在这场赌博中，你有一种胜利的结果，即掷出 2 点，还有五种失败的结果，即掷出 1，3，4，5 或 6 点。掷出 2 点的胜算是 1 比 5，即胜利的结果比上失败的结果。

在赌钱的赌局中，我们可以通过胜算来判断赌局是否公平。如果事件 E 发生的胜算是 a 比 b，那么如果事件 E 不发生损失 a 美元，发生的话赚 b 美元（并且退还赌金 a 美元），**这样的赌局是公平的**。例如，掷出 2 点的胜算是 1 比 5。如果你在掷出 2 点上押上 1 美元，而且赌局是公平的，那么当掷出 2 点时你应该赢得 5 美元（并且收到退还的赌金 1 美元）。

我们已经学会了如何将概率转换成胜算，现在来学习如何将胜算转换成概率。假设一个事件发生的胜算是 a 比 b。这就意味着，

$$\frac{P(E)}{P(\text{非}E)}=\frac{a}{b} \text{或} \frac{P(E)}{1-P(E)}=\frac{a}{b}$$

通过解出等式中的 $P(E)$，我们就得到了将胜算转换成概率的公式。

胜算转换成概率

如果一个事件发生的胜算是 a 比 b，那么这个事件发生的概率是

$$P(E)=\frac{a}{a+b}$$

例 10　从胜算到概率

一只赛马赢得比赛的胜算是 2 比 5。这只赛马赢得比赛的概率是多少？

解答

因为事件发生的胜算 a 比 b 意味着概率是 $\frac{a}{a+b}$，因此 2 比 5 意味着概率是

$$\frac{2}{2+5}=\frac{2}{7}$$

这只赛马赢得比赛的概率是 $\frac{2}{7}$。

☑ **检查点 10** 一只赛马没赢得比赛的胜算是 15 比 1。这只赛马赢得比赛的胜算和概率分别是多少？

布利策补充

吓人事件及其胜算

吓人事件	发生的胜算
被鲨鱼咬死	1比280 000 000
飞机失事	1比3 000 000
被炒鱿鱼	1比252
晚上家里进贼	1比181
患上癌症	1比7
感染性病	1比4
患上心脏病	1比4
死于吸烟引发的疾病（烟民）	1比2

来源：David Ropeik, Harvard Center for Risk Analysis

11.7 “且”事件以及条件概率

学习目标

学完本节之后，你应该能够：

1. 求出第一个事件和第二个事件发生的概率。
2. 计算条件概率。

你正在考虑一份在佛罗里达州南部的工作。这份工作正是你梦寐以求的，而且也对生活在迈阿密的多样性热带感到兴奋。然而，只有一件事让你担心：飓风的风险。你希望在迈阿密待上十年，然后买套房子。佛罗里达州南部在未来十年内至少遭受一次飓风袭击的概率是多少？

在本节中，我们通过将事件的概率拓展到“且”运算来考虑一个事件至少发生一次的概率。（我们将在例 3 和练习集的练习 25 中讨论佛罗里达州南部飓风的问题。）

1 求出第一个事件和第二个事件发生的概率

独立事件的“且”概率

请思考一下连续掷两次硬币。无论第一次掷硬币的结果是正面还是背面，都对第二次的结果没有影响。例如，即使第一次掷硬币的结果是背面，也不会增大第二次掷硬币也是背面的结果的概率。重复的掷硬币是独立事件，原因在于一个掷硬币的结果不会影响其他结果。

好问题！

独立事件和互斥事件有什么区别？

互斥事件不能同时发生。尽管独立事件在不同时间发生，但是它们对彼此没有影响。

独立事件

如果两个事件对彼此发生的概率没有影响，那么它们就是独立事件。

当连续掷两次均匀的硬币时，等可能的结果集合如下所示：

$$\{正面正面，正面背面，背面正面，背面背面\}$$

我们可以使用集合$\{$正面正面，正面背面，背面正面，背面背面$\}$来求出第一次是正面第二次也是正面的概率：

$$P(正面正面)=\frac{两个正面的可能结果数}{所有可能的总数}=\frac{1}{4}$$

我们不用列出所有等可能的结果也能求出两次正面的概率是$\frac{1}{4}$。第一次掷硬币的结果是正面的概率是$\frac{1}{2}$。第二次掷硬币的结果是正面的概率也是$\frac{1}{2}$。这两个概率的乘积，即$\frac{1}{2}\cdot\frac{1}{2}$，就是两次都是正面的概率，即$\frac{1}{4}$。因此，

$$P(正面正面)=P(正面)\cdot P(正面)$$

一般来说，如果两个事件是独立的，我们可以通过将第一个事件的概率与第二个事件的概率相乘求出它们的概率。

独立事件的“且”概率

如果A和B是独立事件，那么

$$P(A且B)=P(A)\cdot P(B)$$

图 11.12　美国轮盘机

例 1　轮盘机的独立事件

图 11.12 显示了一个美国轮盘机，它有 38 个标有数字的凹槽（从 1 到 36，还有 0 和 00）。在这 38 个凹槽中，有 18 个是黑色的、18 个是红色的，还有两个是绿色的。一场赌局由庄家（称为“荷官”）旋转转盘和一个位于相对位置的小球。小球停下来的时候，等可能地落在 38 个中任意一个标有数字的凹槽中。求出两次连续赌局中小球落入红色凹槽的概率。

解答

转盘有 38 个等可能的结果，其中 18 个是红色的。因此，一场赌局中转到红色的概率是 $\frac{18}{38}$ 即 $\frac{9}{19}$。对于所有结果而言，每一场赌局都是独立的。因此，

$$P(\text{红色且红色}) = P(\text{红色}) \cdot P(\text{红色}) = \frac{9}{19} \cdot \frac{9}{19} = \frac{81}{361} \approx 0.224$$

两次连续赌局中小球落入红色凹槽的概率是 $\frac{81}{361}$。

有些轮盘机玩家错误地以为，如果红色连续发生两次，那么下一次一定“不是红色”。因为这些事件是独立的，上一次旋转的结果不会对其他任何旋转产生影响。

☑ **检查点 1**　求出轮盘机中小球连续两次落在绿色凹槽的概率。

独立事件的“且”规则可以拓展到覆盖三个或更多独立事件。因此，如果 A、B 和 C 是独立事件，那么

$$P(A\text{且}B\text{且}C) = P(A) \cdot P(B) \cdot P(C)$$

例 2　家庭里的独立事件

有一个连续生了九个女儿的家庭。求出发生这种事的概率。

解答

如果两个或更多的事件是独立的，我们可以通过将它们发生的概率相乘来得到这些事件全部发生的概率。生下一名女儿

的概率是 $\frac{1}{2}$，所以连续生下九个女儿的概率是九个 $\frac{1}{2}$ 相乘。

$$P(\text{连续生九个女儿})=\frac{1}{2}\cdot\frac{1}{2}\cdot\frac{1}{2}\cdot\frac{1}{2}\cdot\frac{1}{2}\cdot\frac{1}{2}\cdot\frac{1}{2}\cdot\frac{1}{2}\cdot\frac{1}{2}$$
$$=\left(\frac{1}{2}\right)^9=\frac{1}{512}$$

连续生九个女儿的概率是 $\frac{1}{512}$。（如果这个家庭再生一个孩子，那么生下来的孩子与九个女儿是独立的，第十个孩子是女儿的概率还是 $\frac{1}{2}$。）

☑ **检查点 2** 求出一个家庭连续生出四个男孩的概率。

现在我们回到本节开头的飓风问题。萨菲尔 / 辛普森等级根据飓风的风速将它的破坏威胁划分成 1 到 5 这五个等级。表 11.6 展示了这个等级划分。根据美国国家飓风局，一年中佛罗里达南部被等级 1 及以上的飓风袭击的概率是 $\frac{5}{19}$，约为 0.263。在例 3 中，我们将探索住在“飓风之城”的风险。

表 11.6 飓风等级

等级	风速（单位：英里 / 小时）
1	74～95
2	96～110
3	111～130
4	131～155
5	＞155

例 3 飓风和概率

如果一年中佛罗里达南部被飓风袭击的概率是 $\frac{5}{19}$，那么

a. 佛罗里达南部被飓风连续袭击三年的概率是多少？

b. 佛罗里达南部在未来十年内不被飓风袭击的概率是多少？

解答

a. 佛罗里达南部被飓风连续袭击三年的概率是

$$P(\text{飓风且飓风且飓风})=\frac{5}{19}\cdot\frac{5}{19}\cdot\frac{5}{19}=\frac{125}{6\,859}\approx0.018$$

b. 我们首先求出佛罗里达南部在任意一年内不被飓风袭击的概率是多少。

$$P(\text{没有飓风})=1-P(\text{飓风})=1-\frac{5}{19}=\frac{14}{19}\approx0.737$$

好问题！

当我在解决概率问题的时候，怎么样才能确定是用"或"公式还是"且"公式？

- "或"问题中经常会出现"或"这个字。这些问题只涉及一次选择。

例：

如果随机选择一个人，那么这个人是男人或是加拿大人的概率是多少？

- "且"问题通常不会出现"且"这个字。这些问题涉及超过一次的选择。

例：

如果随机选择两个人，那么两个人都是男性的概率是多少？

佛罗里达南部在一年内不被飓风袭击的概率是 $\frac{14}{19}$。因此，未来十年内不被飓风袭击的概率是连续乘以十次 $\frac{14}{19}$。

$$
\begin{aligned}
&P(\text{未来十年没有飓风}) \\
&=P(\text{第一年没有飓风})\cdot P(\text{第二年没有飓风})\cdot \\
&\quad P(\text{第三年没有飓风})\cdot\cdots\cdot P(\text{第十年没有飓风}) \\
&=\frac{14}{19}\cdot\frac{14}{19}\cdot\frac{14}{19}\cdot\cdots\cdot\frac{14}{19} \\
&=\left(\frac{14}{19}\right)^{10}\approx(0.737)^{10}\approx 0.047
\end{aligned}
$$

佛罗里达南部在未来十年内不被飓风袭击的概率约为 0.047。

现在我们准备回答问题：

在未来十年内，佛罗里达南部至少被飓风袭击一次的概率是多少？

因为 $P(\text{非}E)=1-P(E)$，所以

$$P(\text{十年没有飓风})=1-P(\text{十年至少有一次飓风})$$

因此，

$$
\begin{aligned}
P(\text{十年至少有一次飓风})&=1-P(\text{十年没有飓风}) \\
&=1-0.047=0.953
\end{aligned}
$$

在未来十年内，佛罗里达南部至少被飓风袭击一次的概率是 0.953。几乎可以肯定在未来十年内，佛罗里达南部至少会被飓风袭击一次。

一个事件至少发生一次的概率

$$P(\text{一个事件至少发生一次})=1-P(\text{事件不发生})$$

☑ **检查点 3** 如果一年中佛罗里达南部被飓风袭击的概率是 $\frac{5}{19}$，那么

a. 佛罗里达南部被飓风连续袭击四年的概率是多少？

b. 佛罗里达南部在未来四年内不被飓风袭击的概率是多少？

c. 佛罗里达南部在未来四年内至少被飓风袭击一次的概率是多少？

相依事件的“且”概率

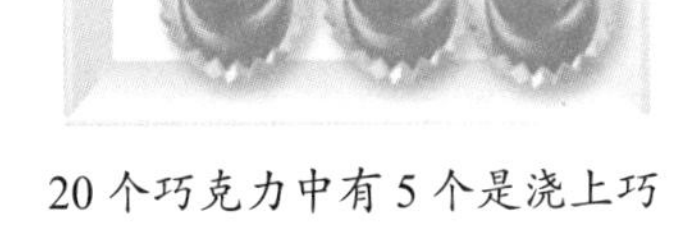

20 个巧克力中有 5 个是浇上巧克力的樱桃。

巧克力爱好者们集合起来！现在有 20 个巧克力可供挑选。什么？你想吃两个？你更喜欢浇上巧克力的樱桃？问题在于只有 5 个是浇上巧克力的樱桃，而且没有办法分辨是哪 5 个。它们的形状完全一样。不管怎样，选择一个，享受美味，然后选择另一块，吃下去，然后完事了。在这些关于概率和飓风的讨论中，没有什么能比得上品尝一块美味的巧克力。

另一个问题？你想要知道选择的两个巧克力都是浇了巧克力的樱桃的概率？好吧，我们来研究一下。20 个巧克力中有 5 个是浇上巧克力的樱桃，所以第一次选中樱桃的概率是 $\frac{5}{20}$，即 $\frac{1}{4}$。现在，假设你确实第一次就选出了浇上巧克力的樱桃。谁也不能保证第二次还能选出浇上巧克力的樱桃。现在只剩下 19 个巧克力了，只有 4 个是浇上巧克力的樱桃。第二次选中樱桃的概率是 $\frac{4}{19}$。这个概率和第一次的 $\frac{1}{4}$ 不一样。在第一次选出了浇上巧克力的樱桃之后，糖果盒里的巧克力数量发生了变化。第二次选择的概率会被第一次选择的结果影响。因此，我们将这些事件称为**相依事件**。

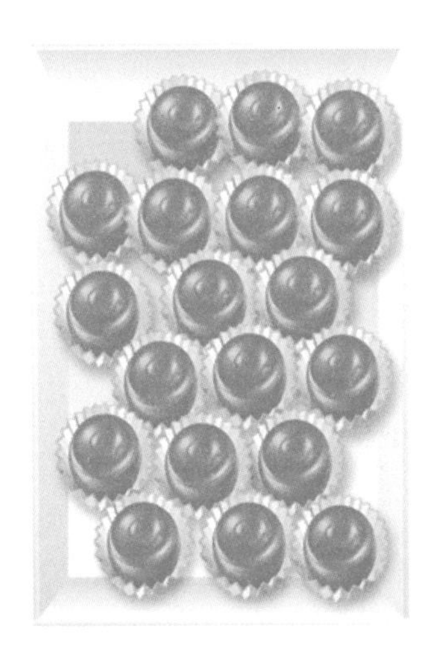

一旦选出了一个浇上巧克力的樱桃，剩下的 19 个巧克力就只有 4 个是浇上巧克力的樱桃。

> 相依事件
>
> 如果一个事件的结果对另一个事件的结果有影响，那么这两个事件就是**相依事件**。

连续两次选出浇上巧克力的樱桃的概率可以通过将第一次选出的概率 $\frac{1}{4}$ 乘以第二次选出的概率 $\frac{4}{19}$ 得到：

$$P(\text{浇上巧克力的樱桃，浇上巧克力的樱桃})$$
$$=P(\text{浇上巧克力的樱桃})\cdot P(\text{再次选出浇上巧克力的樱桃})$$
$$=\frac{1}{4}\cdot\frac{4}{19}=\frac{1}{19}$$

连续两次选出浇上巧克力的樱桃的概率是 $\frac{1}{19}$。这是一个求出两个相依事件发生的概率的典型例子。

> 相依事件的“且”概率
> 如果 A 和 B 是相依事件，那么
> $$P(A\text{且}B)=P(A)\cdot P(A\text{发生后的}B)$$

例 4 相依事件的“且”概率

好消息：你中了一个免费游玩马德里的大奖，还能带上两个人，费用全免。坏消息：你的十个表兄弟不知道从哪冒出来，要你带他们去。你把每一个表兄弟的名字写在卡片上，将卡片放在帽子里，然后随机抽一个。最后，你没有放回抽出来的卡片，又抽了第二张。如果十个表兄弟中有三个会说西班牙语，那么选出的两个表兄弟都会说西班牙语的概率是多少？

解答

因为 $P(A\text{且}B)=P(A)\cdot P(A\text{发生后的}B)$，所以

$$P(\text{两个会说西班牙语的表兄弟})$$
$$=P(\text{说西班牙语，说西班牙语})$$
$$=P(\text{说西班牙语})\cdot P(\text{选出一个说西班牙语的表兄弟之后选的还说西班牙语})$$
$$=\frac{3}{10}\cdot\frac{2}{9}$$

10 个表兄弟中有 3 个会说西班牙语

选出一个说西班牙语的表兄弟后，剩下的 9 个表兄弟中，有 2 个会说西班牙语

$$=\frac{6}{90}=\frac{1}{15}$$

> **好问题！**
>
> 你使用相依事件的“且”概率解决了例 4。因为表兄弟是选出来的，我能不能用组合公式来解决这个问题？
>
> 可以。具体过程如下所示：
>
> $$P(\text{两个讲西班牙语的人})$$
> $$=\frac{\text{选择两个讲西班牙语的表兄弟的方式数量}}{\text{选择两个表兄弟的方式数量}}$$
> $$=\frac{C_3^2}{C_{10}^2}$$
> $$=\frac{3}{45}=\frac{1}{15}$$

选出的两个表兄弟都会说西班牙语的概率是 $\frac{1}{15}$。

☑ **检查点 4**　你从一副 52 张的标准扑克牌中抽两张牌。求出抽到两张 K 的概率是多少。

相依事件的乘法规则可以拓展到三个或更多相依事件。例如，在三个相依事件的情况下，

$$P(A\text{且}B\text{且}C)=P(A)\cdot P(A\text{发生后的}B)\cdot P(A\text{与}B\text{发生后的}C)$$

例 5　三个相依事件的“且”概率

从五个大一学生、两个大二学生和四个大三学生中随机选择三个人。求出前两个是大一学生而且第三个是大三学生的概率。

解答

P(前两个是大一学生且第三个是大三学生)

$=P$(大一学生)$\cdot P$(选到大一学生后再选到大一学生)$\cdot$
P(选到大一学生再选到大一学生之后选到大三学生)

$$=\frac{5}{11}\cdot\frac{4}{10}\cdot\frac{4}{9}$$

11 个学生中有 5 个是大一学生

先选一个大一学生后，剩下 10 个学生中，4 个是大一学生

先选两个大一学生后，剩下 9 个学生中，4 个是大三学生

$$=\frac{8}{99}$$

前两个是大一学生且第三个是大三学生的概率是 $\frac{8}{99}$。

☑ **检查点 5**　你从一副 52 张的标准扑克牌中抽两张牌。求出抽到三张红桃的概率是多少。

2　计算条件概率

条件概率

我们已经学过了相依事件 A 和 B 都发生的概率是

$$P(A\text{且}B)=P(A)\cdot P(A\text{发生后的}B)$$

A 发生后 B 发生的概率称为条件概率，由 $P(B|A)$ 表示。

条件概率

事件 A 已经发生之后 B 发生的概率称为基于 A 的 B 的**条件概率**，由 $P(B|A)$ 表示。

我们可以将条件概率 $P(B|A)$ 看作**样本空间限制在和事件 A 有关的结果之内，事件 B 发生的概率**，这样会更好理解一点。

布利策补充

巧合

电话响了，打来的就是你刚才想的那个朋友。你开着车在路上行驶，收音机里传来你在脑海里哼唱的一首歌。尽管这些巧合看起来很奇怪，甚至神秘，但它们并非如此。巧合必然会发生。在我们的世界里，有许多潜在的巧合，每一种发生的可能性都很低。当这些令人惊讶的巧合发生时，我们会感到惊讶并记住它们。然而，我们很少注意到无数的非巧合：你有多少次想到你的朋友而她却不打电话，或者她有多少次在你不想她的时候打来电话？通过注意到事件发生和忽略事件不发生，我们错误地认为两个独立事件的发生之间存在联系。

另一个问题在于，在某些情况下，我们往往低估了巧合发生的概率，当巧合发生时，我们表现得比应该表现得更惊讶。例如，在一个只有 23 人的群体中，两个人同一天生日（同月同日）的概率大于 $\frac{1}{2}$。50 人以上的人群中，存在两个人同一天生日的可能性几乎是确定的。你可以在练习集 11.7 中的练习 77 中，来验证相对较小的人群中有同一天生日的巧合背后的概率。

例 6 求出条件概率

从 26 个英文字母中随机选择一个。求出当选出的字母在 h 之前时，选出的字母是元音字母（包括：a, e, i, o, u）的概率。

解答

我们需要求出

$$P(\text{元音字母}\mid \text{h 之前的字母})$$

这是样本空间限制在 h 之前的字母集合之内，选出元音的概率。因此，样本空间是

$$S=\{a,b,c,d,e,f,g\}$$

样本空间中七个可能的结果里面有两个元音字母，分别是 a 和 e。因此，当选出的字母在 h 之前时，选出的字母是元音字母的概率是 $\frac{2}{7}$。

$$P(\text{元音字母}\mid \text{h之前的字母})=\frac{2}{7}$$

☑ **检查点 6** 从 26 个英文字母中随机选择一个。求出当选出的字母是元音字母时，选出的字母在 h 之前的概率。

例 7 求出条件概率

你从一副 52 张牌的标准扑克牌中抽一张牌。

a. 求出当你抽到的牌是红色的时，抽到红桃的概率。

b. 求出当你抽到的牌是红桃时，抽到红色牌的概率。

解答

a. 我们从 P（红桃｜红色）开始。

如果样本空间限制在红色牌的集合中，抽到红桃的概率

13 张方片

13 张红桃

图 11.13

样本空间如图 11.13 所示。样本空间一共有 26 种结果，其中 13 种是红桃。因此，

$$P(\text{红桃}\mid\text{红色})=\frac{13}{26}=\frac{1}{2}$$

b. 现在我们来计算 P（红色｜红桃）。

如果样本空间限制在红桃的集合中，抽到红色牌的概率

13 张红桃

图 11.14

样本空间如图 11.14 所示。样本空间一共有 13 种结果，其中 13 种是红色。因此，

$$P(\text{红桃}\mid\text{红色})=\frac{13}{13}=1$$

例 7 告诉我们，P(红桃 | 红色）不等于 P(红色 | 红桃)。一般来说，$P(B|A) \neq P(A|B)$。

☑ **检查点 7** 你从一副 52 张牌的标准扑克牌中抽一张牌。

a. 求出当你抽到的牌是黑桃时，抽到黑色牌的概率。

b. 求出当你抽到的牌是黑色的时，抽到黑桃的概率。

例 8 现实世界数据的条件概率

当女性到 40 岁时，妇科医生会提醒她们做乳腺 X 光来检查是否患上了乳腺癌。表 11.7 中的数据来源于美国 10 万名 40 岁至 49 岁做了乳腺 X 光的女性。

表 11.7 美国 10 万名 40 岁至 49 岁做了乳腺 X 光的女性

	乳腺癌	无乳腺癌	总数
乳腺 X 光阳性	720	6 944	7 664
乳腺 X 光阴性	80	92 256	92 336
总数	800	99 200	100 000

来源：Gerd Gigerenzer, *Calculated Risks*. Simon and Schuster, 2002.

假设这些数据能够代表美国所有 40 岁至 49 岁的女性，求出处于这个年龄段的女性，

a. 在无乳腺癌的情况下乳腺 X 光阳性的概率。

b. 在乳腺 X 光阳性的情况下无乳腺癌的概率。

解答

a. 我们从计算在无乳腺癌的情况下乳腺 X 光阳性的概率开始：

$$P(\text{乳腺 X 光阳性} \mid \text{无乳腺癌})$$

如果数据限制在无乳腺癌之内，乳腺 X 光阳性如下所示：

	无乳腺癌
乳腺 X 光阳性	6 944
乳腺 X 光阴性	92 256
总数	99 200

在受到限制的数据之内，有 6 944 名女性乳腺 X 光阳性，

> **好问题！**
>
> **例 8 中的两个条件概率有什么区别？**
>
> 例 8 告诉我们，在无乳腺癌的情况下乳腺 X 光阳性的概率是 0.07，而在乳腺 X 光阳性的情况下无乳腺癌的概率是 0.9，这两个条件概率并不相同。我们已经学过了，基于 A 的 B 的条件概率不等于基于 B 的 A 的条件概率：
>
> $$P(B|A) \neq P(A|B)$$

还有 6 944+92 256=99 200 名女性没有乳腺癌。

$$P\text{（乳腺 X 光阳性 | 无乳腺癌）} = \frac{6\ 944}{99\ 200} = 0.07$$

在无乳腺癌的情况下乳腺 X 光阳性的概率是 0.07 。

b. 现在我们来计算在乳腺 X 光阳性的情况下无乳腺癌的概率：

$$P\text{（无乳腺癌 | 乳腺 X 光阳性）}$$

如果数据限制在乳腺 X 光阳性之内，无乳腺癌如下所示：

	乳腺癌	无乳腺癌	总数
乳腺 X 光阳性	720	6 944	7 664

在受到限制的数据之内，有 6 944 名女性无乳腺癌，还有 6 944+720=7 664 名女性乳腺 X 光阳性。

$$P\text{（无乳腺癌 | 乳腺 X 光阳性）} = \frac{6\ 944}{7\ 664} \approx 0.906$$

在乳腺 X 光阳性的情况下无乳腺癌的概率是 0.906。

例 8b 中的条件概率显示，40 岁至 49 岁的女性在乳腺 X 光阳性的情况下无乳腺癌的概率约是 0.906，基本上没有患上乳腺癌。这种假阳性的可能性改变了美国癌症协会建议女性开始定期做乳腺 X 光检查的年龄。美国癌症协会现在建议，患乳腺癌的平均风险年龄为 45 岁，女性从 45 岁开始接受筛查（此前建议从 40 岁开始），从 55 岁开始过渡到每隔一年进行一次筛查。

☑ **检查点 8** 使用表 11.7 中的数据求出美国所有 40 岁至 49 岁的女性，

a. 在患有乳腺癌的情况下乳腺 X 光阳性的概率。

b. 在乳腺 X 光阳性的情况下患有乳腺癌的概率。

我们已经学过了，$P(B|A)$ 是样本空间限制在事件 A 中事件 B 发生的概率。因此，

$$P(B|A) = \frac{\text{样本空间限制在} A \text{ 的} B \text{ 的结果数量}}{\text{样本空间限制在} A \text{ 的结果数量}}$$

这个概念可由下列公式表示。

条件概率的公式

$$P(B|A)=\frac{n(B\cap A)}{n(A)}=\frac{A\text{和}B\text{共有的结果数量}}{A\text{的结果数量}}$$

11.8

学习目标

学完本节之后，你应该能够：

1. 计算期望值。
2. 使用期望值解决应用问题。
3. 使用期望值判断碰运气游戏的平均回报或损失。

期望值

你愿意花 50 美元购买一份保险吗？这份保险会在你患病无法继续上学时赔偿你 20 万美元。这件事情不太会发生。保险公司通过低概率的事件赔偿我们来赚钱。如果每 5 000 名学生就有一名因为患病不得不退学，这个事件的概率就是 $\frac{1}{5\,000}$。将这个概率与赔偿金额 20 万美元相乘，我们就求出了保险公司一份保单平均应该赔偿多少钱。

$$200\,000\text{美元}\times\frac{1}{5\,000}=40\text{美元}$$

赔偿金额　　赔偿的概率

从长期来看，保险公司每卖出去一份保险都需要赔偿 40 美元。保险公司将这份保险卖 50 美元，这样就赚了 10 美元的差价，即期望利益是 10 美元。如果有 40 万名学生购买了这种保险，那么保险公司的期望利益是 400 000×10 美元 =4 000 000 美元。

期望值是使用概率确定从长远来看各种情况下会发生什么事的数学方法。我们使用期望值来判断保险政策的保险费、权衡商业投资中其他选择的风险和好处，并向任何碰运气游戏的玩家指出如果反复玩游戏会发生什么事。

1 计算期望值

求出期望值的标准方式是将每一个可能的结果及其概率相乘，然后将得到的乘积加起来。我们使用字母 E 来表示期望值。

例 1 计算期望值

求出掷一次均匀骰子的期望值。

解答

结果是 1，2，3，4，5，6，每一个点数出现的概率都是 $\frac{1}{6}$。我们可以将每一个可能的结果及其概率相乘，然后将得到的乘积加起来，从而得到期望值 E。

$$E = 1\cdot\frac{1}{6}+2\cdot\frac{1}{6}+3\cdot\frac{1}{6}+4\cdot\frac{1}{6}+5\cdot\frac{1}{6}+6\cdot\frac{1}{6}$$
$$=\frac{1+2+3+4+5+6}{6}=\frac{21}{6}=3.5$$

掷一次均匀骰子的期望值是 3.5。这就意味着，如果重复掷骰子，从长期来看，掷骰子的平均点数是 3.5。这个期望值不会掷一次骰子就能掷出来，而是从长期来看的掷骰子的各种点数的平均值。

☑ **检查点 1**　指针落在转盘编号为 1 到 4 的四个区域中的任何一个上的可能性是相等的。求出指针停止位置的期望值。

例 2　计算期望值

求出一个有三个孩子的家庭里女孩数量的期望值。

解答

一个有三个孩子的家庭里可能有 0，1，2 或 3 个女孩。一共有八种可能结果。

0 个女孩：男孩、男孩、男孩　　1 种方式

1 个女孩：女孩、男孩、男孩；男孩、女孩、男孩；男孩、男孩、女孩　　3 种方式

2 个女孩：女孩、女孩、男孩；男孩、女孩、女孩；女孩、男孩、女孩　　3 种方式

3 个女孩：女孩、女孩、女孩　　1 种方式

表 11.8　三个孩子的家庭里女孩数量的结果和概率

结果：女孩的数量	概率
0	$\frac{1}{8}$
1	$\frac{3}{8}$
2	$\frac{3}{8}$
3	$\frac{1}{8}$

表 11.8 显示了 0，1，2 或 3 个女孩的概率。

我们可以将每一个可能的结果及其概率相乘，然后将得到的乘积加起来，从而得到期望值 E。

$$E = 0\cdot\frac{1}{8}+1\cdot\frac{3}{8}+2\cdot\frac{3}{8}+3\cdot\frac{1}{8}$$
$$=\frac{0+3+6+3}{8}=\frac{12}{8}=\frac{3}{2}=1.5$$

表 11.9

正面的次数	概率
0	$\frac{1}{16}$
1	$\frac{4}{16}$
2	$\frac{6}{16}$
3	$\frac{4}{16}$
4	$\frac{1}{16}$

期望值是 1.5。这就意味着，如果记录很多不同的有三个孩子的家庭，这些家庭的女孩数量的平均值是 1.5。在一个有三个孩子的家庭里，应该有一半是女孩，这也符合期望值是 1.5 。

☑ **检查点 2** 连续掷四次均匀的硬币。表 11.9 显示了不同正面朝上次数的概率。求出正面朝上次数的期望值。

2 使用期望值解决应用问题

期望值的应用

在许多情况下，我们可以通过检查过去发生的事情来确定实际概率。例如，保险公司可以统计多年来的各种赔偿金额。如果这些金额中有 15% 是 2 000 美元的赔偿，那么赔偿金额是 2 000 美元的概率是 0.15。通过研究一个特定地区类似房屋的销售情况，房地产经纪人可以确定他出售挂牌房屋的可能性，另一个经纪人出售房屋的可能性，或挂牌房屋仍未售出的可能性。一旦给所有可能的结果分配了概率，期望值就可以指示从长远来看预期会发生什么。我们会在例 3 和例 4 中说明这些思想。

表 11.10 赔偿金额与概率

赔偿金额	概率
0美元	0.70
2 000美元	0.15
4 000美元	0.08
6 000美元	0.05
8 000美元	0.01
10 000美元	0.01

例 3 判断一份保险的保费

一个汽车保险公司求出了赔偿给年龄在 16~21 岁的司机的各种金额与概率，如表 11.10 所示。

a. 计算期望值并描述它在实际生活中的意义。

b. 如果保险公司既不想赚钱也不想亏钱，那么保费应该是多少？

解答

a. 我们可以将每一个可能的结果及其概率相乘，然后将得到的乘积加起来，从而得到期望值 E。

$$E = 0\text{美元}(0.70) + 2\ 000\text{美元}(0.15) + 4\ 000\text{美元}(0.08) + 6\ 000\text{美元}(0.05) + 8\ 000\text{美元}(0.01) + 10\ 000\text{美元}(0.01)$$

$$= 0\text{美元} + 300\text{美元} + 320\text{美元} + 300\text{美元} + 80\text{美元} + 100\text{美元}$$

$$= 1\ 100\text{美元}$$

期望值是 1 100 美元。这就意味着，从长远来看，平均赔偿金额是 1 100 美元。保险公司应该给每一位投保的 16～21 岁的司机赔偿 1 100 美元。

b. 公司应该至少为 16～21 岁年龄段的每个司机收取平均 1 100 美元的保险费。这样，保险公司就不会在赔偿成本上亏钱或赚钱。公司很有可能会收取更高的费用，从收支平衡转为盈利。

☑ **检查点 3** 如果赔偿金额 0 美元和 10 000 美元的概率调换一下，即赔偿金额是 0 美元的概率是 0.01，赔偿金额是 10 000 美元的概率是 0.70，那么应该如何回答例 3 中两个问题？

商业决策是通过美元来解读的。在这些情况下，**期望值是通过将每个可能结果的收益或损失乘以其概率来计算的，这些乘积的总和就是期望值**。

例 4 商业决策中的期望

你是一名房地产经纪人，考虑出售一套价值 50 万美元的房子。在挂牌期间，广告和为其他房地产经纪人提供饮食的费用预计为 5 000 美元。这房子很不寻常，你的挂牌期是四个月。如果四个月后房子还没卖出去，你就失去了挂牌权，一分钱都得不到。你预期卖掉自己挂牌的房子的概率是 0.3，另一个经纪人卖掉你挂牌的房子的概率是 0.2，四个月后房子卖不出去的概率是 0.5。如果你出售自己挂牌的房子，收入高达 30 000 美元。如果另一个房地产经纪人出售你挂牌的房子，收入是 15 000 美元。底线在于，除非你预期收入至少为 6 000 美元，否则你不会接受这个挂牌。你应该接受这个挂牌吗？

房地产经纪人的汇总表

我的花费	5 000美元
我可能的收入	
我卖掉房子	30 000美元
另一个经纪人卖掉房子	15 000美元
四个月后房子未售出	0美元
概率	
我卖掉房子	0.3
另一个经纪人卖掉房子	0.2
四个月后房子未售出	0.5
我的底线	
只有当我预计至少能挣6 000美元时，我才会选择挂牌出售这个房子	

解答

上述和你的决策有关的细节总结在汇总表中。在这种情况下，每个可能结果的收益或损失乘以其概率，这些乘积的总和就是期望值。期望值就是如果你接受这个挂牌的预期收入。如果期望值低于 6 000 美元，你就不应该接受这个挂牌。

汇总表列出了可能的收入，30 000 美元、15 000 美元和 0 美元，没有计入你的花费 5 000 美元。因为还算上花费，所以每一个收入都需要减去 5 000 美元。因此，要么你会赚 25 000 美元，要么会赚 10 000 美元。因为 $0-5\ 000=-5\ 000$ 美元，所以你还可能亏 5 000 美元。表 11.11 总结了如果你接受这个挂牌，可能的结果及其概率。

表 11.11　挂牌价值 500 000 美元的房子可能的结果及概率

结果	赚钱或亏钱	概率
自己卖掉房子	25 000美元	0.3
其他经纪人卖掉房子	10 000美元	0.2
没卖掉房子	−5 000美元	0.5

我们可以将表 11.11 中每一个可能的结果及其概率相乘，然后将得到的乘积加起来，从而得到期望值 E。

$$E = 25\ 000\text{美元}(0.3)+10\ 000\text{美元}(0.2)+(-5\ 000\text{美元})(0.5)$$

$$=7\ 500\text{美元}+2\ 000\text{美元}+(-2\ 500\text{美元})=7\ 000\text{美元}$$

你预期能够通过挂牌赚 7 000 美元。因为期望值超过了 6 000 美元，所以你应该接受这个挂牌。

☑ **检查点 4**　SAT 是一项单选题测试。每个问题有五个可能的答案。考生必须为每道题选择一个答案，或者不回答。答对一题得一分，答错一题扣 $\frac{1}{4}$ 分。不回答问题不加分也不减分。表 11.12 总结了一题随机猜测的结果。求出随机猜测的期望值。通过猜测平均会有什么收获或损失吗？解释你的答案。

表 11.12　SAT 中一题的猜测

结果	得分	概率
猜对	1	$\frac{1}{5}$
猜错	$-\frac{1}{4}$	$\frac{4}{5}$

3. 使用期望值判断碰运气游戏的平均回报或损失

期望值与碰运气游戏

期望值可以被解释为在比赛或游戏中，当玩家多次玩游戏时的平均收益。**为了求游戏的期望值，将每个可能结果的得失乘以它的概率，然后将乘积加起来。**

例 5 期望值与平均收益

有一种游戏是掷骰子。如果掷到了 1 点、2 点或 3 点，那么玩家什么都不得。如果掷到了 4 点或 5 点，玩家赢得 3 美元。如果掷到了 6 点，玩家赢得 9 美元。如果每玩一局都要交 1 美元，这种游戏的期望值是多少？描述这个期望值有什么意义。

解答

因为每玩一局都要交 1 美元，所以赢得 9 美元的玩家赚了 $9-1=8$ 美元，得 3 美元的玩家赚了 $3-1=2$ 美元。如果玩家什么都得不到，那么就赚了 $0-1=-1$ 美元，也就是亏了 1 美元。表 11.13 总结了这种游戏的结果、收益与概率。

表 11.13 一局游戏的结果、收益与概率

结果	收益	概率
1点、2点或3点	−1美元	$\frac{3}{6}$
4点或5点	2美元	$\frac{2}{6}$
6点	8美元	$\frac{1}{6}$

我们可以将表 11.13 中每一个可能的结果及其概率相乘，然后将得到的乘积加起来，从而得到期望值 E。

$$E=(-1\text{美元})\cdot\left(\frac{3}{6}\right)+2\text{美元}\cdot\left(\frac{2}{6}\right)+8\text{美元}\cdot\left(\frac{1}{6}\right)$$

$$=\frac{-3\text{美元}+4\text{美元}+8\text{美元}}{6}=\frac{9\text{美元}}{6}=1.5\text{美元}$$

期望值是 1.5 美元。这就意味着，从长期来看，玩家每局游戏平均可以获得 1.5 美元的收益。然而，这并不意味着玩家将在任何一局游戏中都能赢得 1.5 美元。这确实意味着，如果

布利策补充

赌城

赌场里游戏的概率和收益会导致负的期望值。这意味着玩家从长远来看会赔钱。赌场的墙上没有时钟和窗户也不能向外看，玩家会忘记时间，玩得更久。这让赌场老板更接近他们的期望收入，而负期望值悄悄接近失去顾客。（怪不得他们会提供免费饮料！）

赌博知识大杂烩

- 拉斯维加斯的人口：535 000
- 拉斯维加斯的老虎机数量：150 000
- 平均一台老虎机一年能赚 100 000 美元
- 拉斯维加斯赌场每一小时会损失 696 000 美元
- 美国成年人平均每年赌输 350 美元
- 内华达州居民平均每年赌输 1 000 美元

来源：Paul Grobman, *Vital Statistics*, Plume, 2005.

玩家重复玩游戏，那么从长期来看，玩家应该期望平均每局游戏能赢得 1.5 美元。如果玩 1 000 局游戏，你可以期望赢得 1 500 美元。然而，如果只玩了三局游戏，玩家的净奖金可以在 −3 到 24 美元之间，即使奖金的期望值是 1.5 美元 ×3=4.5 美元。

☑ **检查点 5** 一家慈善机构正在举行抽奖活动，出售 1 000 张抽奖票，每张 2 美元。其中一张票被选中可赢取 1 000 美元的大奖。另外两张得奖票被选中，每人可获得 50 元的安慰奖。填入表 11.14 中缺失的一列。如果你买一张票，期望值应该是多少？描述这实际意味着什么。如果你买了五张票会发生什么？

表 11.14 抽奖结果的收益与概率

结果	收益	概率
赢得大奖		$\frac{1}{1\,000}$
赢得安慰奖		$\frac{2}{1\,000}$
什么都没赢得		$\frac{997}{1\,000}$

和例 5 中的游戏不一样的是，赌场中的游戏会让玩家越赌输得越多。这些游戏的期望值是负的。代表性的游戏称为轮盘赌。我们曾在 11.7 节首次接触轮盘赌，现在再次说明，如图 11.15 所示。请回想一下，轮盘机有 38 个标上数字的凹槽（从 1 到 36 再加上 0 和 00）。在每一局游戏中，荷官会向反方向旋转轮盘和一个小球。小球落在任意一个凹槽的概率是相等的，这些凹槽是黑色、红色或者绿色的。赌徒可以在轮盘上下任意数量的赌注。例 6 阐释了一个赌局。

图 11.15 美国轮盘机

例 6 期望值与轮盘赌

在轮盘赌中下注的一种方法是把 1 美元押在一个数字上。如果球落在这个数字上，你将获得 35 美元的奖励，并保留你

布利策补充

如何赢得一场轮盘赌

玩家在轮盘赌中可能赢或输，但从长远来看，赌场总是赢的。赌客每花一美元，赌场平均赚三美分。从长远来看，有一种方法可以在轮盘赌中获胜：当赌场的老板。

为玩这个游戏所支付的 1 美元。如果球落在其他 37 个槽中的任何一个上，你将得不到任何奖励，你所押的 1 美元也会被收回。如果你在 20 号上押了 1 美元，求出玩轮盘赌的期望值，并描述这意味什么。

解答

表 11.15 包含赌博的两种结果，小球落在你押的数字 20 号上，或落在其他地方（剩下 37 个数字的任意一个）。表格内总结了两种结果及其收益与概率。

表 11.15 轮盘赌的收益与概率

结果	收益	概率
落在20号上	35美元	$\frac{1}{38}$
没有落在20号上	−1美元	$\frac{37}{38}$

我们可以将表 11.15 中每一个可能的结果及其概率相乘，然后将得到的乘积加起来，从而得到期望值 E。

$$E = 35\text{美元}\left(\frac{1}{38}\right) + (-1\text{美元})\left(\frac{37}{38}\right) = \frac{35\text{美元} - 37\text{美元}}{38}$$

$$= \frac{-2\text{美元}}{38} \approx -0.05\text{美元}$$

期望值是 −0.05 美元。这就意味着，从长远来看，一个赌徒每一局预期损失 5 美分。如果玩了 2 000 局，预期损失 100 美元。

☑ **检查点 6** 在单点基诺游戏中，玩家需要花 1 美元购买一张卡。它允许玩家从 1 到 80 中选择一个数字。然后，发牌人随机选择 20 个数字。如果玩家的数字是被选中的数字之一，那么玩家将获得 3.2 美元的奖金，但却不能退回 1 美元的花费。求出 1 美元赌注的期望值，并描述这意味什么。

第 12 章

统计学

下面有一些似是而非的随机统计数据：

- 28% 的自由派失眠，而 16% 的保守派失眠。（*Mother Jones*）
- 17% 的美国工人会为了金钱透露公司的秘密，而 8% 的工人已经这么干过了。（Monster.com）
- 31% 的美国成年人发现，一天不用智能手机要比放弃自己的另一半更加困难。（Microsoft）。
- 49% 的美国人会在 22 岁时感到“很大的”压力，42 岁时有 45%，58 岁时有 35%，62 岁时有 29%，70 岁时有 20%。（*Proceedings of the National Academy of Sciences*）
- 34% 的美国成年人相信有鬼。（AP/Ipsos）
- 不愿吃寿司几乎与反对婚姻平等完全相关。（Pew Research Center）

统计学家从人口的小群体中收集数字数据，从而找出关于整个人口的一切可以想象的事情，包括他们在选举中支持谁、看什么电视节目、赚多少钱，或者担心什么。喜剧演员和统计学家开玩笑说，62.38% 的统计数据是当场编造的。因为统计学家记录和影响我们的行为，所以区分收集、呈现和解释数据的好方法和坏方法是非常重要的。

相关应用所在位置

从本章的开头到结尾，你将理解数据从何而来以及这些数据是如何用于做出决策的。我们将在练习集 12.6 的练习 5 和 35 讲到不愿意吃寿司与婚姻平等相关性问题。

12.1 抽样、频数分布和图像

学习目标

学完本节之后，你应该能够：

1. 描述需要分析的总体性质。
2. 选择合适的抽样方法。
3. 组织并呈现数据。
4. 识别数据可视化表示中的骗局。

在 20 世纪末，美国有 9 400 万户家庭拥有电视机。20 世纪家庭收看的比例最高的电视节目是 *M*A*S*H* 的最后一集。超过五千万的美国家庭收看了这个节目。

数字信息，例如表 12.1 所示的关于 20 世纪前三大电视节目的信息，被称为**数据**。统计这个词经常用来指代数据。然而，统计还有第二个含义：收集、组织、分析和解释数据，并根据数据得出结论。这种方法将统计分为两个主要领域。**描述统计**涉及收集、组织、总结和展示数据。**推断统计**是指对收集到的数据进行归纳并得出结论。

表 12.1 20 世纪美国收视率最高的电视节目

节目	总家庭数	收视率
1. *M*A*S*H* 1983 年 2 月 28 日	50 150 000	60.2%
2. *Dallas* 1980 年 11 月 21 日	41 470 000	53.3%
3. *Roots Part* 8 1977 年 1 月 30 日	36 380 000	51.1%

来源：Nielsen Media Research

1 描述需要分析的总体性质

总体与样本

以美国拥有电视的家庭为一个集合，这样的集合称为总体。一般来说，**总体**是一个集合，包含所有的人或对象，其属性将由收集数据的人描述和分析。

美国拥有电视的家庭数量庞大。在 *M*A*S*H* 大结局时，有近 8 400 万的家庭拥有电视。真的有超过五千万美国家庭看了 *M*A*S*H* 的最后一集吗？给每户人家打一个友好的电话（“你好吗？有什么新鲜事吗？昨晚看了什么好看的电视节目吗？如果看了，那是什么节目？”）当然是荒谬的。我们需要一个**样本**，它是总体的一个子集或子组。在这种情况下，让几千个电视家庭作为样本来得出关于所有电视家庭人口的结论是合适的。

> **布利策补充**
>
> **抽样的惨败**
>
> 1936 年，*Literary Digest* 向全国各地的选民邮寄了超过一千万张选票。选举结果如潮水般涌来，该杂志预测，共和党人阿尔夫·兰登（Alf Landon）将以压倒性优势战胜民主党人富兰克林·罗斯福（Franklin Roosevelt）。然而，*Literary Digest* 的预测是错误的。这是为什么？编辑使用的邮件列表包括他们自己的订阅者列表、车主名录和电话簿中的人。因此，它的样本绝不是随机的。它排除了大多数穷人，他们不太可能订阅 *Literary Digest*，也不可能在大萧条的中心地带拥有一辆汽车或一部电话。1936 年，富人比穷人更有可能成为共和党人。因此，尽管样本数量庞大，但它包含的富人的比例高于富人在整个人口的比例。作为大萧条和 1936 年抽样失败的受害者，*Literary Digest* 在 1937 年倒闭了。

例 1 总体与样本

一座大城市的一群酒店老板决定调查市民对于赌场赌博的看法。

a. 描述总体是什么。

b. 一位酒店老板建议，周六晚上在该市最大的六家夜总会对在场的所有人进行调查，以获取样本。每个人将被要求表达他对赌场赌博的意见。这是一个好主意吗？

解答

a. 集合中的总体是城市中所有的市民。

b. 在该市最大的六家夜总会对在场的所有人进行调查是一个糟糕的主意。与城市中的其他人相比，夜总会这个子集中的人更有可能对赌场赌博的态度积极。

☑ **检查点 1** 一座城市的政府想要调查城市里的流浪汉对从午夜到早晨 6 点在城市避难所居住的看法。

a. 描述总体是什么。

b. 一名城市专员建议通过调查周日晚上该市最大的避难所里所有流浪汉来获得样本。这是一个好主意吗？解释你的想法。

随机抽样

有一种方法可以用一个小样本来概括一个大的总体：保证总体中的每个成员都有平等的机会被选为样本。调查了该市六家最大的夜总会的人们，并没有提供这一保证。除非能确定城市的所有公民都经常参加这些俱乐部（这似乎不太可能），否则这种抽样方案中公民没有相等的被抽中机会。

> **随机样本**
>
> 随机样本是指总体中的每个元素被选中的机会都相等的样本。

假设你对你的一门课程的质量很满意。虽然这门课有 120 名学生，但你会觉得教授是在对着你讲课。在一场精彩的授课中，你环顾礼堂，看看是否有其他学生和你一样充满热情。这很难从肢体语言来判断。你需要知道选修这门课的 120 名学生的意见。你想让学生从 A 到 F 给这门课打个分数，并且期望他们全都打 A。虽然你并不能调查每个人，但是突然你想到了如何提取样本。将编号从 1 到 120 的卡片放在一个盒子里，每张卡片上有一个数字。因为课程是按编号分配座位的，所以每个编号的卡片对应班上的一个学生。你把手伸盒子里，随机选择六张卡片。

每张卡片表示一个学生，它们被选中的机会都是相等的。然后用随机抽取的 6 名学生对课程的意见来概括整个 120 名学生的课程意见。

2 选择合适的抽样方法

你的这种想法正是获得随机样本的原理。在随机抽样中，我们必须识别总体中的每一个元素，并且给每一个元素分配一个数字。这些数字通常是按顺序分配的。从数量较大的总体中进行抽样的方法是使用计算机或计算器生成随机数。从总体中选择与生成的随机数相对应的每个编号元素作为样本。

广播和电视上的电话民意调查并不可靠，因为被调查的人并不代表更大规模的总体。一个打电话来的人更可能会对节目主持人的政治观点产生共鸣。为了使民意调查准确，样本必须从较大的总体中随机抽取。A. C. Nielsen 公司随机抽取了大约 5 000 个电视家庭来调查收看某一电视节目的家庭比例。

例 2 选择合适的抽样方法

我们回到例 1，大城市的一群酒店老板决定调查市民对于赌场赌博的看法。下列哪一种方法是最合适的随机抽样方法？

a. 随机抽取城市里住在海滨公寓的人。

b. 抽取姓名在该市电话簿前 200 名的市民。

c. 随机抽取该市的社区然后随机抽取选定社区里的市民。

解答

记住，总体是包含城市所有市民的集合。随机抽样必须给每个公民相等的被选中的机会。

a. 随机选择住在城市海滨公寓的人并不是一个好主意。许多酒店都位于海滨，而海滨业主更可能会反对赌场赌博造成的交通和噪音。此外，这个样本并没有给城市的每个公民相等的被选中的机会。

b. 如果酒店老板调查城市电话簿上的前 200 个名字，那么所有市民的选择机会并不平等。例如，姓氏首字母在字母表末尾的人就没有被选中的机会。

c. 在城市中随机选择社区，然后在选定的社区中随机调查人群是一种合适的方法。使用这种方法，每个公民被选中的机会都是相等的。

综上所述，在给定的三个选项中，c 部分的抽样方法是最合适的。

调查和民意测验包括从一些人口的样本中获得的数据。无论使用哪一种抽样方法，样本应表现出目标人群所具有的典型特征。这种类型的样本被称为**代表性样本**。

☑ **检查点 2** 解释为什么检查点 1b 中的抽样方法不是随机抽样。然后描述随机抽取城市内流浪汉样本的合适方法。

布利策补充

美国人口普查

人口普查是一种尝试包括全部人口的调查。美国宪法要求每十年对美国人口进行一次普查。当开国元勋们发明美国民主的时候，他们意识到，如果你想要一个民治的政府，你需要知道他们是谁，住在哪里。如今，根据人口普查的数据，每年大约有 4 000 亿美元的联邦援助用于从就业到桥梁到学校的各种项目。每有 100 个未被统计的人，每一年州和社区就可能损失高达 13 万美元，也就是每人每年损失 1 300 美元，所以人口普查真的很重要。

虽然人口普查会产生大量的统计数据，但其主要目的是提供每个街区的人口数字。美国的人口普查并非万无一失。1990 年的人口普查遗漏了美国 1.6% 的人口，其中包括 4.4% 的非洲裔美国人，他们大部分都住在市中心。即使是工作人员在挨家挨户地游说之后，也只有 67% 的家庭回应了 2000 年的人口普查。约有 640 万人被遗漏，310 万人被统计了两次。尽管 2010 年的人口普查是历史上形式最简短的之一，但把每个人都统计在内并不是一项容易的任务，尤其是考虑到移民身份和数据隐私的问题。

当然，如果不是一开始就花了这么多钱来统计我们的话，将会有超过 4 000 亿美元的损失。在 2010 年人口普查大约花费 150 亿美元。其中包括 28 种语言的 3.38 亿美元广告，人口普查赞助的 NASCAR 参赛项目，以及 250 万美元的超级碗广告。这些广告的目的是提高回复率，因为任何没有寄回表格的家庭都会被普查人员拜访，这是另外一件烧钱的事情。总而言之，2010 年人口普查的成本约为每人 49 美元。

3　组织并呈现数据

频数分布

从人口样本中收集数据之后，统计学家面临的下一个任务是以精简和可管理的形式展示数据。这样，数据就更容易解释了。

例如，假设研究人员对确定青春期男性的身体生长速度最快的年龄感兴趣。研究人员随机抽取 35 名 10 岁的男孩作为样本，测量他们的身高，然后每年重新测量一次，直到他们年满 18 岁。每一个个体每年生长最多的年龄如下所示：

12，14，13，14，16，14，14，17，13，10，13，18，12，15，14，15，15，14，14，13，15，16，15，12，13，16，11，15，12，13，12，11，13，14，14

一条数据称为**数据项**。这个数据列表有 35 个数据项。有些数据项是相同的，其中两个数据项是 11 和 11。因此，我们可以说**数据值** 11 出现了两次。类似地，因为有 5 个数据项分别是 12、12、12、12 和 12，所以数据项 12 出现了 5 次。

收集的数据可以使用**频数分布**来表示。这样的分布由两列组成。数据值列在一列，数值数据通常是从最小到最大排列的。相邻的另一列是**频数**，表示每个值出现的次数。

例 3　构建频数分布

构建 35 名男孩生长最多的年龄的频数分布：

12，14，13，14，16，14，14，17，13，10，13，18，12，15，14，15，15，14，14，13，15，16，15，12，13，16，11，15，12，13，12，11，13，14，14

解答

我们很难根据上述数据目前的格式来判断趋势。也许我们可以通过将数据组织成频数分布来理解这些数据。我们创建有两列的表格，一列列出所有可能的数据值，从最小的 10 到最大的 18。另一列表示该值在例中出现的次数。频数分布如表 12.2 所示。

该频数分布表明，有 1 名研究对象在 10 岁时生长最多，2 名在 11 岁，5 名在 12 岁，7 名在 13 岁，依此类推。大多数研究对象在 12 岁至 15 岁之间生长最多。有 9 个男孩在 14 岁时

表 12.2　男孩生长最多的年龄的频数分布

生长最多的年龄	男孩的数量（频数）
10	1
11	2
12	5
13	7
14	9
15	6
16	3
17	1
18	1
总数	35

生长最多，比样本内的其他任何年龄都要多。频数的总和是 35，等于原始数据项的数量。

表 12.2 中频数分布所显示的趋势表明，在某一特定年龄达到最大年生长的男孩数量在 14 岁之前增加，之后减少。这种趋势在原始格式的数据中并不明显。

☑ **检查点 3** 构建一个显示微积分预备课程学生最终成绩的数据的频数分布，按照学生姓氏的字母顺序排列在成绩单上：

F，A，B，B，C，C，B，C，A，A，C，C，D，C，B，D，C，C，B，C

当存在很多数据项时，列出所有可能的数据项的频数分布会非常麻烦。例如，考虑下列数据项。这是一个 40 名学生的测试成绩统计数据。

82 47 75 64 57 82 63 93
76 68 84 54 88 77 79 80
94 92 94 80 94 66 81 67
75 73 66 87 76 45 43 56
57 74 50 78 71 84 59 76

当成绩像这样罗列时，很难确定这组学生表现得如何。因为数据项有如此之多，所以要找到一种方法将这些数据组织起来，使结果更有意义。这种方式是根据我们感兴趣的东西将成绩分组或分级。许多评分制度给 90～100 分的学生评级为 A，80～89 分的学生评级为 B，70～79 分的学生评级为 C，依此类推。这些评级分类提供了一种组织数据的方法。

我们观察这 40 个统计测试分数，可以发现他们的分数从最低 43 分到最高 94 分。我们可以使用从 40～49、50～59、60～69 等等到 90～99 的分类来组织分数。在例 4 中，我们检查数据并将每个数据项记录到适当的分类中。这种组织数据的方法称为**分组频数分布**。

例 4 构建分组频数分布

使用分类 40～49，50～59，60～69，70～79，80～89 和 90～99 来构建 40 个测试成绩的分组频数分布。

解答

我们对给定的 40 个成绩在每个分类中使用画线计数法。

画线统计测试成绩

组	画线计数法	频数
40～49	|||	3
50～59	𝍸|	6
60～69	𝍸|	6
70～79	𝍸 𝍸|	11
80～89	𝍸 ||||	9
90～99	𝍸	5

列表中的第二个分数 47 显示在该行的第一个计数中

列表中的第一个分数 82 显示在该行的第一个计数中

我们在表 12.3 中省略画线计数法那一列。频数分布显示，学生得分最多的分类是 70～79，然后分类的分数越高，频数越低；分类的分数越低，频数也越低。这些频数的和是 40，等于原始数据项的总数。

表 12.3 统计测试成绩的分组频数分布

组	频数
40～49	3
50～59	6
60～69	6
70～79	11
80～89	9
90～99	5
总数	40

在分组频数分布中，每一个分类中最左边的数称为分类**下限**。例如在表 12.3 中，第一个分类的下限是 40，第三个分类的下限是 60。每个分类最右边的数字称为分类**上限**。表 12.3 中 49 和 69 分别是第一个分类和第三个分类的上限。注意，如果我们取任意两个连续的下限之间的差值，我们会得到相同的数字：

$50-40=10$，$60-50=10$，$70-60=10$，$80-70=10$，$90-80=10$

10 这个数称为**组距**。

在设置分类的限制时，除了第一个或最后一个分类，每个分类都应该具有相同的组距。因为每个数据项必须恰好属于一个分类，所以有时改变第一个分类或最后一个分类的宽度是很有帮助的，这样我们就可以处理远高于或低于大多数数据的数据项了。

☑ **检查点 4** 使用表 12.3 中的分类来构建下列 37 个测试成绩的分组频数分布：

73 58 68 75 94 79 96 79

87 83 89 52 99 97 89 58
95 77 75 81 75 73 73 62
69 76 77 71 50 57 41 98
77 71 69 90 75

直方图与频数多边形

再看一看表 12.2 中男孩生长最多的年龄的频数分布。带有柱形的柱状图可以用来直观地显示数据。这样的图称为**直方图**。图 12.1 说明了使用表 12.2 中的频数分布构造的直方图。一系列高度代表频数的矩形彼此相邻。例如，图 12.1 中显示的数据值为 10 的柱高度为 1，对应表 12.2 中给出的 10 的频数。柱越高，年龄的频数越大。横轴上的断点用折线表示，没有列出来 1 到 9 岁的年龄。

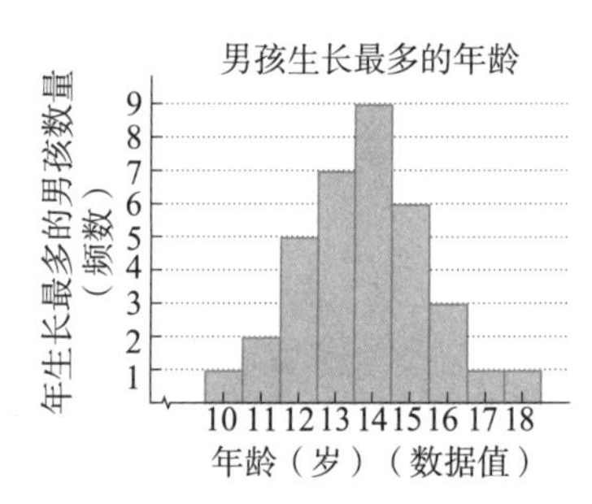

图 12.1 男孩生长最多的年龄的直方图

称为**频数多边形**的折线图也可以用来直观地表示图 12.1 所示的信息。坐标轴的标记和直方图上的一样。因此，横轴显示数据值，纵轴显示频数。一旦建立了直方图，就很容易绘制频数多边形。图 12.2 显示了一个直方图，每个矩形的顶部中点都有一个点。我们用一条直线把每一个中点连接起来。为了完成两端的频数多边形，我们应该向下绘制直线以接触横轴，完成的频数多边形如图 12.3 所示。

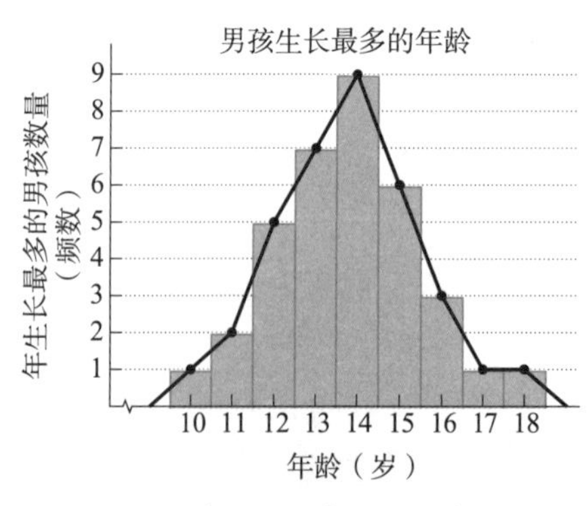

图 12.2 叠加频数多边形的直方图

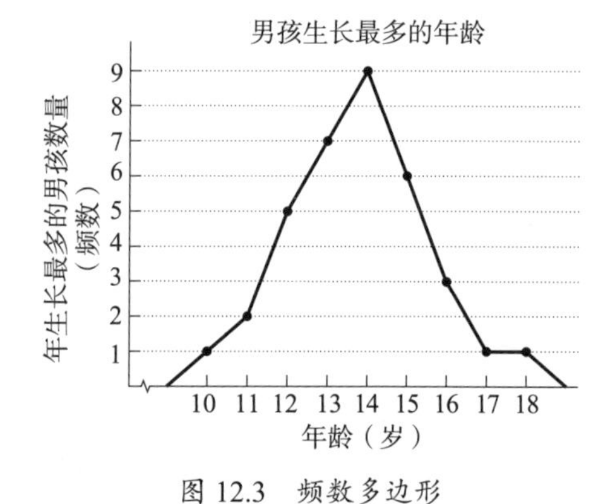

图 12.3 频数多边形

茎叶图

还有一种显示数据的独特方式，即使用一种叫作**茎叶图**的工具。例 5 说明了我们如何对数据进行排序，显示了与直方图创建的相同的视觉印象。

例 5　构建茎叶图

使用下列 40 个学生的测试成绩来构建茎叶图：

82	47	75	64	57	82	63	93
76	68	84	54	88	77	79	80
94	92	94	80	94	66	81	67
75	73	66	87	76	45	43	56
57	74	50	78	71	84	59	76

解答

茎叶图是通过将每个数据项分为两部分来构建的。第一部分是**茎**，由十位数字组成。例如，82 分的茎是 8。第二部分是**叶**，由给定值的个位数字组成。82 的叶是 2。这 40 个成绩可能的茎是 4，5，6，7，8 和 9，输入在茎叶图的左列。

首先输入第一行的数据项：

82　47　75　64　57　82　63　93

输入 **82:**

茎	叶
4	
5	
6	
7	
8	2
9	

加 **47:**

茎	叶
4	7
5	
6	
7	
8	2
9	

加 **75:**

茎	叶
4	7
5	
6	
7	5
8	2
9	

加 **64:**

茎	叶
4	7
5	
6	4
7	5
8	2
9	

加 **57:**

茎	叶
4	7
5	7
6	4
7	5
8	2
9	

加 **82:**

茎	叶
4	7
5	7
6	4
7	5
8	2 2
9	

加 **63:**

茎	叶
4	7
5	7
6	4 3
7	5
8	2 2
9	

加 **93:**

茎	叶
4	7
5	7
6	4 3
7	5
8	2 2
9	3

我们继续以这种方式输入所有数据项。图 12.4 显示了完成的茎叶图。如果你将图向左旋转 90 度，左边的边距是在底部正对着你，那么由封闭的叶所产生的视觉印象与直方图所产生的视觉印象是一样的。与直方图相比，茎叶图的一个优点是

保留了精确的数据项。当茎为 7 时，封闭的叶向右延伸得最远。这表明，考 70 多分的学生最多。

40个测试成绩的茎叶图

十位 → 茎；个位 → 叶

茎	叶
4	7 5 3
5	7 4 6 7 0 9
6	4 3 8 6 7 6
7	5 6 7 9 5 3 6 4 8 1 6
8	2 2 4 8 0 0 1 7 4
9	3 4 2 4 4

图 12.4　显示 40 个测试成绩的茎叶图

☑ **检查点 5**　画出检查点 4 的数据的茎叶图。

---

4 识别数据可视化表示中的骗局

数据可视化表示中的骗局

维多利亚女王时期的首相本杰明·迪斯雷利曾表示，“谎言、该死的谎言和统计数据”是存在的。问题不是统计数据撒谎，而是说谎者使用了统计数据。他们可以用图表来扭曲底层数据，使观察者很难了解真相。一个潜在的误解来源是用于绘制图表的纵轴比例。这个尺度很重要，因为它可以让研究人员“放大”或“缩小”一种趋势。例如，图 12.5 中的两张图展示了 2001—2005 年美国生活在贫困线以下的人口比例的相同数据。左边的图延伸了纵轴上的尺度，给人一种贫困率随时间迅速上升的总体印象。右边的图压缩了纵轴上的尺度，给人一种贫困率正在

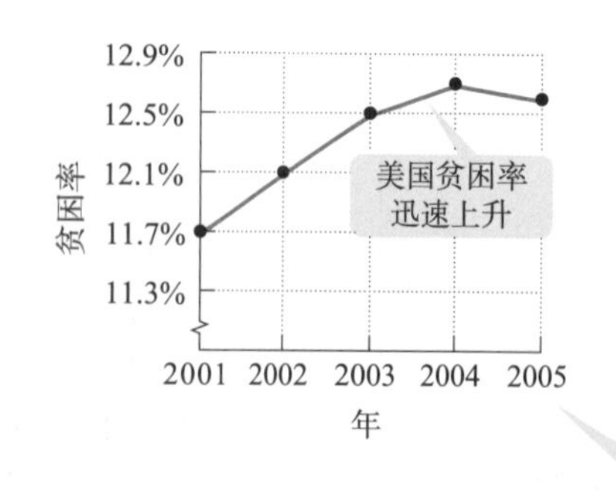

年	贫困率
2001	11.7%
2002	12.1%
2003	12.5%
2004	12.7%
2005	12.6%

图都表示同样的数据

图 12.5　2001—2005 年美国生活在贫困线以下的人口比例

来源：U.S. Census Bureau

布利策补充

统计骗局

声称：

在2016年，有9 400万美国人没有工作。

现实：

在2016年，超过8 800万没有工作的美国人根本不想工作。这些人群包含了很多退休人士、全职父母、学生和残疾人。

缓慢上升，并开始随着时间的推移趋于平稳的印象。

图12.5中的数据还有另一个问题。请看表12.4，它显示了2001—2015年的贫困率。根据所选择的时间范围不同，我们可以用不同的方式解释数据。仔细选择一个时间框架有助于从最积极或最消极的角度来代表数据趋势。

表12.4　2001—2015年的美国贫困率

年份	贫困率	年份	贫困率
2001	11.7%	2009	14.3%
2002	12.1%	2010	15.1%
2003	12.5%	2011	15.0%
2004	12.7%	2012	15.0%
2005	12.6%	2013	14.5%
2006	12.3%	2014	14.8%
2007	12.5%	2015	13.5%
2008	13.2%		

在数据的可视化表示中需要注意的地方

1. 标题是否解释了显示的数据？
2. 数字是否在纵轴上用刻度线排列以清楚地表明尺度？与实际数据相比，改变尺度会给人以更强还是更弱的印象？
3. 是否有太多的设计和美化效果转移了你对数据的注意或扭曲了数据？
4. 是否因为在横轴上没有使用等间距的时间间隔，从而产生了关于数据变化方式的错误印象？此外，是否选择了一个使数据可以用各种方式解释的时间间隔？
5. 柱状图的大小是否与它们所代表的数据成比例？
6. 是否有一个注释表明显示的数据来自哪里？数据是来自总体还是样本？是否使用了随机样本？如果使用了随机样本，那么图中显示的数据与总体中正在发生的数据之间是否存在可能的差异？（我们将在12.4节讨论这些误差范围。）谁在展示可视化表示，这个人有特殊的情况来支持或反对图表所显示的趋势吗？

表12.5包含两个可视化显示的误导性的例子。

表 12.5　可视化表示误导性的例子

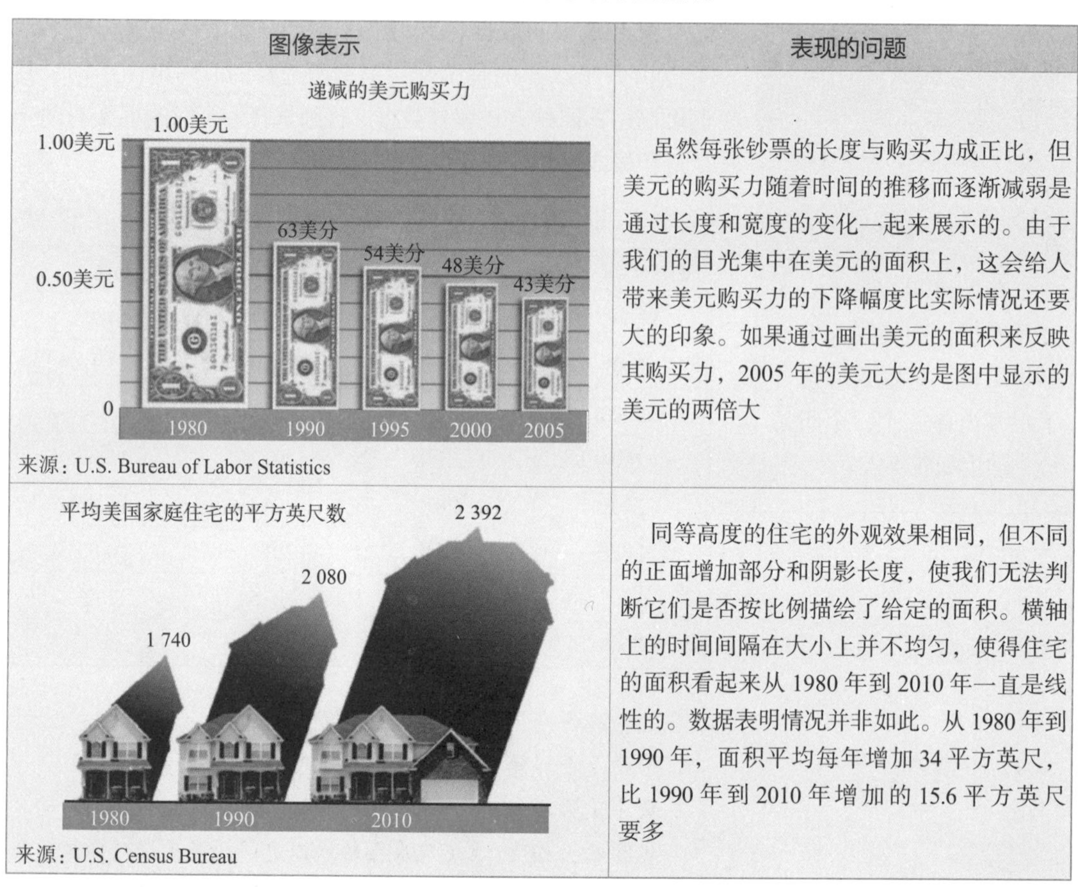

图像表示	表现的问题
递减的美元购买力 来源：U.S. Bureau of Labor Statistics	虽然每张钞票的长度与购买力成正比，但美元的购买力随着时间的推移而逐渐减弱是通过长度和宽度的变化一起来展示的。由于我们的目光集中在美元的面积上，这会给人带来美元购买力的下降幅度比实际情况还要大的印象。如果通过画出美元的面积来反映其购买力，2005 年的美元大约是图中显示的美元的两倍大
平均美国家庭住宅的平方英尺数 来源：U.S. Census Bureau	同等高度的住宅的外观效果相同，但不同的正面增加部分和阴影长度，使我们无法判断它们是否按比例描绘了给定的面积。横轴上的时间间隔在大小上并不均匀，使得住宅的面积看起来从 1980 年到 2010 年一直是线性的。数据表明情况并非如此。从 1980 年到 1990 年，面积平均每年增加 34 平方英尺，比 1990 年到 2010 年增加的 15.6 平方英尺要多

12.2 集中趋势的度量方法

学习目标

学完本节之后，你应该能够：

1. 确定数据集的平均数。
2. 确定数据集的中位数。
3. 确定数据集的众数。
4. 确定数据集的中列数。

平均每一个美国人一生中要花两周的时间接吻。等等，还有更多数据：

- 130：平均每一位脸书用户的“朋友”数量
- 12：平均每一个美国人一生中拥有的汽车数量
- 300：平均每一个六岁孩子每天要笑的次数
- 550：平均每一个人的眉毛根数
- 28：平均每一位罗马帝国市民的寿命
- 6 000 000：平均每一张美国的床上尘螨的数量

来源：*Listomania*，Harper Design

这些数字代表了在各种情况下什么是“平均”或“典型”。在统计学中，这些值被称为**集中趋势的度量**，这是因为它们通常位于分布的中心。本节将讨论四种这样的度量：平均数、中位数、众数和中列数。每一种集中趋势的度量都以不同的方式计算。因此，使用一个特定的术语（平均数、中位数、众数和中列数）要比使用通用的描述性术语（平均）更好。

1 确定数据集的平均数

平均数

迄今为止，最常用的集中趋势度量方法是平均数。**平均数**是将所有数据项相加，然后除以数据项的个数。希腊字母$\sum$，称为求和符号，用来表示数据项的和。符号$\sum x$表示“x的和”，意思是将给定数据集中所有数据项相加。我们可以使用这个符号得出计算平均数的公式。

平均数

平均数是将所有数据项相加，然后除以数据项的个数。

$$平均数=\frac{\sum x}{n}$$

其中$\sum x$表示所有数据项的和，n表示数据项的数量。

一个样本的平均数的符号是$\bar{x}$（读作“x拔”），总体的平均数的符号是μ。除非另有说明，否则本章中的数据集都代表样本，因此我们使用$\bar{x}$表示平均数，即$\bar{x}=\frac{\sum x}{n}$。

例 1 计算平均数

发明家是先天的还是后天培养的？一想到我们都能成为伟大的发明家，那当然很好，但历史表示并非如此。图 12.6 以十个选定国家的成年人为样本，表明人们普遍认为发明能力是一种可以学习的品质。

布利策补充

使用平均数比较美国是否合格

- 平均预期寿命

78	82
美国	意大利

- 血管造影的平均花费

798 美元	35 美元
美国	加拿大

- 每天花在上网或看电视的平均时间

430 分钟	410 分钟
美国	英国

- 每周做家务的平均时间

35.1 小时	27.8 小时
美国	德国

- 饭店里牛排的平均大小

13 盎司	8 盎司
美国	英国

来源：*Time*，*USA Today*

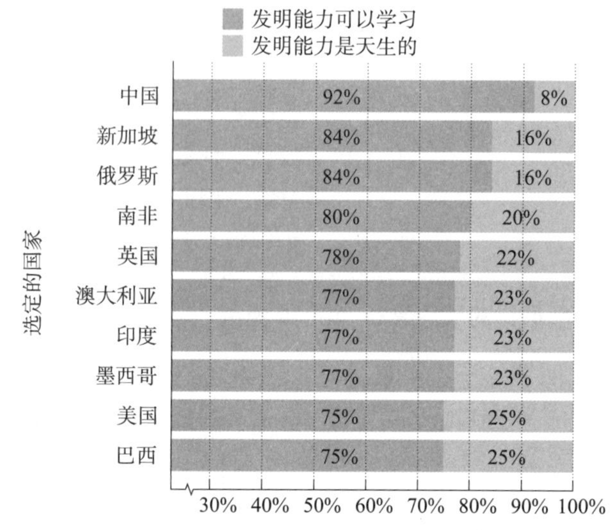

图 12.6 发明家是天生的还是后天培养的？

来源：*Time*

请你求出这十个国家中同意发明能力是可以学习的成年人的平均百分比。

解答

我们通过将所有的国家的百分比加起来，然后除以数据项的数量 10，从而得出平均数 $\bar{x}$。

$$\bar{x}=\frac{\sum x}{n}$$

$$=\frac{92+84+84+80+78+77+77+77+75+75}{10}$$

$$=\frac{799}{10}=79.9$$

这十个国家中同意发明能力是可以学习的成年人的平均百分比是 79.9%。

对于任何一组数字数据，我们都只能计算出一个平均数。平均数可能是实际数据项之一，也可能不是。在例 1 中，平均数是 79.9%，但没有数据项是 79.9%。

☑ **检查点 1** 使用图 12.6 求出这十个国家中同意发明能力是天生的成年人的平均百分比。

在例 1 中，有些数据是相同的。在计算相同的数据项的时候，我们还可以使用乘法。

$$\bar{x} = \frac{92+84+84+80+78+77+77+77+75+75}{10}$$
$$= \frac{92\cdot1+84\cdot2+80\cdot1+78\cdot1+77\cdot3+75\cdot2}{10}$$

数据值 84 的频数为 2，数据值 77 的频数为 3，数据值 75 的频数为 2

当多个数据值出现不止一次，并且使用频数分布来组织数据时，我们可以使用下面的公式来计算平均数。

计算频数分布的平均数

$$平均数 = \bar{x} = \frac{\sum xf}{n}$$

其中

x 表示数据值。

f 表示数据值的频数。

$\sum xf$ 表示每个数据值乘以其频数得到的所有乘积的总和。

n 表示频数分布的总频数。

例 2 计算频数分布的平均数

在练习集 12.1 中，我们提到了在统计学入门课程的第一周给学生的问卷调查。其中一个问题是："在过去的两周里，你的压力有多大？从 0 到 10 打分，0 表示完全没有压力，10 表示压力很大。"表 12.6 显示了学生的回答。使用这个频数分布来求压力等级的平均数。

表 12.6 学生的压力等级

压力等级 x	频数 f
0	2
1	1
2	3
3	12
4	16
5	18
6	13
7	31
8	26
9	15
10	14

来源：*Journal of Personality and Social Psychology*, 69, 1102–1112

解答

我们使用平均数的公式：

$$\bar{x} = \frac{\sum xf}{n}$$

首先，我们必须通过将每一个数据值 x 乘以它的频数 f 来求出 xf。然后，我们需要求出这些乘积的和，即 $\sum xf$。我们可以使用频数分布来组织这些计算。我们在表格中加上第三列，里面的数据是数据值乘以它的频数。最右边竖列的标题是 xf。接着，在这一列中求出数据值的和 $\sum xf$。

x	f	xf
0	2	$0\cdot2=0$
1	1	$1\cdot1=1$
2	3	$2\cdot3=6$
3	12	$3\cdot12=36$
4	16	$4\cdot16=64$
5	18	$5\cdot18=90$
6	13	$6\cdot13=78$
7	31	$7\cdot31=217$
8	26	$8\cdot26=208$
9	15	$9\cdot15=135$
10	14	$10\cdot14=140$

这个值，即第二列中数字的总和，是分布的总频数

总计：$n=151$　　$\sum xf=975$

$\sum xf$ 是第三列数字的总和

现在，我们将求出来的值代入平均数的公式中。记住，n 是频数分布的总频数，即 151。

$$\bar{x}=\frac{\sum xf}{n}=\frac{975}{151}\approx 6.46$$

从 0 到 10 的压力等级的平均数大约是 6.46。注意，这个平均数要比从 0 到 10 等级的平均数 5 大。

☑ **检查点 2**　求出下列频数分布的平均数 $\bar{x}$。（为了节省空间，我们水平地表示频数分布。）

分数 x	30	33	40	50
频数 f	3	4	4	1

2　确定数据集的中位数

中位数

美国年龄的中位数是 37.8 岁。中位数年龄最大的州是缅因州（44.6 岁），年龄最小的州是犹他州（30.6 岁）。为了求出这些值，研究人员从选择合适的随机样本开始。数据项（也就是年龄）是按照从小到大的顺序排列的。年龄的中位数是每组排序数据中间的数据项。

中位数

要想求出一组数据项的中位数：

1. 将数据项按照从小到大的顺序排好。
2. 如果数据项的个数是奇数，那么中位数是列表中间的那个数据项。
3. 如果数据项的个数是偶数，那么中位数是列表中间的两个数据项的平均数。

好问题！

中位数有什么实际的价值?

中位数将数据项从中间分开，就像一条路的中央分隔带一样。

例 3　求出中位数

求出下列两组数据的中位数。

a. 84，90，98，95，88

b. 68，74，7，13，15，25，28，59，34，47.

解答

a. 我们首先将数据项按照从小到大的顺序排好。列表中的数据项有 5 个，是奇数，因此中位数是列表中间的那个数据项。

84，88，90，95，98

中间的数据项

中位数是 90。注意，正好有两个数据项位于 90 之上，两个数据项位于 90 之下。

b. 我们首先将数据项按照从小到大的顺序排好。列表中的数据项有 10 个，是偶数，所以中位数是列表中间的两个数据项的平均数。

7，13，15，25，28，34，47，59，68，74

中间的数据项是 28 和 34

$$中位数 = \frac{28+34}{2} = \frac{62}{2} = 31$$

中位数是 31。有五个数据项位于 31 之上，五个数据项位于 31 之下。

7，13，15，25，28 | 34，47，59，68，74

五个数据项位于 31 之下　　五个数据项位于 31 之上

中位数是 31

☑ **检查点 3**　求出下列两组数据的中位数。

a. 28，42，40，25，35

b. 72，61，85，93，79，87.

好问题！

公式 $\frac{n+1}{2}$ 给出了中位值的值吗？

没有给出。这个公式给出的是中位数的位置，并不是中位数的实际值。当你在求中位数的时候，首先要确保数据项按照从小到大的顺序排列。

如果一个按顺序排列的数据项列表相对较长，那么我们可能难以辨认出中间的一个项或两个项。在这种情况下，我们可以通过确定中位数在数据列表中的位置来找到它。

中位数的位置

如果 n 个数据项按照从小到大的顺序排列，那么中位数是位于 $\frac{n+1}{2}$ 的数据项的值。

例 4　使用位置公式求出中位数

表 12.7 给出了最长的 9 个英语单词，求出这 9 个最长单词的字母数量的中位数。

表 12.7　最长的 9 个英语单词

单词	字母数量
Pneumonoultramicroscopicsilicovolcanoconiosis 一种因吸入火山灰而引起的肺病	45
Supercalifragilisticexpialidocious 意思是“棒极了”，出自电影 *Mary Poppins* 的同名歌曲	34
Floccinaucinihilipilification 意思是“评估的行为或习惯是毫无价值的”	29

（续）

单词	字母数量
Trinitrophenylmethylnitramine 在炮弹中用作雷管的一种化合物	29
Antidisestablishmentarianism 意为“反对英国国教的分裂”	28
Electroencephalographically 与脑电波有关	27
Microspectrophotometrically 与光波测量有关	27
Immunoelectrophoretically 与免疫球蛋白的测定有关	25
Spectroheliokinematograph 一种 20 世纪 30 年代用来监测和拍摄太阳活动的装置	25

来源：Chris Cole, rec.puzzles archive

解答

我们从将数据项按照从小到大的顺序排列开始。

25，25，27，27，28，29，29，34，45

一共有九个数据项，所以 $n=9$ 。中位数的位置是

$$第\frac{n+1}{2}位=第\frac{9+1}{2}位=第\frac{10}{2}位=第5位$$

我们可以通过选取第五个位置的数据项来求出中位数的值。

第 3 位　第 4 位

25，25，27，27，28，29，29，34，45

第 1 位　第 2 位　第 5 位

中位数是 28。注意，有四个数据项位于 28 之上，四个数据项位于 28 之下。9 个最长单词的字母数量的中位数是 28。

☑ **检查点 4**　求出下列一组数据项的中位数：

1，2，2，2，3，3，3，3，3，5，6，7，7，10，11，13，19，24，26

例5 使用位置公式求出中位数

表12.8给出了18个国家平均每天花在睡眠和用餐上的时长。求出这些国家平均每天花在睡眠上的时长的中位数。

表12.8 选定的国家中每天花在睡眠和用餐上的时长

国家	睡眠时长	用餐时长
法国	8小时50分钟	2小时15分钟
美国	8小时38分钟	1小时14分钟
西班牙	8小时34分钟	1小时46分钟
新西兰	8小时33分钟	2小时10分钟
澳大利亚	8小时32分钟	1小时29分钟
土耳其	8小时32分钟	1小时29分钟
加拿大	8小时29分钟	1小时09分钟
波兰	8小时28分钟	1小时34分钟
芬兰	8小时27分钟	1小时21分钟
比利时	8小时25分钟	1小时49分钟
英国	8小时23分钟	1小时25分钟
墨西哥	8小时21分钟	1小时06分钟
意大利	8小时18分钟	1小时54分钟
德国	8小时12分钟	1小时45分钟
瑞典	8小时06分钟	1小时34分钟
挪威	8小时03分钟	1小时22分钟
日本	7小时50分钟	1小时57分钟
韩国	7小时49分钟	1小时36分钟

来源：Organization for Economic Cooperation and Development

解答

我们从表12.8的末尾向上看，睡眠时长的数据项是从小到大排列的。一共有18个数据项，所以$n=18$。中位数的位置是

$$第\frac{n+1}{2}位=第\frac{18+1}{2}位=第\frac{19}{2}位=第9.5位$$

这就意味着，中位数是第9个数据项和第10个数据项的平均数。

7 小时 49 分钟，7 小时 50 分钟，8 小时 03 分钟，8 小时 06 分钟，

第 1 位　第 2 位　第 3 位　第 4 位

8 小时 12 分钟，8 小时 18 分钟，8 小时 21 分钟，8 小时 23 分钟，

第 5 位　第 6 位　第 7 位　第 8 位

8 小时 25 分钟，8 小时 27 分钟，8 小时 28 分钟，8 小时 29 分钟，

第 9 位　第 10 位

8 小时 32 分钟，8 小时 32 分钟，8 小时 33 分钟，8 小时 34 分钟，
8 小时 38 分钟，8 小时 50 分钟

$$\text{中位数}=\frac{8\text{小时}25\text{分钟}+8\text{小时}27\text{分钟}}{2}=\frac{16\text{小时}52\text{分钟}}{2}=8\text{小时}26\text{分钟}$$

这些国家平均每天花在睡眠上的时长的中位数是 8 小时 26 分钟。

☑ **检查点 5**　按照用餐时长从小到大的顺序重新排列表 12.8。然后求出这些国家平均每天花在用餐上的时长的中位数。

当单个数据项按照从小到大的顺序排列时，你可以通过识别中间的一项或两项来找到中位数，或者使用 $\frac{n+1}{2}$ 公式来确定它的位置。然而，当数据项以频数分布的形式出现时，中位数位置的公式更有用。

例 6　求出频数分布的中位数

151 名学生的压力等级的频数分布如下所示。求出压力等级的中位数。

压力等级 x	0	1	2	3	4	5	6	7	8	9	10
学生人数 f	2	1	3	12	16	18	13	31	26	15	14

总计：$n=151$

解答

一共有 151 个数据项，所以 $n=151$。中位数的位置是

$$第\frac{n+1}{2}位=第\frac{151+1}{2}位=第\frac{152}{2}位=第76位$$

我们可以通过找出第 76 个数据项来求出中位数的值。该频数分布表示数据项是从 0，0，1，2，2，2，…开始的。

我们可以将数据项都写下来，然后选出第 76 个数据项。还有一种更有效率的方法，就是计算频数分布中频数列的个数，直到找到第 76 个数据项为止。

x	f
0	2
1	1
2	3
3	12
4	16
5	18
6	13
7	31
8	26
9	15
10	14

我们可以计数频数数列
1,2
3,
4,5,6
7,8,9,10,11,12,13,14,15,16,17,18
19,20,21,22,23,24,25,26,27,28,29,30,31,32,33,34
35,36,37,38,39,40,41,42,43,44,45,46,47,48,49,50,51,52
53,54,55,56,57,58,59,60,61,62,63,64,65,
66,67,68,69,70,71,72,73,74,75,76

停止计数，我们已经得到第 76 位数据项

第 76 个数据项是 7。因此，压力等级的中位数是 7。

☑ **检查点 6** 求出下列频数分布的中位数。

x	42	43	46	51	52	54	55	56	60	61	64	69
f	1	1	1	3	1	2	2	2	1	2	1	1

总统就职的年龄

给定年龄下，20 世纪美国总统就职的人数

当统计学家报告收入时，一般使用的是中位数，而不是平均数。这是为什么？下一个例子会帮助你回答这个问题。

例 7 比较平均数与中位数

电视制造公司组装部门的 5 名员工年薪分别为 19 700 美元、20 400 美元、21 500 美元、22 600 美元和 23 000 美元。部门经理的年薪是 95 000 美元。

a. 求出这 6 个人的年薪的中位数。

b. 求出这 6 个人的年薪的平均数。

解答

a. 要想求出这 6 个人的年薪的中位数，我们首先要将这 6 个数据按照从小到大的顺序排列：

19 700 美元、20 400 美元、21 500 美元、22 600 美元、23 000 美元、95 000 美元

因为这个列表有 6 个数据项，是一个偶数，所以中位数是中间两个数据项的平均数：

$$中位数=\frac{21\ 500美元+22\ 600美元}{2}=\frac{44\ 100美元}{2}=22\ 050美元$$

年薪的中位数是 22 050 美元。

b. 我们通过将这六个年薪加起来再除以 6 来求出平均数。

$$平均数=\frac{19\ 700美元+20\ 400美元+21\ 500美元+22\ 600美元+23\ 000美元+95\ 000美元}{6}$$

$$=\frac{202\ 200美元}{6}=33\ 700美元$$

年薪的平均数是 33 700 美元。

在例 7 中，年薪的中位数是 22 050 美元，年薪的平均数是 33 700 美元。为什么这两种集中趋势的度量有如此之大的差异？部门经理的年薪相对较高，为 95 000 美元，因此年薪的平均数远远高于年薪的中位数。当一个或多个数据项比其他数据项大得多时，这些极值可以极大地影响平均数。在这种情况下，中位数往往更能代表数据。

因此，统计学家使用中位数而不是平均数来按性别和种族总结收入，如图 12.7 所示。因为没有人的收入会低于 0 美元，所以这八个群体的收入分布下限是 0 美元。相比之下，高收入者则没有收入上限。在美国，最富有的 20% 人口的收入约占总收入的 50%。相对较少的、拥有非常高年收入的人往往会将收入平均数拉到一个远高于收入中位数的值。在图 12.7 中报告平均收入会夸大显示的数字，因为它们不能代表这八个群体中每一个群体的数百万工人。

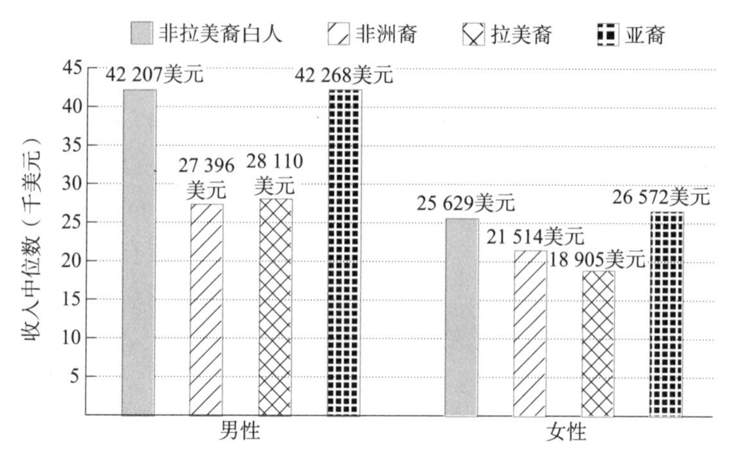

图 12.7 2015 年美国按性别和种族划分的收入中位数

来源：U.S. Census Bureau

☑ **检查点 7** 表 12.9 显示了 2016 年，从约翰逊到特朗普的 10 位美国总统净资产，单位是百万美元。

表 12.9

总统	净资产（百万美元）
约翰逊	98
尼克松	15
福特	7
卡特	7
里根	13
布什	23
克林顿	38
布什	20
奥巴马	5
特朗普	3 500

来源：*Time*

a. 求出这十位总统净资产的平均数，以百万美元为单位。

b. 求出这十位总统净资产的中位数，以百万美元为单位。

c. 解释为什么一种集中趋势的度量要远远大于另一种度量。

3 确定数据集的众数

众数

我们最后再看一下 151 名学生的压力等级频数分布。

压力等级 x	0	1	2	3	4	5	6	7	8	9	10
学生人数 f	2	1	3	12	16	18	13	31	26	15	14

7 是频数最多的压力等级

在这个频数分布中，最常出现的数据值是 7，151 名学生中有 31 名学生的压力等级是 7。我们将 7 称为这个频数分布的众数。

> **众数**
>
> **众数**是数据集中出现频数最高的数据值。如果有多个数据值出现的频数最高，那么这些数据值都是众数。如果没有最常出现的数据值，那么数据集就没有众数。

例 8 求出众数

求出下列三组数据中的众数：

a. 7, 2, 4, 7, 8, 10　　b. 2, 1, 4, 5, 3　　c. 3, 3, 4, 5, 6, 6

解答

a. 7, 2, 4, 7, 8, 10

7 最常出现

众数是 7。

b. 2, 1, 4, 5, 3

每个数据项出现次数相同

没有众数。

c. 3, 3, 4, 5, 6, 6

3 和 6 最常出现

3 和 6 是众数，数据集被称为**双峰的**。

☑ **检查点 8** 求出下列三组数据中的众数：

a. 3，8，5，8，9，10

b. 3，8，5，8，9，3

c. 3，8，5，6，9，10

4 确定数据集的中列数

中列数

表 12.10 显示美国最热的十个城市。因为气温是不断变化的，所以你可能想知道表格里显示的平均气温是如何得到的。

表 12.10

城市	平均气温 / ℉
基韦斯特，佛罗里达州	77.8
迈阿密，佛罗里达州	75.9
西棕榈滩，佛罗里达州	74.7
迈尔斯堡，佛罗里达州	74.4
尤马，亚利桑那州	74.2
布朗斯维尔，得克萨斯州	73.8
凤凰城，亚利桑那州	72.6
弗隆海滩，佛罗里达州	72.4
奥兰多，佛罗里达州	72.3
坦帕，佛罗里达州	72.3

来源：National Oceanic and Atmospheric Administration

首先，我们需要求出代表性的每日气温。我们将最低气温和最高气温加起来再除以 2，就得到了代表性的每日气温。接着，我们计算出 365 天的代表性每日气温，将它们加起来然后除以 365。这样我们就得到了表 12.10 中的平均气温了。

$$代表性的每日气温 = \frac{每日最低气温 + 每日最高气温}{2}$$

就是一个称为中列数的集中趋势度量的例子。

中列数

中列数是用最小的数据值加上最大的数据值再除以 2 得到的。

$$中列数 = \frac{最小的数据值 + 最大的数据值}{2}$$

例 9 求出中列数

Newsweek 杂志调查了影响女性生活质量的因素，包括正义、健康、教育、经济和政治。这份杂志使用这五个因素，对 165 个国家的女性生活质量评分，最低分 0 分，最高分 100 分。12 个对女性最友好的国家和 12 个对女性最不友好的国家如表 12.11 所示。

表 12.11

对女性最友好的国家		对女性最不友好的国家	
国家	得分	国家	得分
冰岛	100.0	乍得	0.0
加拿大	99.6	阿富汗	2.0
瑞典	99.2	也门	12.1
丹麦	95.3	刚果民主共和国	13.6
芬兰	92.8	马里共和国	17.6
瑞士	91.9	所罗门群岛	20.8
挪威	91.3	尼日尔	21.2
美国	89.8	巴基斯坦	21.4
澳大利亚	88.2	埃塞俄比亚	23.7
荷兰	87.7	苏丹	26.1
新西兰	87.2	几内亚	28.5
法国	87.2	塞拉利昂	29.0

来源：*Newsweek*

求出 12 个对女性最友好的国家的得分中列数。

解答

我们观察表 12.11。

$$中列数=\frac{最小的数据值+最大的数据值}{2}$$

$$=\frac{87.2+100.0}{2}=\frac{187.2}{2}=93.6$$

12 个对女性最友好的国家的得分中列数是 93.6。

我们可以通过将这 12 个对女性友好的国家的得分加起来然后除以 12，得到平均数 92.5。与计算平均数相比，计算中列数要快得多，中列数通常用于估算平均数。

☑ **检查点 9**　使用表 12.11 求出 12 个对女性最不友好的国家的得分中列数。

例 10　四种集中趋势度量方法的综合使用

假设你六次考试的成绩分别是

52，69，75，86，86，92.

使用下列度量方法计算你的最终成绩（90～100=A，80～89=B，70～79=C，60～69=D，低于 60=F）。

a. 平均数　b. 中位数　c. 众数　d. 中列数

解答

a. 平均数是将这些数据项加起来再除以数据项的数量 6。

$$平均数=\frac{52+69+75+86+86+92}{6}=\frac{460}{6}\approx 76.67$$

如果使用平均数的话，你的最终成绩是 C。

b. 六个数据项（52，69，75，86，86，92）按照从小到大的顺序排列。因为数据项的数量是偶数，所以中位数是中间两个数据项的平均数。

$$中位数=\frac{75+86}{2}=\frac{161}{2}=80.5$$

如果使用中位数的话，你的最终成绩是 B。

c. 众数是最常出现的数据值。因为 86 最常出现，所以众数是 86。如果使用众数的话，你的最终成绩是 B。

d. 中列数是最低的数据值和最高的数据值的平均数。

$$\text{中列数}=\frac{52+92}{2}=\frac{144}{2}=72$$

如果使用中列数的话，你的最终成绩是 C。

☑ **检查点 10** 杂志 *Consumer Reports* 给出了 17 个品牌的肉类热狗所含热量的数据：

173，191，182，190，172，147，146，138，175，136，179，153，107，195，135，140，138

求出 17 个品牌的肉类热狗所含数量的平均数、中位数、众数和中列数。如果有必要的话，保留一位小数。

12.3 离散程度的度量

学习目标

学完本节之后，你应该能够：

1. 确定数据集的极差。
2. 确定数据集的标准差。

当你想到得克萨斯的休斯敦和夏威夷的火奴鲁鲁时，你会想到宜人的气温吗？这两个城市的平均气温都是 75 °F。然而，平均气温并不能说明一切。休斯敦的气温随季节而变化，气温最低的 1 月份是 40 °F 左右，气温最高的 7 月和 8 月是近 100 °F。相比之下，火奴鲁鲁全年的温度变化较小，通常在 60 °F 至 90 °F 之间。

离散程度的度量用于描述数据集之中数据项的离散程度。我们将在本节中讨论两种最常见的离散程度的度量，即极差和标准差。

1 确定数据集的极差

极差

极差是快速但是粗糙的度量离散程度的方法。数据集中最高的数据值与最低的数据值的差就是极差。例如，如果休斯敦每年最高的气温是 103 °F，最低的气温是 33 °F，气温的极差是

$$103\ ^\circ\text{F}-33\ ^\circ\text{F}=70\ ^\circ\text{F}$$

如果休斯敦每年最高的气温是 89 °F，最低的气温是 61 °F，气温的极差是

$$89\ ^\circ\text{F}-61\ ^\circ\text{F}=28\ ^\circ\text{F}$$

极差

极差是数据集中最高的数据值与最低的数据值的差，表示数据的总体分布状况。

极差 = 最高的数据值 − 最低的数据值

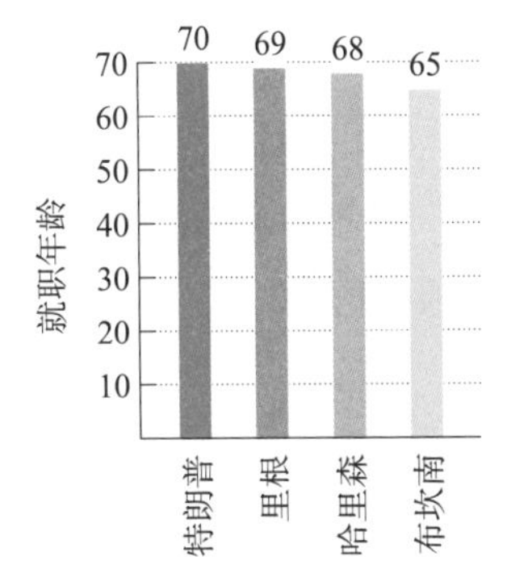

图 12.8　最年长的四位美国总统的年龄

来源：Internet Public Library

例 1　计算极差

图 12.8 显示了开始就职时最年长的四位美国总统的年龄。求出这四位最年长总统的年龄极差。

解答

极差 = 最高的数据值 − 最低的数据值

=70−65=5

极差是 5 岁。

☑ **检查点 1**　求出下面一组数据的极差：

4，2，11，7

标准差

第二种离散程度的度量是与数据集中所有的数据项有关的，称为**标准差**。标准差是通过计算每一个数据项与平均数的差值得到的。

要想计算标准差，我们需要求出每一个数据项与平均数之间的离差。首先计算平均数 $\bar{x}$，然后将每一个数据项与平均数相减，得到 $x-\bar{x}$。例 2 展示了这一过程。在例 3 中，我们将实际演示如何计算标准差。

例 2　准备计算标准差。求出数据项与平均数的离差

求出图 12.8 中四个数据项（70，69，68，65）与平均数的离差。

解答

首先，我们计算平均数 $\bar{x}$。

$$\bar{x}=\frac{\sum x}{n}=\frac{70+69+68+65}{4}=\frac{272}{4}=68$$

四位最年长总统就职的平均年龄是 68 岁。现在，我们来求图 12.8 中每一个数据项与平均数 68 之间的离差。对于 70 岁就职的特朗普而言，计算如下所示：

$$\begin{aligned}\text{与平均数的离差} &= \text{数据项} - \text{平均数}\\ &= x - \bar{x}\\ &= 70 - 68 = 2\end{aligned}$$

这就表明了，特朗普就职的年龄超过平均年龄两岁。

对于 65 岁首次就职的布坎南而言，计算如下所示：

$$\begin{aligned}\text{与平均数的离差} &= \text{数据项} - \text{平均数}\\ &= x - \bar{x}\\ &= 65 - 68 = -3\end{aligned}$$

这就表明了，布坎南就职的年龄低于平均年龄三岁。

这四位就职时最年长的美国总统的年龄与平均年龄的离差如表 12.12 所示。

表 12.12　与平均数的离差

数据项 x	离差：数据项 − 平均数 $x-\bar{x}$
70	70−68=2
69	69−68=1
68	68−68=0
65	65−68=−3

☑ **检查点 2**　计算下列一组数据项的平均数：

2，4，7，11

然后求出这四个数据项与平均数之间的离差。将你的计算结果总结到像表 12.12 这样的表格中。保留计算结果，你还会在检查点 3 用到。

从数据集的平均数中得出的离差的和永远是零：$\sum(x-\bar{x})$ =0。例如表 12.12 中所示的从平均数得到的离差：

$$2+1+0+(-3)=3+(-3)=0$$

这就说明了，为什么我们不能使用离差的平均数来找到度量离散程度的方法。然而，我们可以计算另一种数据与平均数的离差的平均，称为标准差。我们可以对所求离差的平方和求平均数，然后再开平方。求出数据集的标准差的步骤如下所示：

2　确定数据集的标准差

计算数据集的标准差

1. 求出数据项的平均数。
2. 求出每个数据项与平均数之间的离差：

数据项 − 平均数

3. 将每个离差平方：

$$(\text{数据项}-\text{平均数})^2$$

4. 求出离差的平方和：

$$\sum(\text{数据项}-\text{平均数})^2$$

5. 步骤 4 中的和除以 $n-1$，其中 n 表示数据项的数量：

$$\frac{\sum(\text{数据项}-\text{平均数})^2}{n-1}$$

6. 求出步骤 5 中的商的平方根。求出来的值就是数据集的标准差。

$$\text{标准差}=\sqrt{\frac{\sum(\text{数据项}-\text{平均数})^2}{n-1}}$$

一个样本的标准差的符号是 s，总体的标准差的符号是 σ。除非另有说明，否则数据集表示的都是样本，所以我们使用 s 表示标准差。

$$s=\sqrt{\frac{\sum(x-\bar{x})^2}{n-1}}$$

我们可以使用下列表格的三列来计算标准差：

数据项 x	离差：$x-\bar{x}$ 数据项−平均数	(离差)^2：$(x-\bar{x})^2$ (数据项−平均数)^2

在例 2 中，我们求出了这张表格的前两列。我们继续处理四位最年长的美国总统的年龄数据，并计算标准差。

例 3　计算标准差

图 12.8 显示了四位就职时最年长的美国总统的年龄，求出这四位总统年龄的标准差。

解答

步骤 1　求出数据项的平均数。从例 2 中，我们知道平均数是 68，$\bar{x}=68$。

步骤 2　求出每个数据项与平均数之间的离差：数据项 − 平均数或 $x-\bar{x}$。这一步也在例 2 中做过了。

步骤 3　将每个离差平方：（数据项 − 平均数）^{2} 或 $(x-\bar{x})^2$。 我们在表 12.13 中计算（数据项 − 平均数）列中每一个数的平方。注意，平方总是会得到非负数的结果。

表 12.13　计算标准差

数据项 x	离差：数据项 − 平均数，$x-\bar{x}$	（离差）^{2}：（数据项 − 平均数）^{2}，$(x-\bar{x})^2$
70	70−68=2	$2^2=2\cdot2=4$
69	69−68=1	$1^2=1\cdot1=1$
68	68−68=0	$(0)^2=0\cdot0=0$
65	65−68=−3	$(-3)^2=(-3)\cdot(-3)=9$
总计	$\sum(x-\bar{x})=0$	$\sum(x-\bar{x})^2=14$

一组数据的离差和总是为零

在第三列中增加 4 个数，给出离差平方和：$\sum(\text{数据项}-\text{平均数})^2$

步骤 4　求出离差的平方和：$\sum(\text{数据项}-\text{平均数})^2$。 这一步在表 12.13 中求过了，结果是 14：$\sum(x-\bar{x})^2=14$。

步骤 5　步骤 4 中的和除以 $n-1$，其中 n 表示数据项的数量。 数据项的数量是 4，所以我们除以 3。

$$\frac{\sum(x-\bar{x})^2}{n-1}=\frac{\sum(\text{数据项}-\text{平均数})^2}{n-1}=\frac{14}{4-1}=\frac{14}{3}\approx4.67$$

步骤 6　求出步骤 5 中的商的平方根，求出来的值就是数据集的标准差 s。

$$s=\sqrt{\frac{\sum(x-\bar{x})^2}{n-1}}=\sqrt{\frac{\sum(\text{数据项}-\text{平均数})^2}{n-1}}\approx\sqrt{4.67}\approx2.16$$

这四位总统年龄的标准差大约是 2.16 岁。

技术

几乎所有的科学和图形计算器都能计算数据集的标准差。我们使用例 3 中的数据项：

70，69，68，65

在大部分科学计算器上，计算标准差的按键顺序如下所示：

70 [Σ+] 69 [Σ+] 68 [Σ+] 65 [Σ+] [2nd] [σn−1]

而图形计算器需要你说明数据项是来自总体还是总体的一个样本。

☑ **检查点 3**　求出检查点 2 的一组数据项的标准差。保留两位小数。

好问题！

计算标准差的步骤好多。我的计算器能帮我完成整个计算过程吗？

能。大多数科学计算器和图形计算器允许你通过输入数据集并选择适当的命令来计算统计数据，例如平均数和标准差。在实践中，当数据集很大时，计算器或其他软件是有效计算标准差的关键。然而，在本文中，数据集很小，我们鼓励你手动计算标准差。通过这些步骤并回顾它们背后的原因，你将对标准差有一个更深刻的理解。

例 4 说明了，随着数据项分散程度的增加，标准差也会随之增大。

例 4 计算标准差

求出下列两组数据项的标准差。

样本 A	样本 B
17，18，19，20，21，22，23	5，10，15，20，25，30，35

解答

我们从求出两组样本的平均数开始。

样本 A：

$$\text{平均数}=\frac{17+18+19+20+21+22+23}{7}=\frac{140}{7}=20$$

样本 B：

$$\text{平均数}=\frac{5+10+15+20+25+30+35}{7}=\frac{140}{7}=20$$

尽管这两组样本的平均数都是相等的，但是样本 B 中的数据项更加分散。因此，我们认为样本 B 的标准差会更大。计算标准差需要我们求出 $\sum(\text{数据项}-\text{平均数})^2$，如表 12.14 所示。

表 12.14 计算两个样本的标准差

样本 A			样本 B		
数据项 x	离差：数据项 − 平均数，$x-\bar{x}$	(离差)^2：(数据项 − 平均数)^2，$(x-\bar{x})^2$	数据项 x	离差：数据项 − 平均数，$x-\bar{x}$	(离差)^2：(数据项 − 平均数)^2，$(x-\bar{x})^2$
17	17−20=−3	$(-3)^2=9$	5	5−20=−15	$(-15)^2=225$
18	18−20=−2	$(-2)^2=4$	10	10−20=−10	$(-10)^2=100$
19	19−20=−1	$(-1)^2=1$	15	15−20=−5	$(-5)^2=25$
20	20−20=0	$(0)^2=0$	20	20−20=0	$(0)^2=0$
21	21−20=1	$1^2=1$	25	25−20=5	$5^2=25$
22	22−20=2	$2^2=4$	30	30−20=10	$10^2=100$
23	23−20=3	$3^2=9$	35	35−20=15	$15^2=225$
总计		$\sum(x-\bar{x})^2=28$	总计		$\sum(x-\bar{x})^2=700$

每一组样本都含有七个数据项，所以我们分别将表 12.14 中求出来的和（28 和 700）除以 $7-1=6$。然后我们将得到的两个商开平方。

$$标准差=\sqrt{\frac{\sum(x-\bar{x})^2}{n-1}}=\sqrt{\frac{\sum(数据项-平均数)^2}{n-1}}$$

样本 A：

$$s=\sqrt{\frac{28}{6}}\approx 2.16$$

样本 B：

$$s=\sqrt{\frac{700}{6}}\approx 10.80$$

样本 A 的标准差大约是 2.16，而样本 B 的标准差大约是 10.80。样本 B 中的数据要比样本 A 中的数据更加分散。

☑ **检查点 4** 求出下列两组数据项的标准差，保留两位小数。

样本 A	样本 B
73，75，77，79，81，83	40，44，92，94，98，100

图 12.9 显示了用直方图表示的四组数据集。从左到右，数据项分别是

图 12.9a：4，4，4，4，4，4，4

图 12.9b：3，3，4，4，4，5，5

图 12.9c：3，3，3，4，5，5，5

图 12.9d：1，1，1，4，7，7，7

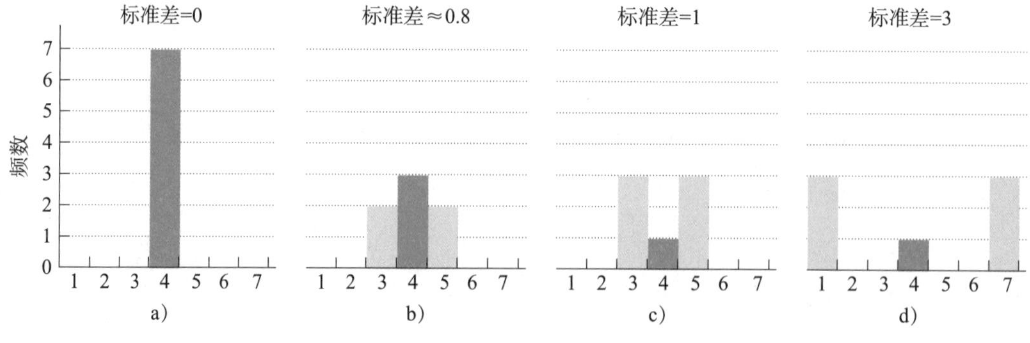

图 12.9 标准差随着数据项分散程度的增大而增加。在每个例子中，平均数为 4

每一个数据集的平均数都是 4，随着数据项分散程度的增大，标准差也随之增加。我们可以看出，当所有数据项都相等时，标准差是 0。

例 5 解读标准差

两个五年级的班级在能力倾向测试中的平均分数几乎相同，但其中一个班的标准差是另一个班的三倍。在所有其他因素都相同的情况下，哪一个班级更容易教，这是为什么？

解答

标准差较小的班级更容易教，因为学生的能力倾向之间的差异较小。课程作业可以针对普通学生，而不必太担心作业对一些人来说太容易或对一些人来说太困难。相比之下，分数更分散的班级的挑战更大。如果你进行普通程度的教学，那些成绩明显高于平均水平的学生会感到无聊；分数明显低于平均水平的学生会感到困惑。

☑ **检查点 5** 下面是两种投资 80 年的年回报率的平均数和标准差的表格。

投资	平均年回报率	标准差
小公司股票	17.5%	33.3%
大公司股票	12.4%	20.4%

a. 使用平均数判断哪一种投资的年回报率更高。

b. 使用标准差判断哪一种投资的风险更高，并进行解释。

12.4 正态分布

学习目标

学完本节之后，你应该能够：

1. 识别正态分布的特征。
2. 理解 68-95-99.7 法则。
3. 根据平均数求出特定标准差的分数。

我们的身高在增加！在公元前 100 万年，男性的平均身高是 4 英尺 6 英寸，女性的平均身高是 4 英尺 2 英寸。由于改善了饮食和医疗，现在男性的平均身高是 5 英尺 10 英寸，女性的平均身高是 5 英尺 5 英寸。到 2050 年，成年人的平均身高将趋于稳定。

假设一位研究人员随机选择 100 名成年男性作为样本，测

4. 使用 68-95-99.7 法则。
5. 将数据项转换成 z 分数。
6. 理解百分位数和四分位数。
7. 使用并解读误差幅度。
8. 识别非正态分布。

量他们的身高，并为数据构建一个直方图，如图 12.10a 所示。图 12.10b 和图 12.10c 说明了随着样本量的增加会发生什么。在图 12.10c 中，如果你要把图形从中间折叠起来，左边将和右边重叠。当我们从中间向外移动时，左右两栏的高度是相同的。这样的直方图是**对称的**。随着样本量的增加，图的对称性也随之增加。如果可以测量所有成年男性的身高，直方图将接近所谓的**正态分布**，如图 12.10d 所示。这种分布也被称为**钟形曲线**或**高斯分布**，以德国数学家卡尔·弗里德里希·高斯（1777—1855）命名。

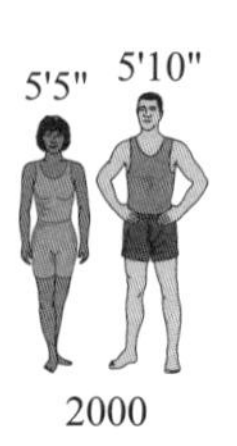

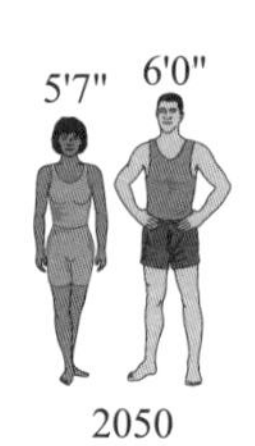

成年人平均身高

来源：National Center for Health Statistics

1 识别正态分布的特征

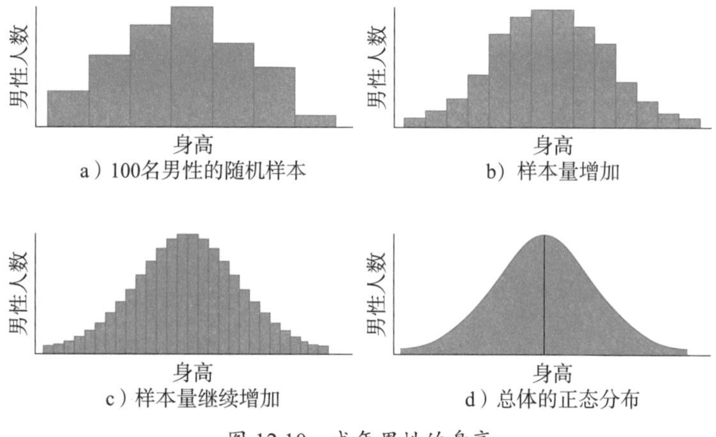

图 12.10 成年男性的身高

图 12.10d 显示了正态分布的形状像一只钟，而且关于穿过它正中间的竖直直线对称。此外，**正态分布的平均数、中位数和众数都是相等的**，并且位于分布的中心位置。

正态分布的形状取决于平均数和标准差。图 12.11 显示了三个平均数相等，但是标准差不同的正态分布。随着标准差增加，分布变得更加离散，或者说分散，但还是保持了对称的钟形形状。

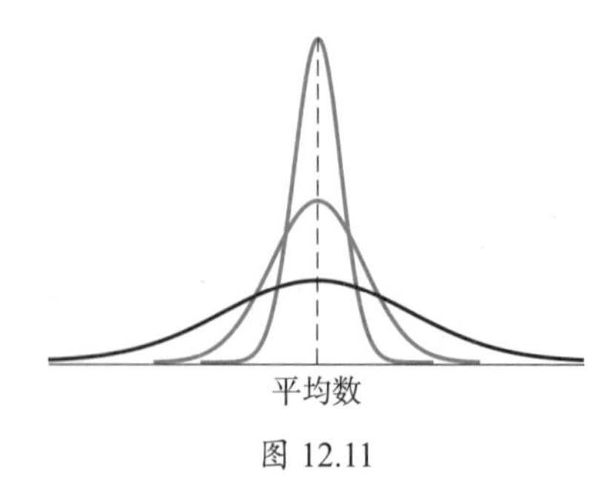

图 12.11

正态分布为各种现象提供了一个很好的模型，因为许多数据项集与这种总体分布非常相似。例如成年男性的身高和体重、智商、SAT 分数、新车型的价格以及灯泡的寿命。在这些分布中，数据项倾向于聚集在平均数周围。一个数据项与平均数的差越大，它发生的可能性就越小。

正态分布是利用样本数据对总体进行预测的。在本节中，我们将重点讨论正态分布的特征和应用。

2 理解 68-95-99.7 法则

正态分布中的标准差与 z 分数

标准差在正态分布中起到非常重要的作用，总结来说就是 **68-95-99.7 法则**。这个法则如图 12.12 所示。

正态分布的 68-95-99.7 法则

1. 大约有 68% 的数据项分布在平均数加上或减去 1 倍标准差的区间内（两个方向上）。
2. 大约有 95% 的数据项分布在平均数加上或减去 2 倍标准差的区间内。
3. 大约有 99.7% 的数据项分布在平均数加上或减去 3 倍标准差的区间内。

布利策补充

陈旧的台阶与正态分布

当你把图片倒过来看时，这些陈旧的台阶的每一级都呈现出正态分布的形状。每一级的中心都比边缘磨损得更厉害。走在中间的人数最多，这就是人群走过的地方的平均数、中位数和众数。

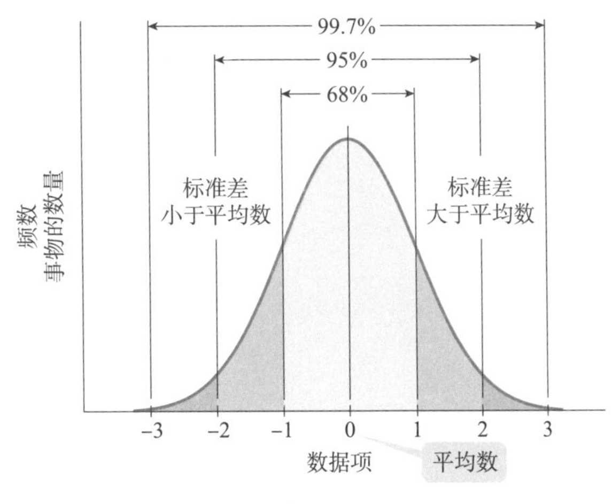

图 12.12

图 12.12 说明了非常小的百分比的数据在正态分布中位于超过或低于平均数 3 倍标准差内。当我们从平均数开始移动时，曲线会迅速下降，然后逐渐向横轴下降。曲线的尾部接近横轴，但永不接触，虽然它们在离平均数 3 倍标准差处非常接近横轴。正态分布的范围是无限的。无论我们移动到离平均数

多远的地方，数据项出现在更远地方的概率总是存在的（尽管很小）。

3 根据平均数求出特定标准差的分数

例 1 根据平均数求出特定标准差的分数

北美成年男性的身高近似符合正态分布，其中平均数是 70 英寸，标准差是 4 英寸。计算：

a. 高于平均数 2 倍标准差的身高。

b. 低于平均数 3 倍标准差的身高。

解答

a. 首先，我们求出高于平均数 2 倍的标准差。

$$
\begin{aligned}
\text{身高} &= \text{平均数} + 2 \cdot \text{标准差} \\
&= 70 + 2 \cdot 4 = 70 + 8 = 78
\end{aligned}
$$

高于平均数 2 倍的标准差的身高是 78 英寸。

b. 下面，我们求出低于平均数 3 倍的标准差。

$$
\begin{aligned}
\text{身高} &= \text{平均数} - 3 \cdot \text{标准差} \\
&= 70 - 3 \cdot 4 = 70 - 12 = 58
\end{aligned}
$$

低于平均数 3 倍的标准差的身高是 58 英寸。

上述北美成年男性的身高分布如下图 12.13 中的正态分布所示。

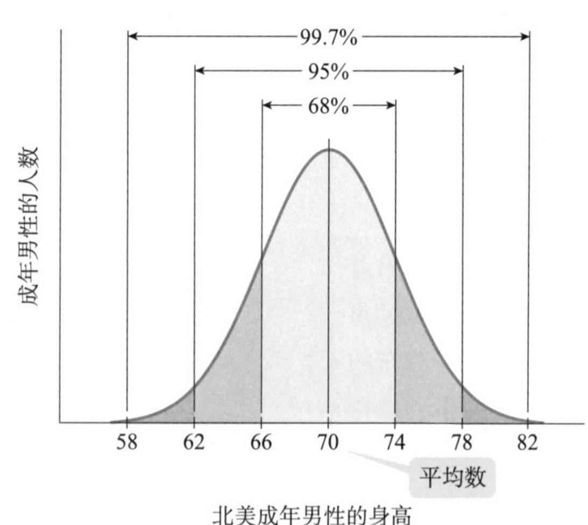

图 12.13 成年男性身高的正态分布

☑ **检查点 1** 北美成年女性的身高近似符合正态分布，其中平均数是 65 英寸，标准差是 3.5 英寸。计算：

a. 高于平均数 3 倍标准差的身高。

b. 低于平均数 2 倍标准差的身高

4　使用 68-95-99.7 法则

例 2　使用 68-95-99.7 法则

使用图 12.13 中的成年男性身高的正态分布求出下列北美男性身高占总体的百分比：

a. 位于 66～74 英寸之间。 b. 位于 70～74 英寸之间。

c. 高于 78 英寸。

解答

a. 根据 68-95-99.7 法则，大约有 68% 的数据项分布在平均数加上或减去 1 倍标准差的区间内。

$$平均数-1\cdot标准差=70-1\cdot4=66$$

$$平均数+1\cdot标准差=70+1\cdot4=74$$

图 12.13 显示了有 68% 的成年男性的身高分布在 66～74 英寸之间。

68%
?%
66　70　74

图 12.14　身高位于 70 ～ 74 英寸之间的百分比是多少？

b. 图 12.13 中没有直接给出身高位于 70～74 英寸之间的成年男性的比例。因为正态分布是对称的，所以身高位于 70～74 英寸之间的成年男性的比例和身高位于 66～70 英寸之间的成年男性的比例相等。图 12.14 显示了有 68% 的成年男性的身高分布在 66～74 英寸之间。因此，68% 的一半（即 34%）的成年男性的身高分布在 70～74 英寸之间。

c. 图 12.13 中没有直接给出身高高于 78 英寸的成年男性的比例。身高 78 英寸是高于平均数 2 倍标准差的身高。根据 68-95-99.7 法则，大约有 95% 的数据项分布在平均数加上或减去 2 倍标准差的区间内。因此，大约有 100% − 95% = 5% 的成年男性的身高高于或低于平均数加上或减去 2 倍标准差。这个 5% 由图 12.15 中左右两边的阴影区域显示。因为正态分布具有对称性，所以 5% 的一半，即 2.5% 的数据项超过平均数加上 2 倍标准差。这就意味着，高于 78 英寸的成年男性的百分比是 2.5%。

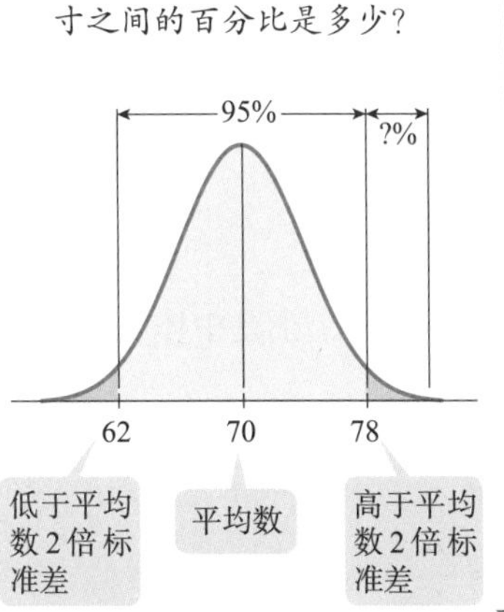

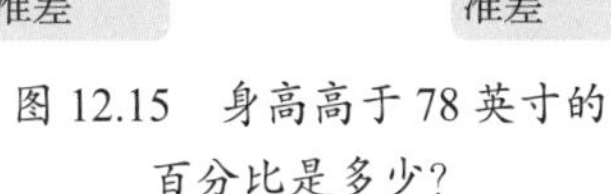
图 12.15　身高高于 78 英寸的百分比是多少？

☑ **检查点 2**　使用图 12.13 中的成年男性身高的正态分布求出

下列北美男性身高占总体的百分比：

a. 位于 62～78 英寸之间。 b. 位于 70～78 英寸之间。

c. 高于 74 英寸。

因为北美成年男性身高近似符合正态分布，其中平均数是 70 英寸，标准差是 4 英寸，所以 78 英寸的身高位于平均数加上 2 倍标准差的区间。在正态分布中，z 分数描述一个特定的数据项高于或低于平均数多少倍标准差。因此，数据项 78 的 z 分数是 2。

我们可以使用下列公式将正态分布中的数据项转换成 z 分数：

5 将数据项转换成 z 分数

计算 z 分数

z 分数描述正态分布中的一个特定的数据项高于或低于平均数多少倍标准差。我们可以使用下列公式计算 z 分数：

$$z\text{分数} = \frac{\text{数据项} - \text{平均数}}{\text{标准差}}$$

高于平均数的数据项的 z 分数是正数，低于平均数的数据项的 z 分数是负数。平均数的 z 分数是 0。

例 3 计算 z 分数

新生儿的平均体重是 7 磅，标准差是 0.8 磅。新生儿的体重符合正态分布。求出下列体重的 z 分数。

a. 9 磅　　b. 7 磅　　c. 6 磅

解答

我们通过使用 z 分数的公式计算每一个小题中体重的 z 分数。平均体重是 7 磅，标准差是 0.8 磅。

a. 9 磅体重的 z 分数记作 z_9。

$$z_9 = \frac{\text{数据项} - \text{平均数}}{\text{标准差}} = \frac{9-7}{0.8} = \frac{2}{0.8} = 2.5$$

高于平均数的数据项的 z 分数总是正数。一个体重是 9 磅的新生儿有点肥嘟嘟的，等于平均体重加上 2.5 倍标准差。

b. 7 磅体重的 z 分数记作 z_7。

$$z_7=\frac{数据项-平均数}{标准差}=\frac{7-7}{0.8}=\frac{0}{0.8}=0$$

平均数的 z 分数总是 0。一个 7 磅新生儿的体重刚好是平均数，既不高于平均数也不低于平均数。

c. 6 磅体重的 z 分数记作 z_6。

$$z_6=\frac{数据项-平均数}{标准差}=\frac{6-7}{0.8}=\frac{-1}{0.8}=-1.25$$

低于平均数的数据项的 z 分数总是负数。一个 6 磅新生儿的体重等于平均体重减去 1.25 倍标准差。

图 12.16 显示了新生儿体重的正态分布。横轴标注了体重和 z 分数。

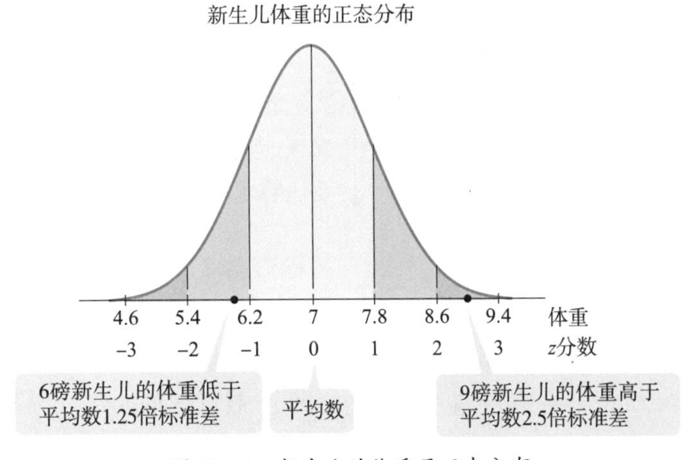

图 12.16　新生儿的体重呈正态分布

☑ **检查点 3**　马从怀孕到出生的妊娠时间长度是正态分布，平均数是 336 天，标准差是 3 天。求下列妊娠时间的 z 分数：

a. 342 天　　b. 336 天　　c. 333 天

在例 4 中，我们考虑两个正态分布的测试分数集合，其中分数越高表示结果越好。为了比较两个不同的考试与平均分数的关系，我们可以使用 z 分数。数据项的 z 分数越高越好。

例 4 使用并解读 z 分数

一名学生在算术测试上得了 70 分，词汇测试上得了 66 分。这两场测试的分数都符合正态分布。算术测试的平均数是 60 分，标准差是 20 分。词汇测试的平均数是 60 分，标准差是 2 分。这名学生在哪一场测试上表现更好？

解答

要想回答这个问题，我们需要求出这名学生在每一场测试的 z 分数，使用公式

$$z\text{分数}=\frac{\text{数据项}-\text{平均数}}{\text{标准差}}$$

算术测试的平均数是 60 分，标准差是 20 分。

$$70\text{分的}z\text{分数}=\frac{70-60}{20}=\frac{10}{20}=0.5$$

词汇测试的平均数是 60 分，标准差是 2 分。

$$66\text{分的}z\text{分数}=\frac{66-60}{2}=\frac{6}{2}=3$$

算术成绩 70 分是平均数加上 0.5 倍标准差，而词汇成绩 66 分是平均数加上 3 倍标准差。因此，这名学生的词汇成绩要比算术成绩好得多。

☑ **检查点 4** SAT（学术能力倾向测试）的平均数为 500，标准差为 100。ACT（美国大学考试）的平均数是 18，标准差是 6。这两种测试测试的是同一种能力，分数都符合正态分布。假设你的 SAT 成绩是 550 分，ACT 成绩是 24 分。哪一次考试的分数比较好？

例 5 理解 z 分数

斯坦福 - 比奈智力测验得出的 IQ 符合正态分布，平均数为 100，标准差为 16。

a. z 分数是 -1.5 的 IQ 应该是多少？

b. 门萨是由一群高 IQ 的人组成的，他们在斯坦福 - 比奈智力测验中得出的 z 分数是 2.05 或以上。z 分数是 2.05 的 IQ 应该是多少？

布利策补充

IQ 争议

智力是我们与生俱来的，还是一种可以通过教育来控制的特质？它可以被精确地测量吗？可以用 IQ 来测量吗？这些问题没有明确的答案。

在卡罗琳·伯德的一项研究中（*Pygmalion in the Classroom*），一组三年级教师被告知，他们班上的学生 IQ 远高于平均水平。这些班级在这一年中取得了令人难以置信的进步。事实上，这些孩子都不是天才，而是随机抽取的三年级学生。是老师的期望，而不是学生的智商，导致了学生成绩提高。

解答

a. 我们从 z 分数是 −1.5 的 IQ 开始入手。−1.5 中的负号告诉我们，这个 IQ 是平均数减去 1.5 倍标准差。

$$\text{IQ} = \text{平均数} - 1.5 \cdot \text{标准差} = 100 - 1.5(16) = 100 - 24 = 76$$

z 分数是 −1.5 的 IQ 是 76。

b. 下面，我们来计算 z 分数是 2.05 的 IQ。2.05 中暗含的正号告诉我们，这个 IQ 是平均数加上 2.05 倍标准差。

$$\text{IQ} = \text{平均数} + 2.05 \cdot \text{标准差} = 100 + 2.05(16) = 100 + 32.8 = 132.8$$

z 分数是 2.05 的 IQ 是 132.8。（IQ 至少为 133 才能加入门萨。）

☑ **检查点 5** 使用例 5 中的信息求出下列 z 分数对应的 IQ：

a. −2.25 b. 1.75

---

6 理解百分位数和四分位数

百分位数和四分位数

z 分数度量一个数据项在正态分布中的位置。另一种度量数据项在正态分布中的位置的方式是**百分位数**。百分位数通常与标准化测试的分数有关。如果一个分数位于第 45 个百分位数，那么 45% 的分数要低于这个分数。如果一个分数位于第 95 个百分位数，那么 95% 的分数要低于这个分数。

百分位数

如果一个分布的 n% 的数据项要比一个特定的数据项少，那么这个数据项就是该分布的**第 n 个百分位数**。

例 6 解读百分位数

门萨俱乐部的 IQ 门槛是 132.8，位于第 98 个百分数。这是什么意思？

解答

因为 132.8 是第 98 个百分位数，所以有 98% 的 IQ 低于 132.8。注意：分数是第 98 个百分位数既不意味着 98% 的答案是正确的，也不意味着分数是 98%。

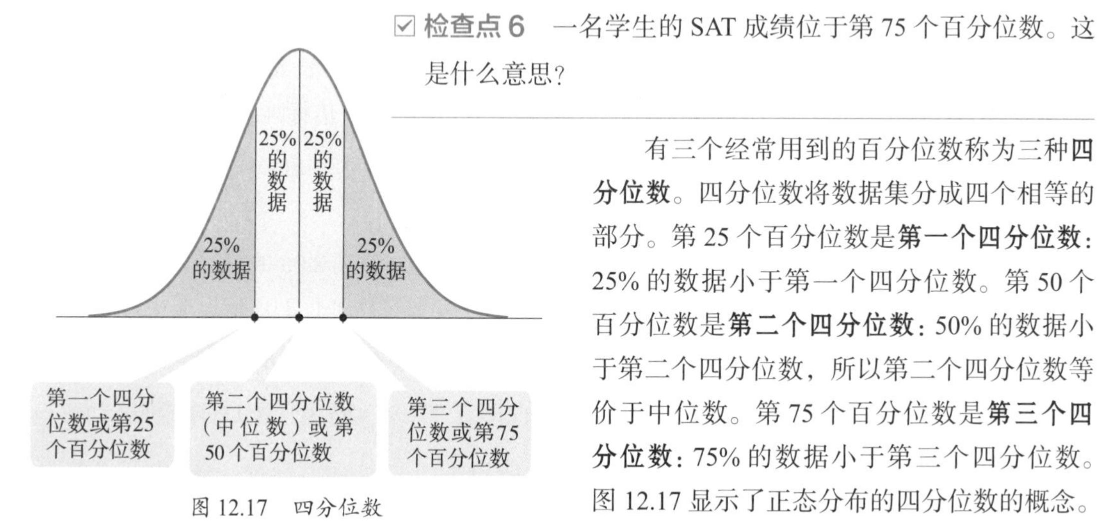

图 12.17 四分位数

☑ **检查点 6** 一名学生的 SAT 成绩位于第 75 个百分位数。这是什么意思？

有三个经常用到的百分位数称为三种**四分位数**。四分位数将数据集分成四个相等的部分。第 25 个百分位数是**第一个四分位数**：25% 的数据小于第一个四分位数。第 50 个百分位数是**第二个四分位数**：50% 的数据小于第二个四分位数，所以第二个四分位数等价于中位数。第 75 个百分位数是**第三个四分位数**：75% 的数据小于第三个四分位数。图 12.17 显示了正态分布的四分位数的概念。

7 使用并解读误差幅度

民意调查与误差幅度

什么活动会让美国人感到害怕？在一项随机抽取 1 000 名美国成年人的调查中，有 46% 的受访者回答了“公共演讲。”问题在于，这只是一个单一的随机样本。整个美国有 46% 的人害怕公共演讲吗？

统计学家使用正态分布的特性来估算从单个样本得到的结果反映总体真实情况的概率。如果你查看如图 12.18 所示的民意调查的结果，你将观察到报告的误差幅度。民意调查和民意测验通常会给出误差幅度。下面我们来利用对正态分布的理解来学习如何计算和解释误差幅度。

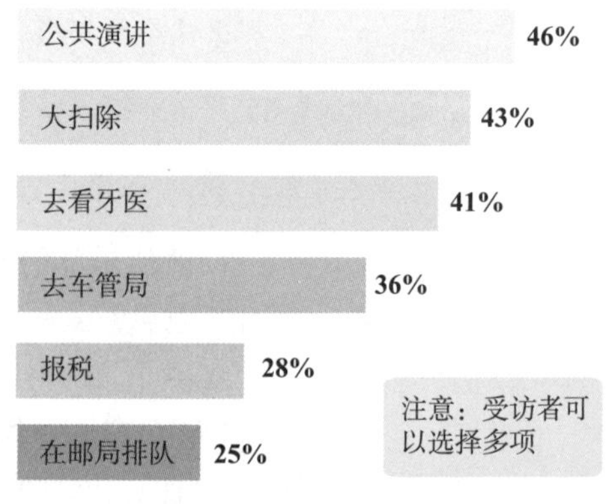

图 12.18 美国成年人害怕的活动

来源：TNS survey of 1000 adults, March 2010

注意误差幅度

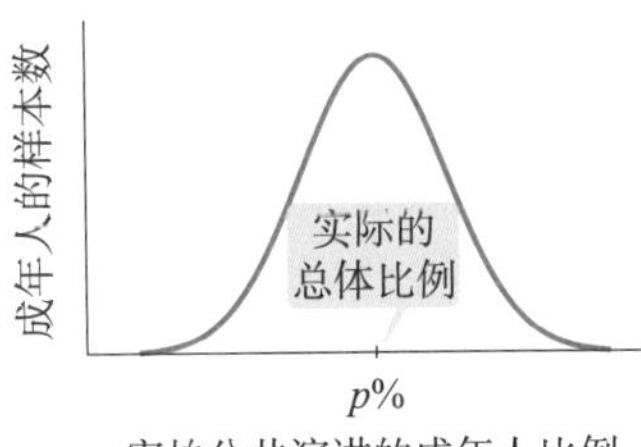

图 12.19 害怕公共演讲的美国成年人的比例

假设全体美国成年人中有 $p\%$ 害怕公共演讲。我们不仅仅随机抽取 1 000 名成年人的样本，而是重复随机抽取 1 000 名成年人样本数百次。然后，我们计算每一个样本中成年人害怕公共演讲的比例。我们使用随机抽样的方法，期望求出来的比例接近 $p\%$，大部分比例都是接近 $p\%$ 的。图 12.19 显示了数百个样本中美国成年人害怕公共演讲的比例可以用正态分布建模。这个正态分布的平均数就是实际的总体比例 $p\%$，也是样本中最经常出现的结果。

数学家已经证明了，图 12.19 中那样的样本的正态分布的标准差大约是 $\frac{1}{2\sqrt{n}}\times100\%$，其中 n 表示样本量。根据 68-95-99.7 法则，大约有 95% 的样本的比例位于实际总体比例 $p\%$ 加上或减去 2 倍标准差的区间内。

$$2倍的标准差 = 2\cdot\frac{1}{2\sqrt{n}}\times100\% = \frac{1}{\sqrt{n}}\times100\%$$

如果我们使用的单一随机样本的大小是 n，那么大约有 95% 的样本的比例位于实际的总体比例 $p\%$ 加上或减去 2 倍标准差$\left(即\frac{1}{\sqrt{n}}\times100\%\right)$的区间内。我们有 95% 的概率确信，实际总体比例位于下面两数之间：

$$样本比例 - \frac{1}{\sqrt{n}}\times100\%$$

和

$$样本比例 + \frac{1}{\sqrt{n}}\times100\%$$

我们将 $\pm\frac{1}{\sqrt{n}}\times100\%$ 称为**误差幅度**。

调查中的误差幅度

如果我们使用的单一随机样本的大小是 n，那么大约有 95% 的样本的比例位于实际总体比例 $p\%$ 加上或减去 2 倍标准差$\left(即\frac{1}{\sqrt{n}}\times100\%\right)$的区间内，其中 $\pm\frac{1}{\sqrt{n}}\times100\%$ 称为**误差幅度**。

表 12.15 美国成年人害怕的活动

活动	感到害怕的比例
公共演讲	46%
大扫除	43%
去看牙医	41%
去车管局	36%
报税	28%
在邮局排队	25%

来源：TNS survey of 1000 adults, March 2010

例 7 使用并解读误差幅度

表 12.15 显示了，在一个 1 000 名美国人的随机样本中，46% 的人回答他们害怕公共演讲。

a. 验证这个调查给出的误差幅度。

b. 解释一下美国成年人中害怕公开演讲的比例。

解答

a. 样本量 n=1 000。误差幅度等于

$$\pm\frac{1}{\sqrt{n}}\times 100\% = \pm\frac{1}{\sqrt{1\ 000}}\times 100\% \approx \pm 0.032\times 100\% = \pm 3.2\%$$

b. 我们有 95% 的概率确信，实际总体比例位于下面两数之间：

$$\text{样本比例} - \frac{1}{\sqrt{n}}\times 100\% = 46\% - 3.2\% = 42.8\%$$

和

$$\text{样本比例} + \frac{1}{\sqrt{n}}\times 100\% = 46\% + 3.2\% = 49.2\%$$

我们有 95% 的概率确信，所有美国成年人害怕公共演讲的比例在 42.8% 和 49.2% 之间。

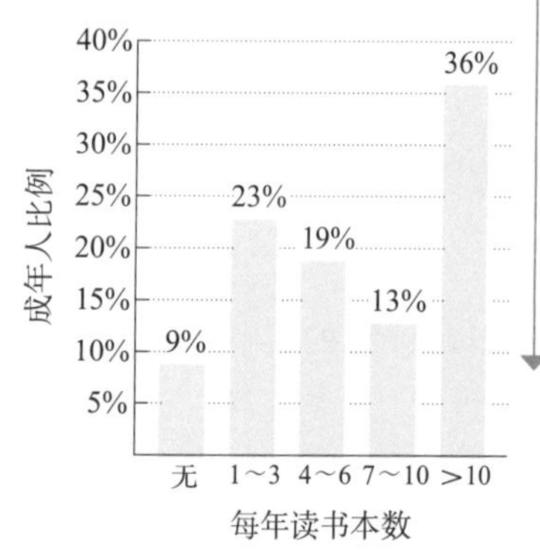

图 12.20 美国成年人每年读书量

来源：Harris Poll of 2513 U.S. adults ages 18 and older

☑ **检查点 7** 一项哈里斯民意调查问了 2 513 名 18 岁及以上的美国成年人这样的问题：

你一年读多少本书？

民意调查的结果如图 12.20 所示。

a. 求出这项调查的误差幅度，保留百分数的两位小数。

b. 解读每年读超过 10 本书的美国成年人的比例。

c. 为什么有些人可能会不诚实地回答这项调查的问题？

布利策补充

民意调查准确性的真实情况的提醒

与精确计算民意调查的误差幅度不同，某些民意调查的不完美之处无法准确地确定。一个问题在于，人们对民意调查的回应并不总是诚实和准确的。有些人不好意思说“犹豫不决”，所以他们自己编了一个答案。其他人可能会尝试以他们认为会让民意

调查者满意的方式回答问题，只是为了表现“友善”。也许下面的提醒适用于例7中的民意调查，可以让公众更真实地了解它的准确性：

在95%置信水平下，民意调查结果是42.8%到49.2%。但只有在理想情况下，我们才能有95%的信心让真实数据落在3.2%以内。由于本次投票的客观因素限制，实际误差范围可能大于3.2%，但不幸的是，这个额外的误差量无法精确计算。警告：5%的概率，即20次中的1次，误差将大于3.2%。我们提醒读者，调查中“只有”5%的概率发生的事情确实发生了。

我们怀疑公众已经听腻了这些。

8 识别非正态的分布

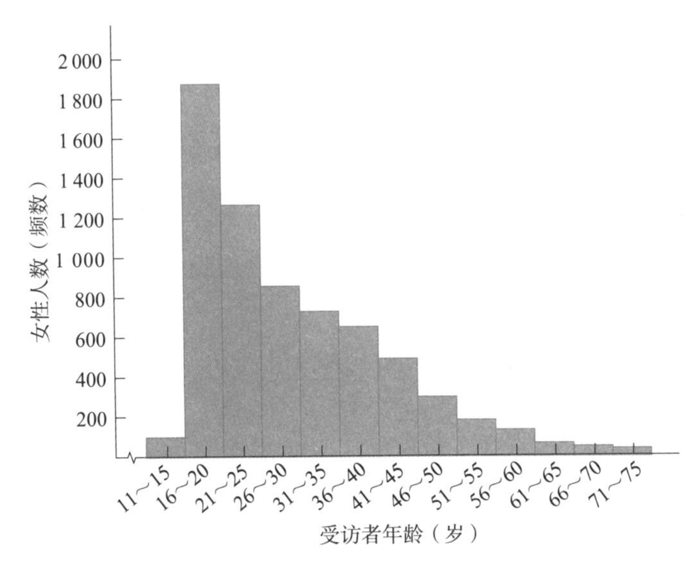

图12.21 Kinsey和他的同事采访的女性年龄直方图

其他种类的分布

虽然正态分布是所有分析数据的分布中最重要的，并不是所有的数据都可以近似于这个对称的分布，而且平均数、中位数和众数都相同的分布。

图12.21中的直方图表示Kinsey和他的同事在研究女性性行为时受访女性年龄的频数。这个分布是不对称的。受访女性最多的年龄段是16～20岁。在这之后，柱形会越来越短。较短的柱形位于右边，这表明Kinsey采访的老年女性相对较少。

在我们讨论集中趋势的度量时，提到了中位数，而不是平均数，它是用来总结收入的。图12.22说明了美国周薪的人口分布。每周的收入没有上限。相对较少的、拥有很高周薪的人往往会把平均收入拉到高于中位数的值。最常见的收入（即众数）出现在数据项的顶点。平均数、中位数和众数的值并不相同。因此，正态分布不是描述美国周薪的合适模型。

图12.22中的分布称为**偏态分布**。如果大量数据项在一端堆积，在另一端有一个“尾巴”，则数据分布是**偏态**的。在图12.22中周薪的分布中，尾部在右边。这种分布被称为**右偏态**。

好问题！

在偏态分布中，平均数与中位数之间的最重要的关系是什么？

如果数据向右偏，那么平均数大于中位数。如果数据向左偏，那么平均数小于中位数。

与周薪的分布相比，图 12.23 中的分布在横轴的高端比低端有更多的数据项。这个分布的尾部在左边。这种分布被称为**左偏态**。在许多大学里，一个左偏态的例子基于学生对教师教学表现的评价。大多数教授的评分都很高，只有少数教授的评分很低。这些低评分将平均数拉低至中位数以下。

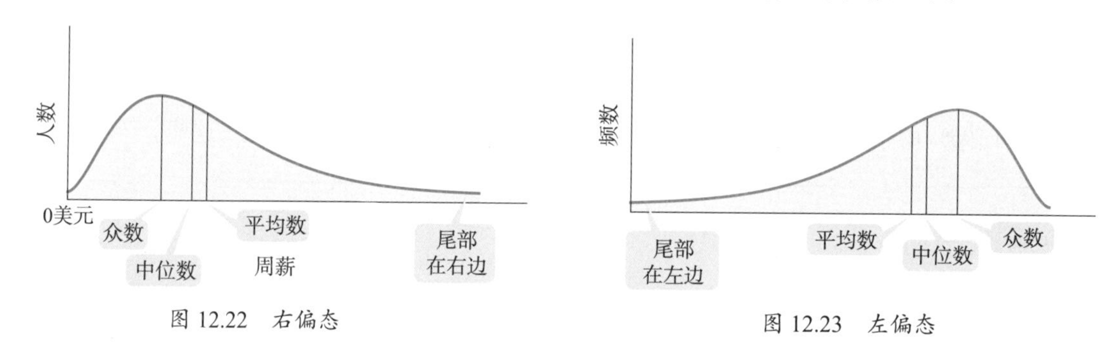

图 12.22　右偏态

图 12.23　左偏态

12.5 正态分布的问题求解

学习目标

学完本节之后，你应该能够：

解决涉及正态分布的应用问题。

我们已经知道了，北美成年男性的身高近似符合正态分布，平均数是 70 英寸，标准差是 4 英寸。假设我们对身高低于 80 英寸的男性所占比例感兴趣：

$$z_{80}=\frac{\text{数据项}-\text{平均数}}{\text{标准差}}=\frac{80-70}{4}=\frac{10}{4}=2.5$$

因为 z 分数不是一个整数，所以 68-95-99.7 法则并不适用于求出身高低于平均数加上 2.5 倍标准差的男性的所占比例。在本节中，我们将使用一张包含无数 z 分数及其百分位数来解决大量涉及正态分布的问题。

解决涉及正态分布的应用问题

使用 z 分数与百分位数解决问题

表 12.16 给出了 z 分数的百分位数解释。

表 12.16　z 分数和百分位数

z 分数	百分位数	z 分数	百分位数	z 分数	百分位数	z 分数	百分位数
−4.0	0.003	−1.0	15.87	0.0	50.00	1.1	86.43
−3.5	0.02	−0.95	17.11	0.05	51.99	1.2	88.49
−3.0	0.13	−0.90	18.41	0.10	53.98	1.3	90.32

（续）

z 分数	百分位数	z 分数	百分位数	z 分数	百分位数	z 分数	百分位数
−2.9	0.19	−0.85	19.77	0.15	55.96	1.4	91.92
−2.8	0.26	−0.80	21.19	0.20	57.93	1.5	93.32
−2.7	0.35	−0.75	22.66	0.25	59.87	1.6	94.52
−2.6	0.47	−0.70	24.20	0.30	61.79	1.7	95.54
−2.5	0.62	−0.65	25.78	0.35	63.68	1.8	96.41
−2.4	0.82	−0.60	27.43	0.40	65.54	1.9	97.13
−2.3	1.07	−0.55	29.12	0.45	67.36	2.0	97.72
−2.2	1.39	−0.50	30.85	0.50	69.15	2.1	98.21
−2.1	1.79	−0.45	32.64	0.55	70.88	2.2	98.61
−2.0	2.28	−0.40	34.46	0.60	72.57	2.3	98.93
−1.9	2.87	−0.35	36.32	0.65	74.22	2.4	99.18
−1.8	3.59	−0.30	38.21	0.70	75.80	2.5	99.38
−1.7	4.46	−0.25	40.13	0.75	77.34	2.6	99.53
−1.6	5.48	−0.20	42.07	0.80	78.81	2.7	99.65
−1.5	6.68	−0.15	44.04	0.85	80.23	2.8	99.74
−1.4	8.08	−0.10	46.02	0.90	81.59	2.9	99.81
−1.3	9.68	−0.05	48.01	0.95	82.89	3.0	99.87
−1.2	11.51	0.0	50.00	1.0	84.13	3.5	99.98
−1.1	13.57					4.0	99.997

来自表 12.16 的两项

z 分数	百分位数
2.5	99.38
0.0	50.00

左侧节选了表格的一部分，我们可以看出，2.5 的 z 分数对应的百分位数是 99.38。因此，99.38% 的北美成年男性的身高低于 80 英寸，或 z=2.5。

在正态分布中，平均数、中位数、众数的 z 分数都是 0。表 12.16 显示了 z 分数是 0 的百分位数是 50.00。因此，正态分布中 50% 的数据项低于平均数、中位数和众数。同样地，正态分布中 50% 的数据项高于平均数、中位数和众数。

我们可以使用表 12.16 来求出正态分布中小于任意数据项的数据项所占比例。我们先将数据项转换成 z 分数，然后使用上面的表格找出这个 z 分数的百分位数。这个百分位数就是问题中小于任意数据项的数据项所占比例。

例 1 求出小于给定数据项的所占比例

根据卫生与教育部，胆固醇含量呈正态分布。对于 18～24 岁的男性，胆固醇含量的平均数是 178.1（单位是 1 毫克每 100 毫升），标准差是 40.7。在这个年龄段中，胆固醇含量低于 239.15 的男性所占比例是多少？

解答

如果你了解自己的胆固醇含量，应该知道 239.15 对于年轻男性而言相当的高。因此，我们可以假设大部分男性的胆固醇含量要低于 239.15。我们来验证一下。表 12.16 需要我们使用 z 分数。我们使用 z 分数的公式来计算 239.15 的 z 分数。

$$z_{239.15}=\frac{\text{数据项}-\text{平均数}}{\text{标准差}}=\frac{239.15-178.1}{40.7}=\frac{61.05}{40.7}=1.5$$

表 12.16 的一部分

z 分数	百分位数
1.4	91.92
1.5	93.32
1.6	94.52

18～24 岁男性的 239.15 的胆固醇含量是平均数加上 1.5 倍标准差，如图 12.24a 所示。图中的问号表明，我们必须求出胆固醇含量低于 239.15 的男性所占比例是多少，即低于 z=1.5 的所占比例。表 12.16 给出了这个比例的百分位数。我们在左侧表格中找出 1.5 对应的百分位数是 93.32。因此，胆固醇含量低于 239.15 的男性所占比例是 93.32%，如图 12.24b 所示。

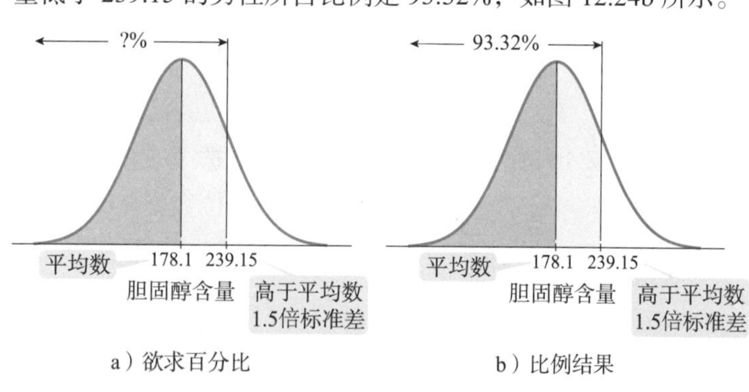

a）欲求百分比　　b）比例结果

图 12.24

☑ **检查点 1** 美国手机套餐的月费分布近似符合正态分布，平均数为 62 美元，标准差为 18 美元。月费低于 83.60 美元的套餐占多大比例？

正态分布适用于所有数据项，即 100% 的 z 分数。也就是说，表 12.16 也可以用于求出正态分布中大于给定数据项的所

占比例。我们使用表格中的百分位数求出小于给定数据项的所占比例，然后再用 100% 减去这个比例，我们就求出了大于给定数据项的所占比例。在使用这个方法的时候，我们将“大于”和“大于或等于”等价处理。

例 2　求出大于给定数据项的所占比例

女性的妊娠时长近似符合正态分布，平均数是 266 天，标准差是 16 天。妊娠时长超过 274 天的女性所占比例是多少？

解答

表 12.16 需要我们使用 z 分数。我们使用 z 分数的公式来计算 274 天的 z 分数。

$$z_{274}=\frac{\text{数据项}-\text{平均数}}{\text{标准差}}=\frac{274-266}{16}=\frac{8}{16}=0.5$$

274 天的妊娠时长是平均数加上 0.5 倍标准差。根据表 12.16，0.50 对应的百分位数是 69.15。也就是说，69.15% 的女性妊娠时长少于 274 天，如图 12.25 所示。我们必须通过 100% 减去 69.15%，求出妊娠时长超过 274 天的女性所占比例是多少：

$$100\%-69.15\%=30.85\%$$

因此，妊娠时长超过 274 天的女性所占比例是 30.85%。

表 12.16 的一部分

z 分数	百分位数
0.45	67.36
0.50	69.15
0.55	70.88

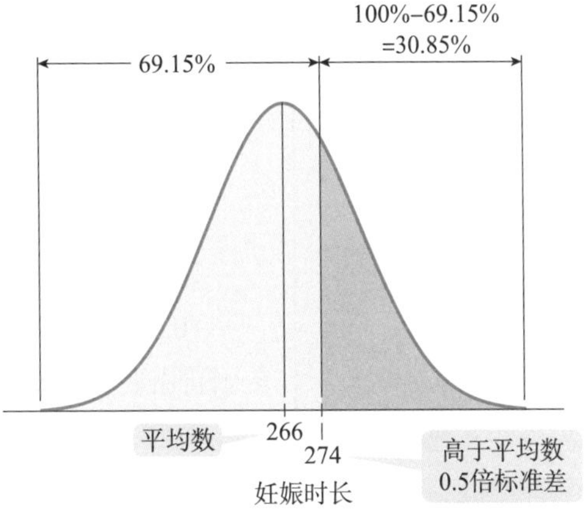

图 12.25

☑ **检查点 2**　北美成年女性的身高近似符合正态分布，平均数是 65 英寸，标准差是 3.5 英寸。北美成年女性身高超过 69.9 英寸的比例是多少？

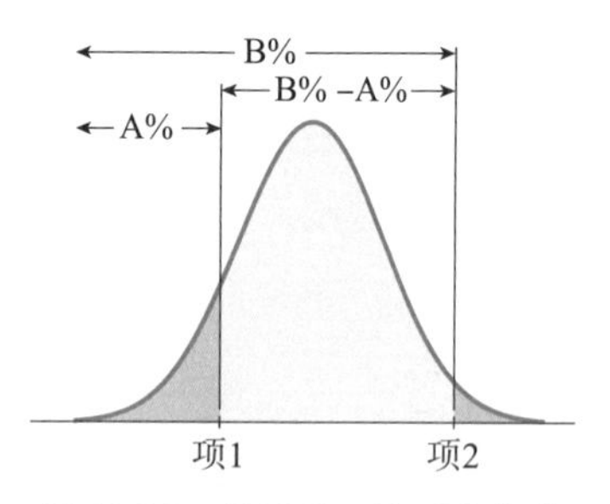

图 12.26 数据项 1 的百分位数是 A，数据项 2 的百分位数是 B，数据项 1 和 2 之间的比例为 B%−A%

我们已经学过了如何使用表 12.16 求出高于或低于某个特定数据项的数据项所占比例。我们还可以用这张表格求出处于两个数据项之间的数据项的比例。因为每一个数据项的百分位数都是小于给定数据项的比例，两个数据项之间的数据项的比例就是较大的比例减去较小的比例，如图 12.26 所示。

求出正态分布中处于两个给定数据项之间的数据项的比例

1. 将每一个给定的数据项转换成 z 分数：

$$z=\frac{\text{数据项}-\text{平均数}}{\text{标准差}}$$

2. 使用表 12.16 求出第一步中每一个 z 分数对应的百分位数。
3. 较大的百分位数减去较小的百分位数，并加上百分号。

例 3 求出处于两个给定数据项之间的数据项的比例

美国自由职业者每周工作的时间近似符合正态分布，平均数是 44.6 小时，标准差是 14.4 小时。美国自由职业者每周工作时长在 37.4 和 80.6 小时之间的比例是多少？

解答

第 1 步 将给定数据项转换成 z 分数。

$$z_{37.4}=\frac{\text{数据项}-\text{平均数}}{\text{标准差}}=\frac{37.4-44.6}{14.4}=\frac{-7.2}{14.4}=-0.5$$

$$z_{80.6}=\frac{\text{数据项}-\text{平均数}}{\text{标准差}}=\frac{80.6-44.6}{14.4}=\frac{36}{14.4}=2.5$$

第 2 步 使用表 12.16 求出上面的 z 分数对应的百分位数。

−0.50 对应的百分位数是 30.85，这就意味着有 30.85% 的美国自由职业者每周工作时间小于 37.4 小时。

表 12.16 还给出了 2.5 对应的百分位数是 99.38，这就意味着有 99.38% 的美国自由职业者每周工作时间小于 80.6 小时。

第 3 步 较大的百分位数减去较小的百分位数，并加上百分号。将这两个百分位数相减，我们得到了：

$$99.38-30.85=68.53$$

因此，有 68.53% 的美国自由职业者每周工作时间在 37.4 至 80.6 小时之间。这个解如图 12.27 所示。

表 12.16 的一部分

z 分数	百分位数
−0.55	29.12
−0.50	30.85
−0.45	32.64

z 分数	百分位数
2.4	99.18
2.5	99.38
2.6	99.53

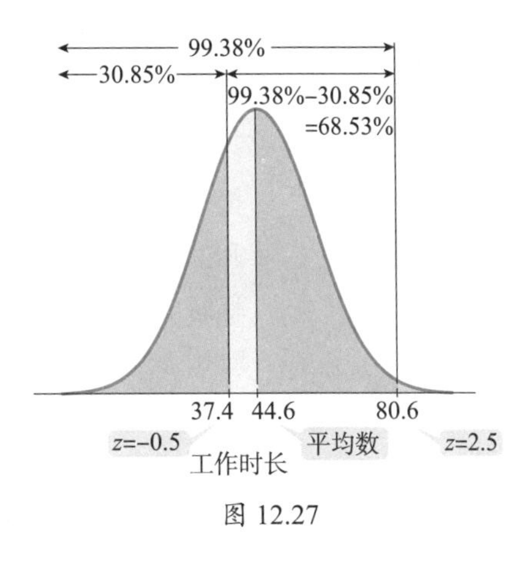

图 12.27

☑ **检查点 3** 冰箱的寿命近似符合正态分布，平均数是 14 年，标准差是 2.5 年。冰箱寿命在 11 年至 18 年之间的比例是多少？

例 1 至例 3 的研究汇总如下：

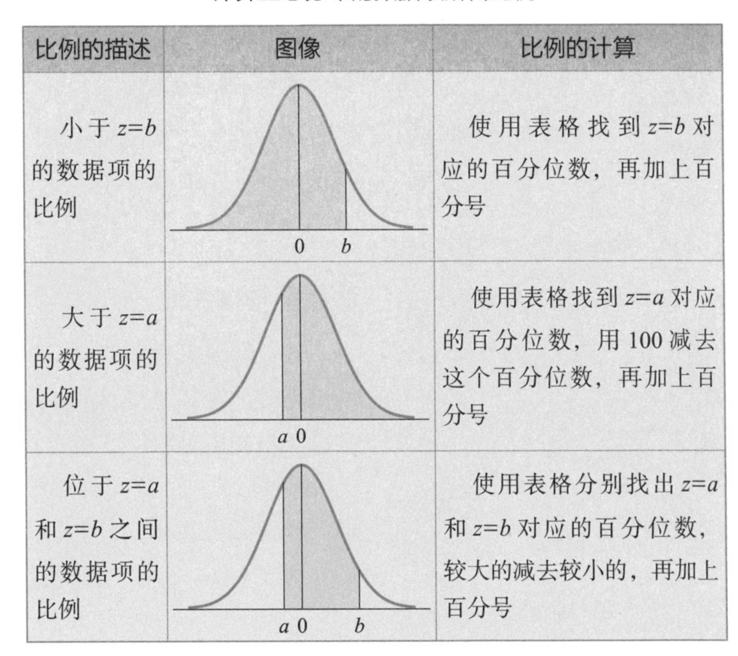

计算正态分布的数据项所占比例

比例的描述	图像	比例的计算
小于 $z=b$ 的数据项的比例	0 b	使用表格找到 $z=b$ 对应的百分位数，再加上百分号
大于 $z=a$ 的数据项的比例	a 0	使用表格找到 $z=a$ 对应的百分位数，用 100 减去这个百分位数，再加上百分号
位于 $z=a$ 和 $z=b$ 之间的数据项的比例	a 0 b	使用表格分别找出 $z=a$ 和 $z=b$ 对应的百分位数，较大的减去较小的，再加上百分号

12.6 散点图、相关性和回归线

学习目标

学完本节之后，你应该能够：

1. 制作数据项表格的散点图。
2. 解读散点图中的信息。
3. 计算相关系数。
4. 写回归线的方程。
5. 使用样本的相关系数判断总体中是否有相关关系。

这些总统吞云吐雾的照片表明白宫并非一直都是禁烟区。根据 *Cigar Aficionado*，几乎一半的美国总统都有吸烟、抽烟斗和抽雪茄的嗜好。富兰克林·罗斯福拿烟嘴的时髦方式是他神秘感的一部分。尽管德怀特·艾森豪威尔在上任前就戒掉了战时每天吸四包烟的习惯，但在官邸内吸烟仍然很普遍，国宴桌上会有烟灰缸，客人可以免费吸烟。1993 年，虽然希拉里·克林顿禁止在白宫内吸烟，但是后来比尔·克林顿的雪茄在莱温斯基丑闻中又出现了。巴拉克·奥巴马在入主白宫之前就戒烟了，但他在接受媒体采访时承认，自己“偶尔会烟瘾复发”。

白宫内外对吸烟态度的转变可以追溯至 1964 年，这是一个包含两个变量的方程。为了理解这一公共卫生转折点背后的数学原理，我们需要探索涉及两个变量的数据收集情况。

到目前为止，在本章中，我们已经研究了数据集涉及单一变量的情况，如身高、体重、胆固醇水平和妊娠时长。相比之下，1964 年的研究从 11 个国家收集了两个变量的数据——每个成年男性的年香烟消费量和每百万男性的肺癌死亡人数。在本节中，我们将考虑对于每个随机选择的人或事物有两个数据项的情况。我们感兴趣的是确定这两个变量之间是否存在关系，如果存在，那么确定这种关系的强度。

1 制作数据项表格的散点图

散点图与相关性

教育和偏见之间有关系吗？随着教育水平的提高，一个人的偏见程度会降低吗？请注意，我们感兴趣的是两个量——受教育年限和偏见程度。在我们的样本中，我们将记录每个人在学校接受教育的年限和偏见测试的得分。在 1 到 10 分的测试中，得分越高偏见越强。我们用 x 表示受教育年限，用 y 表示衡量偏见的测试分数，表 12.17 显示了随机抽样 10 人的这两个量。

表 12.17 在 10 人的样本中记录两个量

受试者	A	B	C	D	E	F	G	H	I	J
受教育年限 (x)	12	5	14	13	8	10	16	11	12	4
偏见测试得分 (y)	1	7	2	3	5	4	1	2	3	10

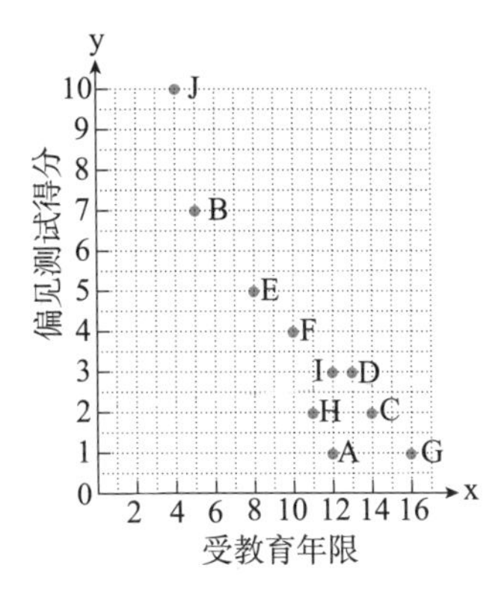

图 12.28 教育 – 偏见数据散点图

当我们为样本中的每个人或对象收集两个数据项时，可以使用散点图直观地显示这些数据项。**散点图**是数据点的集合，每个人或对象为一个数据点。我们可以绘制表 12.17 中数据的散点图，横轴表示受教育年限，纵轴表示偏见测试得分。然后，我们用图表上的一个点来代表十位受试者。例如，受试者 A 的点在横轴上对应 12 年的教育，在纵轴上对应 1 的偏见测试得分。我们在直角坐标系中绘制 10 个数据得到散点图，如图 12.28 所示。

如图 12.28 所示的散点图可以用来确定两个量是否相关。如果有明确的关系，这些量就是**相关的**。散点图显示数据点呈下降趋势，但也有一些例外。受教育程度越高的人在衡量偏见的测试中往往得分越低。**相关性**是用来确定两个变量之间是否存在相关关系，如果存在，那么确定这种关系的强度和方向。

相关性与因果关系

当数据项显示在散点图上时，经常可以看到相关性。虽然图 12.28 中的散点图表明了教育程度和偏见之间的相关性，但我们不能得出教育程度的提高会导致一个人的偏见程度降低的结论。至少有三种可能的解释：

1. 受教育程度的提高和偏见程度的降低之间的相关关系只是一个巧合。
2. 学校教育中教室有不同性格的人。随着教育程度的提高，对不同性格的人的接触也会增加，这可能是偏见程度降低的潜在因素。
3. 教育是学习知识的过程，需要人们寻找新想法，并且从不同的角度看待事物。因此，教育让人们更具忍耐性，这可能会降低偏见的程度。

这里列出的代表了三种可能性。也许你可以提出一种更好的解释，解释关于受教育程度提高和偏见程度降低

即使两者之间存在很强的相关性，但是要证明一件事导致另一件事是极其困难的。例如，随着气温的升高，在海滩上被水母蜇伤的人数也会增加。这并不意味着气温升高会导致更多的人被蜇。这可能意味着，因为天气更热，更多的人进入水中。随着游泳人数的增加，更多的人可能会被蜇伤。简而言之，相关性并不一定是因果关系。

2 解读散点图中的信息

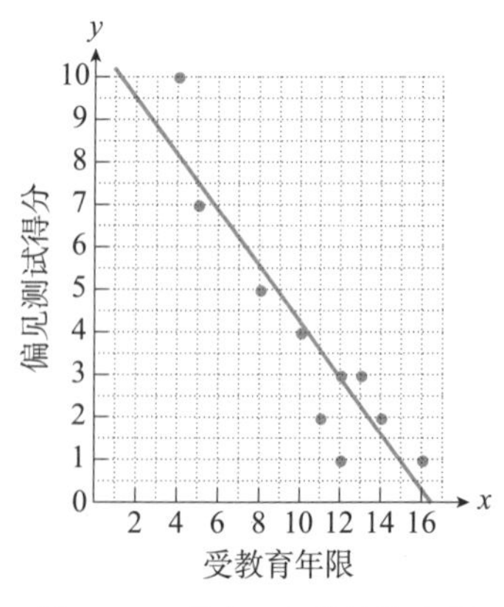

图 12.29 带有回归线的散点图

回归线和相关系数

图 12.29 显示了教育 - 偏见数据的散点图。图中还显示了一条直线，似乎可以近似地“拟合”数据点。大多数数据点不是靠近这条线就是在这条线上。一条最优拟合散点图数据点的线称为**回归线**。回归线是一种特殊的线，它周围的数据点的分布尽可能小。

用来描述数据点在一条线上或附近的变量之间关系的强度和方向的一种度量方法称为**相关系数**，用 r 表示。图 12.30 显示了散点图和相关系数。如图 12.30a、b 和 c 所示，如果变量趋向于同时增加或减少，则它们是**正相关**的。相比之下，如果一个变量呈下降趋势，另一个变量呈上升趋势，则各变量呈**负相关**，如图 12.30e、f 和 g 所示。图 12.30 表明，相关系数 r 在 −1 到 1 之间，包括 −1 和 1 在内。图 12.30a 显示值为 1，这表明了一种**完全正相关**，散点图中的所有点都精确地位于从左到右上升的回归线上。图 12.30g 显示了 −1 的值，这表明了一个**完全负相关**，散点图中的所有点都精确地位于从左到右的回归线上。

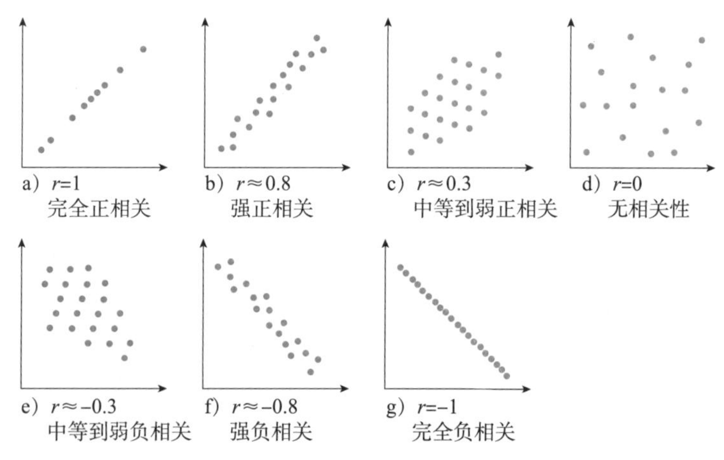

图 12.30 散点图和相关系数

再看一下图 12.30。如果 r 在 0 和 1 之间，如 b 和 c，这两个变量是正相关的，但不是完全的。虽然所有数据点都不在回归线上（如 a），但一个变量的增加往往伴随着另一个变量的增加。图 12.30 也说明了负相关。如果 r 在 0 和 −1 之间（如 e 和 f）则这两个变量是负相关的，但不是完全的。虽然所有数据点都不在回归线上（如 g）但一个变量的增加往往伴随着另一个变量的减少。

布利策补充

使用相关系数的益处

- 佛罗里达的一项研究表明汽艇的数量和海牛的死亡数量之间存在着高度的正相关。许多死亡事件被认为是由船只的螺旋桨划伤海牛的身体造成的。在这项研究的基础上，佛罗里达州设立了禁止汽艇的沿海保护区，这样这些漂浮在水面下的大型温和哺乳动物就可以茁壮成长。
- 研究人员研究了精神病患者从精神病院出院后如何重新适应他们的社区。患者的吸引力与出院后的社会适应呈中度正相关（$r = 0.38$）。长得好看的病人生活状况更好。研究人员指出，外表吸引力在病人适应社区生活过程中起着重要作用，因为长得好看的人往往比相貌普通的人受到更好的对待。

例 1 解读相关系数

在 1971 年一项涉及 232 名受试者的研究中，研究人员发现受试者的压力水平与他们生病的频率之间存在联系。本研究的相关系数为 0.32。这是否表明压力和疾病之间有很强的关系？

解答

相关系数 $r = 0.32$ 表示随着压力的增加，患病的频率也有增加的趋势。然而，0.32 只是一个中等的相关性，如图 12.30c 所示。根据这项研究，压力和疾病之间没有很强的关系。在这项研究中，这种关系有点弱。

☑ **检查点 1** 在 1996 年一项涉及母亲和女儿肥胖的研究中，研究人员发现，女孩的高体重指数与其母亲之间存在联系。（体重指数 BMI 是衡量体重与身高比例的指标。体重指数高的人超重或肥胖。）本研究的相关系数为 0.51。这是否表明女儿的体重指数与其母亲的体重指数之间存在微弱的联系？

如何求出相关关系与回归线的方程

求相关系数和回归线方程的最简单方法是使用图形或统计计算器。图形计算器有统计菜单，使你能够为变量输入 x 和 y 数据项。根据这些信息，你可以指示计算器显示散点图、回归线方程和相关系数。

我们也可以利用公式徒手计算相关系数和回归线的方程。首先，计算相关系数。

徒手计算相关系数

下列公式用于计算相关系数 r：

$$r = \frac{n\left(\sum xy\right)-\left(\sum x\right)\left(\sum y\right)}{\sqrt{n\left(\sum x^2\right)-\left(\sum x\right)^2}\sqrt{n\left(\sum y^2\right)-\left(\sum y\right)^2}}$$

其中，

n 表示数据点（x，y）的数量

$\sum x$ 表示 x 值的和

$\sum y$ 表示 y 值的和

$\sum xy$ 表示每一个数据对 x 和 y 乘积的和

$\sum x^2$ 表示 x 值平方的和

$\sum y^2$ 表示 y 值平方的和

$\left(\sum x\right)^2$ 表示 x 值的和的平方

$\left(\sum y\right)^2$ 表示 y 值的和的平方

当你徒手计算相关系数时，记住按照下列顺序计算：

$$x \quad y \quad xy \quad x^2 \quad y^2$$

求出每一项的结果的和。然后代入公式求出 r。例 2 展示了计算教育 - 偏见测试数据的相关系数的过程。

3 计算相关系数

例 2 计算相关系数

下面是随机抽取的 10 个人的受教育年限 x 和偏见测试得分 y。在 1 到 10 分的测试中，得分越高偏见越强。求出受教育年限与偏见测试得分之间的相关系数。

受试者	A	B	C	D	E	F	G	H	I	J
受教育年限（x）	12	5	14	13	8	10	16	11	12	4
偏见测试得分（y）	1	7	2	3	5	4	1	2	3	10

解答

我们遵照上面的建议，按照顺序计算这五个量。

x	y	xy	x^2	y^2
12	1	12	144	1
5	7	35	25	49
14	2	28	196	4
13	3	39	169	9
8	5	40	64	25
10	4	40	100	16

技术

图形计算器、散点图与回归线

你可以使用图形计算器表示散点图和回归线。在输入受教育年限 x 和偏见测试得分 y 之后，计算器会显示数据的散点图和回归线。

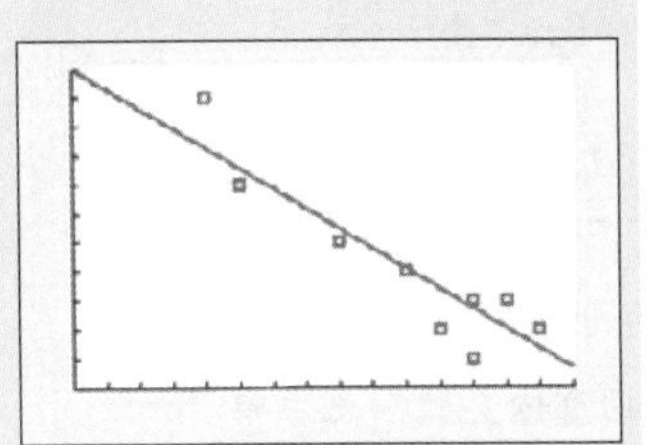

回归线的方程与相关系数 r 如下所示。斜率大约是 -0.69。这个负的斜率证明了，例 2 中两个的变量之间存在负相关。

```
LinReg
y=ax+b
a=-.6867924528
b=11.01132075
r²=.8491591468
r=-.9214983162
```

（续）

x	y	xy	x^2	y^2
16	1	16	256	1
11	2	22	121	4
12	3	36	144	9
4	10	40	16	100
$\sum x = 105$	$\sum y = 38$	$\sum xy = 308$	$\sum x^2 = 1\,235$	$\sum y^2 = 218$

我们使用上述表格计算相关系数。

相关系数公式中还有一个量没有确定，即数据点 (x, y) 的数量 n。因为 x 列和 y 列中都有 10 个数据项，所以数据点 (x, y) 的数量是 10。因此，$n = 10$。

为了计算相关系数 r，我们还需要计算 x 值的和的平方与 y 值的和的平方：

$$\left(\sum x\right)^2 = (105)^2 = 11\,025$$

$$\left(\sum y\right)^2 = (38)^2 = 1\,444$$

现在我们准备好计算相关系数 r 了。我们使用前面求出来的和，还有 $n = 10$。

$$\begin{aligned} r &= \frac{n\left(\sum xy\right) - \left(\sum x\right)\left(\sum y\right)}{\sqrt{n\left(\sum x^2\right) - \left(\sum x\right)^2}\sqrt{n\left(\sum y^2\right) - \left(\sum y\right)^2}} \\ &= \frac{10(308) - 105(38)}{\sqrt{10(1\,235) - 11\,025}\sqrt{10(218) - 1\,444}} \\ &= \frac{-910}{\sqrt{1\,325}\sqrt{736}} \\ &\approx -0.92 \end{aligned}$$

r 的值大约是 -0.92，非常接近 1，这表示相关性很强。也就是说，一个人受过教育的时间越长，这个人越不容易产生偏见（根据偏见测试得分的等级划分）。

☑ **检查点 2**　图 12.31 中的散点图显示了死亡率最高的 10 个工业化国家每 100 人拥有枪支的数量和每 100 000 人死亡的数量。使用图中显示的数据来确定这些变量之间的相关系数。四舍五入到小数点后两位。有关每 100 人拥有枪支数与每 10 万人死亡人数之间关系的强度和方向的相关系数表明了什么？

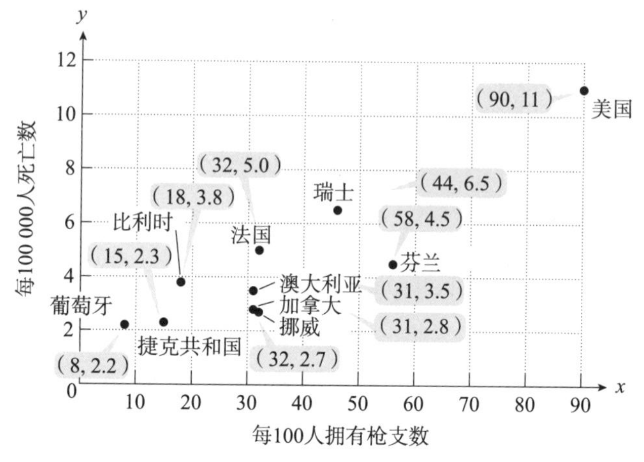

图 12.31　10 个工业化国家拥有枪支数和死亡率

来源：International Action Network on Small Arms

4 写回归线的方程

一旦我们确定了两个变量是相关的，我们就可以使用回归线方程来判断准确的关系。下面是书写最优拟合数据的回归线方程的公式：

徒手书写回归线的方程

回归线的方程是

$$y = mx + b$$

其中，

$$m = \frac{n\left(\sum xy\right) - \left(\sum x\right)\left(\sum y\right)}{n\left(\sum x^2\right) - \left(\sum x\right)^2}$$

$$b = \frac{\sum y - m\left(\sum x\right)}{n}$$

例 3 书写回归线的方程

a. 图 12.29 是例 2 中数据的散点图与回归线。使用数据求出与受教育年限和偏见测试得分有关的回归线的方程。

b. 一个受过 9 年教育的人的偏见测试得分大约会是多少？

解答

a. 我们使用例 2 中计算出来的和，从计算 m 开始。

$$m=\frac{n\left(\sum xy\right)-\left(\sum x\right)\left(\sum y\right)}{n\left(\sum x^2\right)-\left(\sum x\right)^2}=\frac{10(308)-105(38)}{10(1\ 235)-(105)^2}=\frac{-910}{1\ 325}\approx-0.69$$

相关系数是负数，因此回归线的斜率也应该是负数。这条直线从左向右下降，表明了负相关关系。

现在，我们计算 y 轴截距 b 。

$$b=\frac{\sum y-m\left(\sum x\right)}{n}=\frac{38-(-0.69)(105)}{10}=\frac{110.45}{10}\approx11.05$$

我们将 $m\approx-0.69$ 和 $b\approx11.05$ 代入回归线方程 $y=mx+b$ ，得到

$$y=-0.69x+11.05$$

其中 x 表示受教育年限， y 表示偏见测试得分。

b. 要想估算一个受过 9 年教育的人的偏见测试得分大约会是多少，我们将 9 代入回归线中的 x ：

$$y=-0.69x+11.05$$

$$y=-0.69(9)+11.05=4.84$$

一个受过 9 年教育的人的偏见测试得分大约是 4.84 。

好问题！

为什么例 3 中 $b\approx11.05$，而技术框中 $b\approx11.01$？

在例 3 中，我们在计算 b 的时候四舍五入了 m 。前文中技术框中计算器屏幕上的 b 的值更加准确。

☑ **检查点 3** 使用检查点 2 的图 12.31 中的数据，求出回归线的方程，m 和 b 保留一位小数。然后使用方程预测每 100 人持有 80 支枪支的国家的每 100 000 人死亡人数。

5 使用样本的相关系数判断总体中是否有相关关系

r 的显著水平

在例 2 中，我们计算出来的相关系数是 −0.92，因此发现了受教育年限与偏见测试得分之间存在很强的负相关关系。然而，样本的大小（ $n=10$ ）相对较小。这么小的样本大小，就

表 12.18　总体中确定相关性的值

n	α=0.05	α=0.01
4	0.950	0.990
5	0.878	0.959
6	0.811	0.917
7	0.754	0.875
8	0.707	0.834
9	0.666	0.798
10	0.632	0.765
11	0.602	0.735
12	0.576	0.708
13	0.553	0.684
14	0.532	0.661
15	0.514	0.641
16	0.497	0.623
17	0.482	0.606
18	0.468	0.590
19	0.456	0.575
20	0.444	0.561
22	0.423	0.537
27	0.381	0.487
32	0.349	0.449
37	0.325	0.418
42	0.304	0.393
47	0.288	0.372
52	0.273	0.354
62	0.250	0.325
72	0.232	0.302
82	0.217	0.283
92	0.205	0.267
102	0.195	0.254

样本大小 n 越大，总体中相关性所需的 r 值越小。

能让我们得出结论了吗？或者有没有可能受教育年限和偏见测试得分之间没有关系？也许我们得出来的结果只不过是抽样误差或者碰巧。

数学家已经确定了一些数值，以确定样本的相关系数 r 是否可以归因于总体中变量之间的关系。这些值如表 12.18 中的第二列和第三列所示。这些值取决于样本大小 n，列在表格的左侧。如果样本计算出来的相关系数的绝对值 $|r|$ 大于表格中给出来的数值，那么总体中的变量之间存在相关关系。表头是 $\alpha=0.05$ 的那一列表示 **5% 的显著性水平**，表明当统计学家认为这些变量之间存在相关关系时，有 5% 的可能性其实在总体中不存在相关关系。右边表头是 $\alpha=0.01$ 的那一列表示 **1% 的显著性水平**，表明当统计学家认为这些变量之间存在相关关系时，有 1% 的可能性其实在总体中不存在相关关系。$\alpha=0.01$ 的那一列中的数值要比 $\alpha=0.05$ 的那一列的数值大。因为有抽样误差的可能性存在，所以总是存在当我们说变量之间存在相关关系，但是其实总体中不存在这种相关关系的可能性。

例 4　判断总体中的相关关系

在例 2 中，我们计算出来 $n=10$ 的 $r=-0.92$。我们可以得出总体中受教育年限与偏见测试得分之间存在负相关的结论吗？

解答

我们从计算相关系数的绝对值开始。

$$|r|=|-0.92|=0.92$$

现在，我们观察表 12.18 中 $n=10$ 右侧的行。因为 0.92 要大于表格中的数值（0.632 和 0.765），我们可以得出在总体中受教育年限与偏见测试得分之间存在负相关的结论。（其实在总体中不存在相关关系最多有 0.01 的可能性，我们的结果归因于偶然。）

☑ **检查点 4**　如果你正确地完成了检查点 2，那么你应该求出了 $n=10$ 的 $r\approx0.89$。你可以得出对于所有工业化国家每百人持有的枪支数量与每十万人的死亡人数正相关的结论吗？

布利策补充

吸烟与肺癌

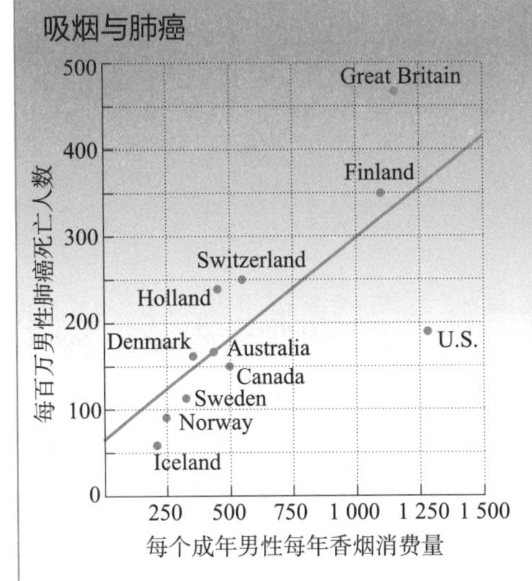

来源：*Smoking and Health*, Washington, D.C., 1964

该散点图显示了男性香烟消费量与每百万男性肺癌死亡人数之间的关系。这些数据来自 11 个国家，最早可以追溯到 1964 年美国卫生局局长的一份报告。散点图可以用一条直线来拟合，其斜率表示肺癌死亡率随着香烟消费量的增加而增加。当时，烟草业认为，尽管有这条回归线，但吸烟并不是癌症的原因。最近的数据确实表明吸烟和许多疾病之间存在因果关系。

第 13 章

选举与分配

作为自由社会的公民，我们有权利也有义务投票。我们在选举中做出的有关政治、社会、经济和环境的选择会影响我们生活的方方面面。然而，投票只是第一部分。第二部分是计算选票的方法，即民主进程的核心。

在本章中，你将学习在选举中面对两种以上的选择时，数学在寻找集体声音中所起到的作用。你将学习，谁会获胜可能不仅取决于议题和选民的偏好，还取决于计算选票的方法。有没有一种总是公平的计票方法？在探索投票理论，以及“一人一票”的理想时，你将开始理解民主制度的一些数学悖论。这将提高你作为一个有意识的公民的能力。

相关应用所在位置

我们将在前半章中研究选举方法及其数学悖论。在本章的结论部分，我们将讨论分配方法，例如如何确定每个州在美国众议院的代表人数，以及这些方法可能出现的缺陷。

13.1 选举方法

学习目标

学完本节之后，你应该能够：

1. 理解并使用排名表。
2. 使用多数选择法确定选举的胜者。
3. 使用博尔达计数法确定选举的胜者。
4. 使用多数淘汰法确定选举的胜者。
5. 使用两两比较法确定选举的胜者。

在戏剧艺术中，我们的时代是电影时代。作为个人和国民，我们与电影一起成长。我们对爱、战争、家庭、国家，甚至是那些令我们恐惧的事物的印象，很大程度上要归因于我们在屏幕上看到的东西。

为了庆祝电影制作诞生 100 周年（1896—1996），1 500 多张选票寄给了电影行业的领导者，让他们评选出美国最优秀的电影。获胜电影是《公民凯恩》(1941)。这个结果有争议吗?当然。在本节中，你将看到所使用的不同的选举方法是如何极大地影响结果的。我们从一群热爱电影并试图选举一名俱乐部主席的学生开始讨论投票理论。我们将在本节中学习这个例子。它的重要性不在于例子本身，而是在于它对在民主国家中进行公平选举的启示。

1 理解并使用排名表

如果选票不含希望，那么它将毫无意义。

——Lawrence O'Donnell，电视记者

排名表

学生电影俱乐部的主席有四名竞选者：保罗（P）、瑞塔（R）、萨拉（S）和提姆（T）。俱乐部的 37 名成员中的每一名成员不公开地投出他心目中主席的第一、第二、第三和第四人选。37 张选票如图 13.1 所示。

选票	第一	第二	第三	第四
1	P	R	S	T
2	S	R	T	P
3	R	T	S	P
4	P	R	S	T
5	R	T	S	P
6	S	R	T	P
7	R	T	S	P
8	S	R	T	P
9	P	R	S	T
10	S	R	T	P
11	P	R	S	T
12	T	S	R	P
13	P	R	S	T
14	T	S	R	P
15	S	R	T	P
16	P	R	S	T
17	T	S	R	P
18	R	T	S	P
19	P	R	S	T
20	S	T	R	P
21	P	R	S	T
22	P	R	S	T
23	T	S	R	P
24	P	R	S	T
25	T	S	R	P
26	P	R	S	T
27	P	R	S	T
28	S	R	T	P
29	P	R	S	T
30	S	R	T	P
31	T	S	R	P
32	S	R	T	P
33	P	R	S	T
34	T	S	R	P
35	T	S	R	P
36	S	R	T	P
37	S	R	T	P

图 13.1 学生电影俱乐部的 37 张选票

布利策补充

美国投票权简史

1848 年，女士选举权运动开始

1870 年，第十五条修正案批准非裔美国男性获得投票权

1894 年，国会废除了保证第十五条修正案实施的法律

1920 年，随着第十九条修正案的批准，女性获得投票权

1965 年，投票权法案禁止南方将非裔美国人排除在投票之外

1971 年，随着第二十六条修正案的通过，投票年龄降至 18 岁

1993 年，全国选民登记法简化了登记过程

2014 年，美国最高法院以 5：4 的投票结果推翻了 1965 年投票权法案的关键条款

你有没有看到，有些俱乐部成员的投票是完全一样的？例如，第 3、第 5、第 7 和第 18 张选票选择的候选者顺序完全一致，都是 RTSP。我们可以将这些相同的选票分在同一组里。图 13.2 显示了将这 37 张选票分组的结果。

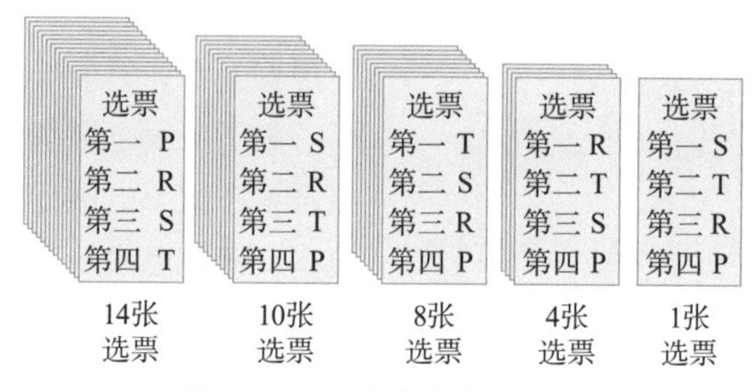

图 13.2　37 张选票分组结果

排名选举是要求投票者将所有的候选者按照自己的喜好排名的选举方式。我们不将排名选票分组表示，而是使用**排名表**来汇总选举的结果。排名表显示每一种特定投票结果出现的频数。表 13.1 显示了选举学生电影俱乐部主席的 37 张选票的排名表。

表 13.1　学生电影俱乐部主席选举排名表

在选举中有 14+10+8+4+1=37 名投票者

选票张数	14	10	8	4	1
第一选择	P	S	T	R	S
第二选择	R	R	S	T	T
第三选择	S	T	R	S	R
第四选择	T	P	P	P	P

候选人顺序为 PRST 的有 14 张选票

候选人顺序为 SRTP 的有 10 张选票

候选人顺序为 TSRP 的有 8 张选票

候选人顺序为 RTSP 的有 4 张选票

候选人顺序为 STRP 的有 1 张选票

例 1　理解排名表

四名候选者竞选斯摩维尔的市长：安东尼奥（A）、鲍勃（B）、卡曼（C）和唐纳（D）。投票者将所有的候选者按照自己的喜好进行排名。表 13.2 显示了这场选举的排名表。

表 13.2　斯摩维尔市长选举的排名表

选票张数	130	120	100	150
第一选择	A	D	D	C
第二选择	B	B	B	B
第三选择	C	C	A	A
第四选择	D	A	C	D

a. 这场选举中有多少人投票了？

b. 有多少人是按照 DBAC 的顺序投票的？

c. 有多少人将唐纳（D）作为第一选择？

解答

a. 我们将选票张数这一行中的数字加起来就得到了这场选举中投票的人数：

$$130+120+100+150=500$$

有 500 人在这场选举中投票。

b. 我们可以在排名表的第三列中找到有多少人是按照 DBAC 的顺序投票的。这一列中有 100 人，因此有 100 人是按照 DBAC 的顺序投票的。

c. 我们可以通过观察排名表第一选择这一行来求出有多少人将唐纳（D）作为第一选择。当你看到字母 D 的时候，就记下字母上方的数字。然后求出这些数字的和。

$$120+100=220$$

因此，有 220 名投票者将唐纳作为市长的第一选择。

☑ **检查点 1**　四名候选者竞选学生会主席：阿兰（A）、波妮（B）、卡洛斯（C）和萨米尔（S）。投票者将所有候选者按照自己的喜好进行排名。表 13.3 显示了这场选举的排名表。

表 13.3　学生会主席选举排名表

选票张数	2 100	1 305	765	40
第一选择	S	A	S	B
第二选择	A	S	A	S
第三选择	B	B	C	A
第四选择	C	C	B	C

a. 这场选举中有多少学生投票了？
b. 有多少学生是按照 BSAC 的顺序投票的？
c. 有多少学生将萨米尔（S）作为第一选择？

现在你已经学会了如何使用排名表汇总选举的结果，是时候决定选举的大致结果和学生电影俱乐部主席选举的特定结果了。我们将讨论四种最常用的选举方法：

1. 多数选择法
2. 博尔达（Borda）计数法
3. 多数淘汰法
4. 两两比较法

2 使用多数选择法确定选举的胜者

多数选择法

如果一场选举中有三名或者更多候选者，那么一般不会出现一名候选者获得大部分选票的情况，即获得超过 50% 的选票。我们使用多数选择法时，获得最多第一选择选票的候选者获胜。我们只在排名表中使用了第一选择的票数这一信息。

多数选择法
获得最多第一选择选票的候选者（如果有多个候选者）获胜。

例 2 使用多数选择法

在表 13.1 中，学生电影俱乐部的主席有四名竞选者：保罗（P）、瑞塔（R）、萨拉（S）和提姆（T）。当使用多数选择法时，谁是选举的胜者？

解答

获得最多第一选择选票的候选者获胜。观察表 13.1 时，我们只需要观察第一选择这一行即可。

表 13.1 显示，保罗（P）是选举的胜者和学生电影俱乐部的新主席。虽然保罗获得了最多的第一选择选票，但是他只获得了 $\frac{14}{37}$ 的第一选择选票，约为 38% 的选票，少于大多数选票。

☑ **检查点 2**　表 13.2 显示了四名候选者竞选斯摩维尔的市长：安东尼奥（A）、鲍勃（B）、卡曼（C）和唐纳（D）。当使用多数选择法时，谁是选举的胜者？

3　使用博尔达计数法确定选举的胜者

博尔达计数法

博尔达计数法是由法国数学家和海军上尉 Jean-Charles de Borda（1733—1799）发明的，这种方法根据投票者对候选者的排名，为候选者分配点数。

博尔达计数法

每一名投票者都将候选者按照最受欢迎到最不受欢迎的顺序排名。每一张选票最后一名计 1 点，倒数第二名计 2 点，倒数第三名计 3 点，依此类推。将每一名候选者的点数相加分别求出总点数。获得点数最多的候选者获胜。

当我们使用多数选择法时，排名表中除第一选择之外的信息都没有用上。例 3 说明了当我们使用博尔达计数法的时候，就不会发生这种情况了。博尔达计数法使用了排名表中所有信息。

例 3　使用博尔达计数法

表 13.1 显示了学生电影俱乐部的主席有四名竞选者：保罗（P）、瑞塔（R）、萨拉（S）和提姆（T）。当使用博尔达计数法时，谁是选举的胜者？

解答

因为一共有四名候选者，所以第一选择的选票值 4 点，第二选择的选票值 3 点，第三选择的选票值 2 点，第四选择的选票值 1 点。表 13.4 显示了由排名表中的选票得出的点数。

表 13.4　学生电影俱乐部选举的点数

选票张数	14	10	8	4	1
第一选择：4 点	P：14×4=56点	S：10×4=40点	T：8×4=32点	R：4×4=16点	S：1×4=4点
第二选择：3 点	R：14×3=42点	R：10×3=30点	S：8×3=24点	T：4×3=12点	T：1×3=3点
第三选择：2 点	S：14×2=28点	T：10×2=20点	R：8×2=16点	S：4×2=8点	R：1×2=2点
第四选择：1 点	T：14×1=14点	P：10×1=10点	P：8×1=8点	P：4×1=4点	P：1×1=1点

现在我们可以阅读每一列的点数，分别将每一名候选者的点数相加求出总点数。

P： $56+10+8+4+1=79$点

R： $42+30+16+16+2=106$点

S： $28+40+24+8+4=104$点

T： $14+20+32+12+3=81$点

因为 R（瑞塔）获得的点数最多，所以她是选举的胜者，也是学生电影俱乐部的新任主席。

在例 2 和例 3 中，多数选择法和博尔达计数法产生的胜者并不相同。这就说明了选择选举方法比选举本身更加重要。

☑ **检查点 3** 表 13.2 显示了竞选斯摩维尔市长的四名候选者：安东尼奥（A）、鲍勃（B）、卡曼（C）和唐纳（D）。当使用博尔达计数法时，谁是选举的胜者？

4 使用多数淘汰法确定选举的胜者

多数淘汰法

多数淘汰法的基本原理是“适者生存”，可能包括一系列选举。如果一位候选者获得大多数选票，他就是“最适者”，并被宣布为获胜者。如果没有候选者获得大多数选票，得票最少的候选者将被淘汰，进行第二次选举。这一过程一直重复，直到某位候选者获得大多数选票为止。

当使用排名选举时，不需要进行多次选举。我们从排名表中删除被淘汰的候选者，并假设选民的相对排名不受该候选者淘汰的影响。

使用排名选举的多数淘汰法

得到大部分第一选择选票的候选者成为获胜者。如果没有候选者获得大多数第一选择选票，则从排名表中删除第一选择选票最少的候选者。在每一列中，将被淘汰的候选者下方的候选者向上移动一个位置。在新的排名表中获得大多数第一选择选票的候选者为获胜者。如果没有候选者获得大多数选票，重复这一过程，直到有候选者获得大多数选票为止。

布利策补充

学院奖

自 1927 年以来，美国电影艺术与科学学院每年都会为电影领域的各种成就颁发学院奖（奥斯卡金像奖）。在早期，实际上是电影公司的老板们控制着提名，亲手挑选获奖者。奥斯卡花了好几年的时间来收拾烂摊子，直到 1941 年，学院才开始使用密封信封。从那时起，学院从 1927 年的不足 36 名成员发展到今天的 6 000 到 6 500 名投票成员，学院一直试图阻止广告活动影响投票。当然，它并没有成功。

最佳影片奖的评选过程分为两个阶段。首先是提名阶段，排名前五的影片将获得提名。这一阶段涉及一种多数淘汰法的变体，即第一选择票数最少的电影被淘汰。一旦最佳影片被提名，每名学院成员投票选出一部候选电影，获奖者以多数选择法选出。获得奥斯卡的认可可以为获奖影片的票房收入增加 2 500 万美元或更多。

例 4 使用多数淘汰法

表 13.1 显示了学生电影俱乐部的主席有四名竞选者：保罗（P）、瑞塔（R）、萨拉（S）和提姆（T）。当使用多数淘汰法时，谁是选举的胜者？

解答

一共有 14+10+8+4+1=37 名投票者。要想获得大多数选票，一名候选者必须得到超过 50% 的第一选择选票，也就是 19 张或更多第一选择选票。每一位候选者的第一选择选票的数量如下所示：

P（保罗）=14

S（萨拉）=10+1=11

T（提姆）=8

R（瑞塔）=4

我们可以看到，没有候选者获得大多数第一选择选票。因为瑞塔获得的第一选择选票数量最少，所以她在第一轮被淘汰了。

R 被淘汰之后新的排名表如表 13.5 所示。将这张表与表 13.1 相比较。对于每一列而言，每一个 R 下面的候选者都向上移动了一位，每一个 R 上面的候选者的位置保持不变。因此，一旦瑞塔被淘汰了，排名的顺序还会保留。

表 13.5 淘汰 R 的学生电影俱乐部选举排名表

选票张数	14	10	8	4	1
第一选择	P	S	T	T	S
第二选择	S	T	S	S	T
第三选择	T	P	P	P	P

要想获得大多数选票，一名候选者必须得到 19 张或更多第一选择选票。现在，每一位候选者的第一选择选票的数量如下所示：

P（保罗）=14

S（萨拉）=10+1=11

T（提姆）= 8 + 4 = 12

还是没有候选者获得大多数选票。因为萨拉获得的第一选择选票数量最少，所以她在第二轮被淘汰了。

S 被淘汰之后新的排名表如表 13.6 所示。将这张表与表 13.5 相比较。对于每一列而言，每一个 S 下面的候选者都向上移动了一位，每一个 S 上面的候选者的位置保持不变。

表 13.6 淘汰 R 和 S 的学生电影俱乐部选举排名表

选票张数	14	10	8	4	1
第一选择	P	T	T	T	T
第二选择	T	P	P	P	P

记住，一位候选者必须获得 19 张或更多第一选择选票才算是获得大多数选票。现在，每位候选者获得的第一选择选票数量如下所示：

P（保罗）= 14

T（提姆）= 10 + 8 + 4 + 1 = 23

因为 T（提姆）获得了大部分第一选择选票，所以他是胜者，也是学生电影俱乐部的新任主席。

我们在同一场选举中使用了三种不同的选举方法。每一种方法的胜者都不一样。现在你知道在选举之前选择好选举方法的重要性了吗？

☑ **检查点 4** 表 13.2 显示了竞选斯摩维尔市长的四名候选者：安东尼奥（A）、鲍勃（B）、卡曼（C）和唐纳（D）。当使用多数淘汰法时，谁是选举的胜者？

布利策补充

旧金山选择新的选举方法

2003 年，旧金山选民通过了一项鲜为人知的提案，这份提案可以让我们对未来的选举方法有所了解。旧金山人不再只投票给一位候选者，而是根据他们的第一、第二和第三选择对大多数地方选举中的候选者进行排名。选举的获胜者将采用多数淘汰法，也称为排序复选制。在旧金山举行的市检察官决选中，注册选民中只有 16.6% 的人投票，之后，旧金山通过了这一种新的投票制度。

到 2012 年，旧金山采用多数淘汰法的排名选择选举方法实现了它的承诺，避免了将花费纳税人数百万美元来管理的 15 次决选。在其他地方，2011 年，明尼苏达州的圣保罗允许使用 6 种类似于旧金山的投票机制进行排名。缅因州的波特兰允许使用 15 种排名。到 2013 年，已经有 20 个州考虑在各种选举中采用排名选择选举方法。其中最大的障碍是电子投票机缺乏制表软件。

5　使用两两比较法确定选举的胜者

两两比较法

使用两两比较法时，每一位候选者与其余候选者两两对决。例如，对竞选学生电影俱乐部主席的保罗（P）、瑞塔（R）、萨拉（S）和提姆（T），我们可以做出下列比较：

保罗对瑞塔　保罗对萨拉 保罗对提姆

瑞塔对萨拉　瑞塔对提姆 萨拉对提姆

我们必须做六次比较。

有没有公式可以用来计算当有 n 个候选者时需要进行多少次比较？当然有。我们可以把这个问题看作从 n 个候选者中选出两个候选者。在 11.3 节中，我们学过了从 n 项里面选出 r 项的组合公式，是

$$\mathrm{C}_n^r=\frac{n!}{(n-r)!r!}$$

如果要从 n 个候选者里选出两个候选者，那么组合的数量是

$$\mathrm{C}_n^2=\frac{n!}{(n-2)!2!}=\frac{n(n-1)\cancel{(n-2)!}}{\cancel{(n-2)!}2\cdot 1}=\frac{n(n-1)}{2}$$

使用两两比较法时组合的数量

在一场有 n 个候选者的选举中，必须进行的比较的数量 C 等于

$$C=\frac{n(n-1)}{2}$$

布利策补充

海斯曼奖

海斯曼奖自 1935 年起每年颁发给美国最好的大学橄榄球运动员，它是通过博尔达计数法的一种变体来评选的。由大约 950 名体育记者和前海斯曼奖得主进行投票。每次排名选举可以写上三个名字（从数千名大学橄榄球运动员中选择）。一名运动员每获得一次第一名投票得 3 点，每获得一次第二名投票得 2 点，每获得一次第三名投票得 1 点。

点数最多的海斯曼奖得主

1968—O. J. Simpson，USC，2853

2005—Reggie Bush，USC，2541

2006—Troy Smith，Ohio，2540

1976—Tony Dorsett，Pittsburgh，2357

1998—Ricky Williams，Texas，2355

1993—Charlie Ward，FSU，2310

2010—Cam Newton，Auburn，2263

1984—Doug Flutie，Boston College，2240

来源：*ESPN Sports Almanac*

我们应该怎么样使用两两比较法进行 $\frac{n(n-1)}{2}$ 次比较？我们使用下面信息框中描述的排名表和点数。

两两比较法

投票者对所有候选者进行排名，结果汇总在排名表中，用于进行一系列的比较，将每个候选者与其他所有候选者进行比较。对于每一对候选者 X 和 Y，使用表格来确定有多少选民更喜欢 X 而不是 Y，反之亦然。如果多数人喜欢 X 而不是 Y，那么 X 得 1 点。如果多数人喜欢 Y 而不是 X，那么 Y 得 1 点。如果候选者打成平手，则每人得 0.5 点。在进行所有的比较之后，点数最多的候选者就是获胜者。

好问题！

当我在使用两两比较法的时候，我应该怎么样列出所有的比较？

先从列出所有的候选者开始，然后将每一位候选者与列表中的其他候选者做比较。

例 5 使用两两比较法

表 13.1 显示了学生电影俱乐部的主席有四名竞选者：保罗（P）、瑞塔（R）、萨拉（S）和提姆（T）。当使用两两比较法时，谁是选举的胜者？

解答

因为有四名候选者，所以 $n=4$，我们必须进行的比较次数为

$$C=\frac{n(n-1)}{2}=\frac{4(4-1)}{2}=\frac{4\cdot 3}{2}=\frac{12}{2}=6$$

虽然你可以使用表 13.1 来进行这六次比较，但是我们将展示这个表格六次，确保你能理解每次比较背后的细节。候选者分别是 P、R、S 和 T，六次比较分别是 P 对 R、P 对 S、P 对 T、R 对 S、R 对 T 和 S 对 T。

P 对R

14	10	8	4	1
P	S	T	R	S
R	R	S	T	T
S	T	R	S	R
T	P	P	P	P

14名投票者相比R更偏向P　10+8+4+1=23名投票者相比P更偏向R

结论：R赢得了这次比较，积1点

P 对S

14	10	8	4	1
P	S	T	R	S
R	R	S	T	T
S	T	R	S	R
T	P	P	P	P

14名投票者相比S更偏向P　10+8+4+1=23名投票者相比P更偏向S

结论：S赢得了这次比较，积1点

P 对T

14	10	8	4	1
P	S	T	R	S
R	R	S	T	T
S	T	R	S	R
T	P	P	P	P

14名投票者相比T更偏向P　10+8+4+1=23名投票者相比P更偏向T

结论：T赢得了这次比较，积1点

R 对S

14	10	8	4	1
P	S	T	R	S
R	R	S	T	T
S	T	R	S	R
T	P	P	P	P

14+4=18名投票者相比S更偏向R　10+8+1=19名投票者相比R更偏向S

结论：S赢得了这次比较，积1点

R对T

14	10	8	4	1
P	S	T	R	S
R	R	S	T	T
S	T	R	S	R
T	P	P	P	P

14+10+4=28名投票者相比T更偏向R　8+1=9名投票者相比R更偏向T

结论：R赢得了这次比较，积1点

S对T

14	10	8	4	1
P	S	T	R	S
R	R	S	T	T
S	T	R	S	R
T	P	P	P	P

14+10+1=25名投票者相比T更偏向S　8+4=12名投票者相比S更偏向T

结论：S赢得了这次比较，积1点

现在我们可以使用这六次比较的结论并计算六次比较的点数。

R：1+1=2 点

S：1+1+1=3 点

T：1 点

在进行了所有的比较之后，获得最多点数的候选者是 S（萨拉）。萨拉是选举的胜者和学生电影俱乐部的新任主席。

☑ **检查点 5**　表 13.2 显示了竞选斯摩维尔市长的四名候选者：安东尼奥（A）、鲍勃（B）、卡曼（C）和唐纳（D）。进行六次比较（A 对 B、A 对 C、A 对 D、B 对 C、B 对 D 和 C 对 D），并使用两两比较法判断谁是胜者。

好问题！

本节中的例子涉及选民选择一名以上候选者的投票，并按他们的喜好排名。哪种投票方法需要对候选者进行排名？

当使用博尔达计数和两两比较法时，所有候选者必须由选民进行排名。在多数选择法中，选民只需要选择一位候选者即可，无须进行排名。在多数淘汰法中排名是可选的。如果选民不给所有候选者排名，而只是投票给一个候选者，就需要进行多次选举。如果他们确实给候选者排名，就可以避免多次选举。

布利策补充

使用民主来确保候选者当选

Chaotic Elections! A Mathematician Looks at Voting 的作者 Donald Saari 经常会在开始讲座之前说一个关于选举的笑话，同时告诉观众，选举方法可以影响选举的结果：

只要有报酬，我就会在你下次选举时担任你的选举小组的顾问。告诉我你想谁赢，我就会设计一个“民主程序”来确保你想选的候选者当选。

应在选举之前确定打破平局的方法。例如，在选举前可以宣布，如果多数投票法的结果是平局，则采用两两比较法来决定胜者。

在本节中，我们已经学到了不同选举方法会影响选举结果。表 13.7 总结了我们学习的四种选举方法。这些方法中哪一种最好？不幸的是，每种方法都有严重的缺陷，你将在下一节中学到。

表 13.7　选举方法汇总

选举方法	如何判断胜者
多数选择法	获得最多第一选择投票的候选者是胜者
博尔达计数法	投票者将所有候选者从最受欢迎到最不受欢迎进行排序。最后一名得 1 点，倒数第二名得 2 点，依此类推。点数最多的候选者是胜者
多数淘汰法	得到多数第一选择选票（超过 50%）的候选者获胜。如果没有候选者获得大多数选票，就将得票最少的候选者淘汰。要么举行另一次选举，要么调整排名表。继续这一过程，直到候选者获得多数第一选择选票为止，这名候选者是胜者
两两比较法	选民对所有候选者进行排名。进行一系列的比较，即将每名候选者与其他候选者进行比较。每次比较中胜出的候选者得 1 点；如果平局，每人得 0.5 点。点数最多的候选者是胜者

13.2 选举方法的缺陷

学习目标

学完本节之后，你应该能够：

1. 使用大多数标准判断选举方法是否公平。
2. 使用一对一标准判断选举方法是否公平。
3. 使用单调性标准判断选举方法是否公平。
4. 使用无关选项标准判断选举方法是否公平。
5. 理解阿罗不可能定理。

这不公平！主办城市会为奥运会支出 100 亿美元。在投入了这么多钱的情况下，难怪选拔过程会有可疑的历史。1998 年，有证据表明了许多奥林匹克内部人士多年来一直在谈论的事情：申办城市给国际奥委会（IOC）成员提供了大量礼物，其中包括为配偶提供全额付款的购物之旅，为子女提供大学奖学金，甚至给成员装在信封里的现金。英国广播公司 2004 年的一部纪录片《购买奥运会》调查了国际奥委会成员在 2012 年夏季奥运会申办过程中收受贿赂的情况。

选出奥运会主办城市的选举方法是多数淘汰法的变体。如果国际奥委会能够消除困扰选拔过程的滥用职权和收受贿赂行为，那么一个获胜的城市能否通过公平的选举选出来？不一定。20 世纪 50 年代初，数学家、经济学家肯尼斯・阿罗（1921—2017）证明，**一种确定选举结果的民主和公平的方法在数学上是不可能的**。

“民主”和“公平”到底是什么意思？在本节中，我们将学习数学家和政治学家一致认为公平选举制度应该满足的四个标准。这四种**公平性标准**分别是**大多数标准**、**一对一标准**、**单调性标准**和**无关选项标准**。

1 使用大多数标准判断选举方法是否公平

大多数标准

大多数人都同意，如果一名候选者在选举中获得超过半数的第一选择选票，那么该候选者应该成为胜者。这种促进公平民主选举的要求称为**大多数标准**。

> **大多数标准**
>
> 如果一名候选者在选举中获得超过半数的第一选择选票，那么该候选者应该成为选举的胜者。

> **好问题！**
>
> 大多数和多数有什么区别？
>
> 大多数指的是收到超过一半第一选择选票。多数指的是收到第一选择投票最多。

例 1 展示了博尔达计数法可能不满足大多数标准。

例 1 博尔达计数法不满足大多数标准

你学校董事会的 11 名成员必须雇用一名新校长。四名候

表 13.8 选择新任校长的排名表

选票张数	6	3	2
第一选择	E	G	F
第二选择	F	H	G
第三选择	G	F	H
第四选择	H	E	E

选者 E、F、G 和 H 会被 11 名成员排名。排名表如表 13.8 所示。董事会成员同意使用博尔达计数法来判断胜者。

a. 哪一位候选者获得了大多数第一选择选票？

b. 根据博尔达计数法，哪一位候选者赢得了新任校长的职位？

解答

a. 一共有 11 张第一选择选票。因为大多数选票涉及超过一半的第一选择选票，所以任何一个获得 6 张或更多第一选择选票的候选者获得了大多数选票。根据表 13.8，候选者 E 获得了 6 张第一选择选票。因此，候选者 E 获得了大多数第一选择选票。根据大多数标准，候选者 E 应该是新任校长。

b. 我们使用博尔达计数法，第一选择选票值 4 点，第二选择选票值 3 点，第三选择选票值 2 点，第四选择选票值 1 点。表 13.9 显示了排名表的点数计算情况。

表 13.9 新任校长选举的点数

选票张数	6	3	2
第一选择：4 点	E：$6\times4=24$点	G：$3\times4=12$点	F：$2\times4=8$点
第二选择：3 点	F：$6\times3=18$点	H：$3\times3=9$点	G：$2\times3=6$点
第三选择：2 点	G：$6\times2=12$点	F：$3\times2=6$点	H：$2\times2=4$点
第四选择：1 点	H：$6\times1=6$点	E：$3\times1=3$点	E：$2\times1=2$点

现在我们仔细观察表 13.9，然后计算每一位候选者的总点数。

$$E：24+3+2=29\text{点}$$

$$F：18+6+8=32\text{点}$$

$$G：12+12+6=30\text{点}$$

$$H：6+9+4=19\text{点}$$

因为候选者 F 获得的点数最多，所以根据博尔达计数法，候选者 F 应该成为新任校长。

在例 1 中，尽管大多数董事会成员更加青睐候选者 E，但是博尔达计数法得出了一个不一样的结果，即候选者 F。在这种情况下，我们就说博尔达计数法没有满足大多数标准。

☑ **检查点 1** 学校董事会的 14 名成员必须雇用一名新校长。四名候选者 A、B、C 和 D 会被 14 名成员排名。排名表如表 13.10 所示。董事会成员同意使用博尔达计数法来判断胜者。

表 13.10 选择新任校长的排名表

选票张数	6	4	2	2
第一选择	A	B	B	A
第二选择	B	C	D	B
第三选择	C	D	C	D
第四选择	D	A	A	C

a. 哪一位候选者获得了大多数第一选择选票？

b. 根据博尔达计数法，哪一位候选者赢得了新任校长的职位？

我们已经学到了，博尔达计数法的一个优点在于它考虑了排名表中的所有信息。然而，根据博尔达计数法，获得大多数第一选择选票的候选者可能会在选举中失败。我们讨论过的其他三种选举方法（多数选择法、多数淘汰法和两两比较法），它们不会违反大多数标准。不幸的是，这三个选举方法都违反了其他公平标准。

2 使用一对一标准判断选举方法是否公平

一对一标准

大多数人都会同意，如果有一个候选者在与其他候选者相比时受到选民的青睐，那么这个候选者就应该赢得选举。这种促进公平民主选举的要求被称为**一对一标准**。

> 一对一标准
>
> 如果有一个候选者在与其他候选者相比时受到选民的青睐，那么这个候选者就应该赢得选举。

例 2 展示了多数选择法可能违反一对一标准。

例 2 多数选择法违反一对一标准

22 个人参加了一场口味测试，并对三家金枪鱼品牌 A、B

和 C 排名。结果如表 13.11 中的排名表所示。

表 13.11　三家金枪鱼品牌的排名表

选票张数	8	6	4	4
第一选择	A	C	C	B
第二选择	B	B	A	A
第三选择	C	A	B	C

a. 根据一对一标准，哪一种品牌最受青睐？

b. 根据多数选择法，哪一种品牌赢得测试？

解答

a. 我们从使用表 13.11 比较品牌 A 和 B 开始。在第 1 列和第 3 列中，A 比 B 更受青睐，A： 8+4=12；在第 2 列和第 4 列中，B 比 A 更受青睐，B： 6+4=10。因为 A 有 12 票而 B 有 10 票，所以与 B 相比 A 更受青睐。

布利策补充

孔多塞侯爵（1743—1794）

要么没有任何一个人类个体拥有任何真正的权利，要么所有人都拥有同样的权利。投票反对他人权利的人，无论其宗教信仰、肤色或性别如何，都是放弃了他自己的权利。

——孔多塞侯爵

一对一标准也被称为孔多塞标准，以孔多塞侯爵命名，他是美国和法国革命时期法国最杰出的数学家、社会学家、经济学家和政治思想家之一。孔多塞认为，数学可以用于造福人民，公平政府的原则可以用数学来发现。他主张废除奴隶制，提倡言论自由，并支持早期女权主义者为争取平等权利而游说。

孔多塞分析了选举方法，发现有时没有明确的方法来选择选举的获胜者。他证明了有可能有三个候选者 A、B 和 C，选民喜欢 A 胜过 B，B 胜过 C，但同时也喜欢 C 胜过 A。

孔多塞因为他的自由主义和人道主义观点被捕，后来死于狱中，死因可能是自杀或谋杀。

现在我们使用表 13.11 比较品牌 A 和 C。在第 1 列和第 4 列中，A 比 C 更受青睐，A： 8+4=12；在第 2 列和第 3 列中，C 比 A 更受青睐，C： 6+4=10。因为 A 有 12 票而 C 有 10 票，所以与 C 相比 A 更受青睐。

我们可以看出，根据一对一标准，与其他两个品牌相比，A 更受青睐。

b. 根据多数选择法，获得最多第一选择投票的品牌获胜。观察表 13.11，我们可以看出，A 获得了 8 张第一选择选票，B 获得了 4 张，而 C 获得了 6+4=10 张。根据多数选择法，品牌 C 赢得测试。

在例 2 中，尽管在一对一比较中，品牌 A 比其他两个品牌更受青睐，但是多数选择法产生了不一样的胜者，即品牌 C。因此，在这种情况下，多数选择法违反了一对一标准。

多数选择法是唯一可能违反一对一投票标准的选举方法吗？答案是否定的。博尔达计数法和多数淘汰法都有可能违反一对一标准。两两比较法有可能违反一对一标准吗？不会的。在一对一投票中击败其他候选者的候选者会赢得每一对比较，因此在这种方法下得到最多的点数。

☑ **检查点 2** 7 个人参加了一场测试，对三家立体扬声器品牌 A、B 和 C 排名。结果如表 13.12 中的排名表所示。

表 13.12 三家立体扬声器品牌的排名表

选票张数	3	2	2
第一选择	A	B	C
第二选择	B	A	B
第三选择	C	C	A

a. 根据一对一标准，哪一种品牌最受青睐？

b. 根据多数选择法，哪一种品牌赢得测试？

3 使用单调性标准判断选举方法是否公平

单调性标准

在选举之前通常会有一场竞选活动，然后讨论候选者的优缺点。在某些情况下，不计入选票的预选被称为“**意向性投票**”，被视为衡量选民意愿的一种手段。大多数人都会同意，如果一个候选者赢得了意向性投票（我们可以将它认为是第一轮选举），然后正式选举时获得额外的支持而不失去任何原来的支持，那么这个候选者应该赢得第二轮选举。这种促进公平民主选举的要求被称为**单调性标准**。

单调性标准

如果一个候选者赢得了一次选举，而且在再次选举中，唯一的变化是有利于该候选者的变化，那么这个候选者应该赢得再次选举。

例 3 显示了多数淘汰法可能会违反单调性标准。

例 3 多数淘汰法违反单调性标准

58 名学生活动委员会成员正在开会选举一名主题发言人来启动学生参与周。候选人分别是比尔·盖茨（G）、霍华德·斯特恩（S）和奥普拉·温弗瑞（W）。通过意向性投票，结果如表 13.13 所示。经过长时间的讨论，除了 8 名学生，所有人都以完全相同的方式投票。表 13.13 的最后一列显示，这 8 位学生都改变了他们的选票，将奥普拉·温弗瑞（W）作为他们的第一选择。第二次选举的结果如表 13.14 所示。注意第一列增加了 8 票。

表 13.13 意向性投票的排名表

选票张数	20	16	14	8
第一选择	W	S	G	G
第二选择	G	W	S	W
第三选择	S	G	W	S

8 名投票者改变了选票，将奥普拉·温弗瑞（W）作为第一选择

表 13.14 第二次选举的排名表

选票张数	28	16	14
第一选择	W	S	G
第二选择	G	W	S
第三选择	S	G	W

a. 根据多数淘汰法，哪一名发言人赢得了第一轮选举？

b. 根据多数淘汰法，哪一名发言人赢得了第二轮选举？

c. 多数淘汰法违反了单调性标准吗？

解答

a. 一共有 58 人投票。在表 13.13 第一轮选举（意向性投票）中，没有发言人获得超过半数的选票（30 票或以上）。我们采用多数淘汰法，因为 S（霍华德·斯特恩）获得的第一选

布利策补充

选择奥运会主办城市

国际奥委会成员把自己锁在一间会议室里，直到他们能从候选城市中宣布获胜者，才会离开。选择获胜者的投票方法是略有不同的多数淘汰法：100 多名国际奥委会成员不是一次性表明他们的偏好，而是一次只表明一个偏好。2012 年夏季奥运会举办地点的投票如下所示。在每一轮投票中，代表们只能投票给一个城市，得票最少的城市被淘汰。（除了最后一轮，在所有投票中，都有一些成员弃权。）

第一轮	
London	22
Paris	21
Madrid	20
New York	19
Moscow	15

Moscow被淘汰

第二轮	
London	27
Paris	25
Madrid	32
New York	16

New York被淘汰

第三轮	
London	39
Paris	33
Madrid	31

Madrid被淘汰

第四轮	
London	54
Paris	50

Paris被淘汰

英国伦敦被选为 2012 年夏季奥运会的主办城市。

择选票最少，所以他在第一轮就被淘汰。剔除了 S 之后的新排名表如表 13.15 所示。因为 W（奥普拉・温弗瑞）获得了大多数的第一选择选票，所以她是意向性投票的获胜者。

b. 现在我们来观察表 13.14，第二轮投票的排名表。在这次选举中，没有一位发言人获得过半数选票（30 票或以上）。我们采用多数淘汰法，因为 G（比尔・盖茨）得到的第一选择选票最少，所以他在第一轮就被淘汰了。表 13.16 显示了剔除 G 之后的新排名表。因为 S（霍华德・斯特恩）获得了大多数的第一选择选票，所以他在第二次选举中获胜。

表 13.15　S 被淘汰的意向性投票排名表

选票张数	20	16	14	8
第一选择	W	W	G	G
第二选择	G	G	W	W

表 13.16　G 被淘汰的第二次选举排名表

选票张数	28	16	14
第一选择	W	S	S
第二选择	S	W	W

c. 奥普拉・温弗瑞（W）赢得了第一次选举。随后，她获得了另外 8 名学生的支持，因为这 8 名学生改变了自己的投票，将她作为他们的第一选择。然而，她在第二次选举中失败了，这违反了单调性标准。

例 3 显示了令人震惊的情形，你给某位候选者投票反而会帮倒忙！我们从这个例子可以看出，多数淘汰法可能会违反单调性标准。在我们学习过的四种投票方法中，只有多数选择法不会违反单调性标准。

☑ **检查点 3**　120 名选民和三名候选者 A、B 和 C 决定使用多数淘汰法选举。意向性投票的结果如表 13.17 所示。在意向性投票之后，12 名选民改变了意向，将 A 选为第一选择。第二轮投票的结果如表 13.18 所示。

表 13.17　意向性投票的排名表

选票张数	42	34	28	16
第一选择	A	C	B	B
第二选择	B	A	C	A
第三选择	C	B	A	C

表 13.18　第二次选举的排名表

选票张数	54	34	28	4
第一选择	A	C	B	B
第二选择	B	A	C	A
第三选择	C	B	A	C

a. 根据多数淘汰法，哪一名候选者赢得了第一轮选举？

b. 根据多数淘汰法，哪一名候选者赢得了第二轮选举？

c. 这违反了单调性标准吗？解释你的答案。

4 使用无关选项标准判断选举方法是否公平

无关选项标准

一名候选者赢得选举。然后，将一名或多名其他候选者从选票中删除，重新计票。大多数人都会同意，仍然应该宣布前一个获胜者为获胜者。这种促进公平民主选举的要求被称为**无关选项标准**。

> **无关选项标准**
>
> 如果一名候选者赢得了选举，而且在重新计票中，唯一的变化是其他候选者中的一个或多个从选票中删除，那么这个候选者仍然应该赢得选举。

我们学习过的四种选举方法都有可能违反无关选项标准。例 4 显示了两两比较法可能违反无关选项标准。

例 4 两两比较法违反无关选项标准

表 13.19 博利纳斯市市长选举排名表

选票张数	160	100	80	20
第一选择	E	G	H	H
第二选择	F	F	E	E
第三选择	G	H	G	F
第四选择	H	E	F	G

四名候选者 E、F、G 和 H 竞选博利纳斯市市长。选举结果如表 13.19 所示。

a. 使用两两比较法，哪一名候选者会赢得选举？

b. 在公布选举结果之前，候选者 F 和 G 都宣布退出竞选。使用两两比较法，将候选者 F 和 G 从排名表中删去之后，哪一名候选者会赢得选举？

c. 这违反了无关选项标准吗？

解答

a. 因为有四名候选者，所以 n=4，我们必须进行的比较次数为

$$C=\frac{n(n-1)}{2}=\frac{4(4-1)}{2}=\frac{4\cdot 3}{2}=\frac{12}{2}=6$$

下面的表格显示了 6 次比较的结果。使用表 13.19 验证每一个结果。

比较	投票结果	结论
E对F	260名选民选择E。 100名选民选择F	E胜出并获得1点
E对G	260名选民选择E。 100名选民选择G	E胜出并获得1点
E对H	160名选民选择E。 200名选民选择H	H胜出并获得1点
F对G	180名选民选择F。 180名选民选择G	平局。 F和G各获得0.5点
F对H	260名选民选择F。 100名选民选择H	F胜出并获得1点
G对H	260名选民选择G。 100名选民选择H	G胜出并获得1点

因此，E 获得 2 点，F 和 G 各获得 1.5 点，H 获得 1 点。所以 E 是 F 和 G 没有退出选举时的胜者。

b. 一旦 F 和 G 退出了竞选，就只有两名候选者 E 和 H 留下了。记住，E 是没有人退出时的胜者。新的排名表如表 13.20 所示。我们使用两两比较法，只有两名竞选者，我们需要进行的比较次数为

$$C=\frac{n(n-1)}{2}=\frac{2(2-1)}{2}=\frac{2\cdot 1}{2}=1$$

表 13.20　F 和 G 退出时博利纳斯市市长选举排名表

选票张数	160	100	80	20
第一选择	E	H	H	H
第二选择	H	E	E	E

160 名选民选择 E

200 名选民选择 H

我们只需要比较 E 和 H 即可。根据表 13.20，我们可以看出，H 获得了 200 票，E 获得了 160 票，所以 H 得到 1 点，E 得到 0 点。因此 H 是新任博利纳斯市市长。

c. 第一次选举的胜者是 E。然后，虽然 F 和 G 不是获胜的候选者，但是他们的退出导致 H 而不是 E 获得了胜利。这违反了无关选项标准。

☑ **检查点 4**　四名候选者 A、B、C 和 D 竞选市长。选举结果如表 12.21 所示。

a. 使用两两比较法，哪一名候选者会赢得选举？

b. 在公布选举结果之前，候选者 B 和 C 都宣布退出竞选。使用两两比较法，将候选者 B 和 C 从排名表中删去之后，哪一名候选者会赢得选举？

c. 这违反了无关选项标准吗？

表 13.21　市长选举排名表

选票张数	150	90	90	30
第一选择	A	C	D	D
第二选择	B	B	A	A
第三选择	C	D	C	B
第四选择	D	A	B	C

表 13.22 总结了我们学习过的四种判断公平性的标准。表 13.23 显示了哪种选举方法满足标准。

表 13.22　公平性标准汇总

标准	描述
大多数标准	如果一名候选者在选举中获得超过半数的第一选择选票，那么该候选者应该赢得选举
一对一标准	如果有一个候选者在与其他候选者相比时受到选民的青睐，那么这个候选者应该赢得选举
单调性标准	如果一个候选者赢得了一次选举，而且在第二次选举中，唯一的变化是有利于该候选者的变化，那么这个候选者应该赢得第二次选举
无关选项标准	如果一名候选者赢得了一次选举，而且在重新计票中，唯一的变化是其他候选者中的一个或多个从选票中删除，那么这个候选者仍然应该赢得选举

表 13.23　选举方法以及它们是否满足公平性标准

公平性标准	选举方法			
	多数选择法	博尔达计数法	多数淘汰法	两两比较法
大多数标准	总是满足	可能违反	总是满足	总是满足
一对一标准	可能违反	可能违反	可能违反	总是满足
单调性标准	总是满足	可能违反	可能违反	可能违反
无关选项标准	可能违反	可能违反	可能违反	可能违反

5　理解阿罗不可能定理

肯尼斯·阿罗（Kenneth Arrow，1921—2017），于 1972 年获得诺贝尔经济学奖

寻找公平的选举方法

我们已经看到，本节讨论的选举方法没有一种总是满足所有公平性标准。有没有另一种民主的选举方法能够满足所有的四个标准，也就是一个完全公平的选举方法？对于两名以上候选者的选举，答案是否定的。不存在完全公平的选举方法。我们是怎么知道的？1951 年，经济学家肯尼斯·阿罗证明了现在著名的**阿罗不可能定理**：不存在，也永远不会存在满足所有公平标准的民主投票制度。

阿罗不可能定理

在数学上不存在任何民主选举方法同时满足四种公平性标准。

阿罗凭借自己的开创性成果于 1972 年获得诺贝尔经济学奖。阿罗研究的学科现在被称为社会选择理论，这门学科将数学、经济学和政治学结合在一起。

13.3 分配方法

学习目标

学完本节之后，你应该能够：

1. 求出标准除数和标准配额。
2. 理解分配问题。
3. 使用汉密尔顿法。
4. 理解配额法则。
5. 使用杰弗逊法。
6. 使用亚当斯法。
7. 使用韦伯斯特法。

美利坚合众国的参议院应由每州两名参议员组成……

——美国宪法第一条第三节

代表应按各州的人数在州中分配……

——美国宪法第一条第二节

1787 年的夏天，来自 13 个州的代表在费城开会，起草一个新国家的宪法。最激烈的辩论涉及新立法机构的组成。

以新泽西为首的小州坚持所有州拥有相同数量的代表。以弗吉尼亚为首的一些较大的州想要某种基于人口的比例代表制。在这个问题上，代表们做出了妥协，成立了一个参议院，每个州有两名参议员，还成立了一个众议院，每个州根据其人口数量有一定数量的众议员。

根据美国宪法，“众议员应根据各州的人数分配”，但如何计算众议员的人数，又会产生哪些问题呢？在本节中，你将学习如何在公平的基础上划分那些不能单独划分的东西。学习了这些之后，你将发现数学在美国历史上所扮演的独特角色。

1 求出标准除数和标准配额

标准除数和标准配额

在本节的第一部分中，我们将讨论下列简单但重要的例子：某国由四个州 A、B、C 和 D 组成。根据国家宪法，国会将有 30 个席位，根据四个州各自的人口数量划分。表 13.24 显示了每个州的人口。

表 13.24 某国按州划分的人口

州	A	B	C	D	总数
人口（单位：千）	275	383	465	767	1 890

在确定公平分配 30 个席位的方法之前，我们介绍两个重要的定义。我们定义的第一个量叫作标准除数。

标准除数

标准除数是通过总体的总数除以分配项的数量得到的。

$$标准除数=\frac{总体的总数}{分配项的数量}$$

布利策补充

参议院的投票权

“美利坚合众国的参议院应由每州两名参议员组成。”

参议院投票权最强的州

1. 怀俄明州
人口：576 000
多少人一个参议员：288 000

2. 佛蒙特州
人口：626 000
多少人一个参议员：312 000

3. 北达科他州
人口：700 000
多少人一个参议员：350 000

4. 阿拉斯加州
人口：731 000
多少人一个参议员：365 000

参议院投票权最弱的州

1. 加利福尼亚州
人口：3 800 万
多少人一个参议员：1 900 万

2. 得克萨斯州
人口：2 600 万
多少人一个参议员：1 300 万

3. 纽约州
人口：2 000 万
多少人一个参议员：1 000 万

4. 佛罗里达州
人口：1 900 万
多少人一个参议员：950 万

来源：U.S. Census Bureau

对于表 13.24 中某国的人口，标准除数如下所示：

$$标准除数=\frac{总体的总数}{分配项的数量}=\frac{1\,890}{30}=63$$

国会有 30 个席位

在根据各州人口分配国会席位时，标准除数表示全国范围内每个国会席位对应的人数。因此，在某国，每个国会席位对应 6.3 万人。

我们定义的第二个量称为标准配额。

标准配额

特定群体的**标准配额**等于该群体的数量除以标准除数。

$$\text{标准配额}=\frac{\text{特定群体的数量}}{\text{标准除数}}$$

在计算标准除数和标准配额的时候，我们四舍五入到百分位，即两位小数。

例 1　求出标准配额

求出上述某国中的四个州 A、B、C 和 D 的标准配额，并填完表 13.25。

表 13.25　某国按州划分的人口

州	A	B	C	D	总数
人口（单位：千）	275	383	465	767	1 890
标准配额					

解答

标准配额等于每一个州的人口除以标准除数。我们之前计算过标准除数，结果是 63。因此，我们将 63 代入标准配额公式的分母部分，并求出每个州的标准配额。

$$\text{A州的标准配额}=\frac{\text{A州的人口数量}}{\text{标准除数}}=\frac{275}{63}\approx 4.37$$

$$\text{B州的标准配额}=\frac{\text{B州的人口数量}}{\text{标准除数}}=\frac{383}{63}\approx 6.08$$

$$\text{C州的标准配额}=\frac{\text{C州的人口数量}}{\text{标准除数}}=\frac{465}{63}\approx 7.38$$

$$\text{D州的标准配额}=\frac{\text{D州的人口数量}}{\text{标准除数}}=\frac{767}{63}\approx 12.17$$

四个州的标准配额如表 13.26 所示。

13.26　某国每州的标准配额

州	A	B	C	D	总数
人口（单位：千）	275	383	465	767	1 890
标准配额	4.37	6.08	7.38	12.17	30

注意，所有标准配额的和是 30，即国会席位的总数。

好问题！

标准配额的和是不是一直正好等于分配项的数量?

不是的。因为计算中的四舍五入，标准配额的和可能稍微大于或小于分配项的数量。

☑ **检查点 1** 某国由五个州组成，分别是 A、B、C、D 和 E。根据该国宪法，国会有 200 个席位，根据每州的人口分配。各州的人口如表 13.27 所示。

表 13.27 某国按州划分的人口

州	A	B	C	D	E	总数
人口（单位：千）	1 112	1 118	1 320	1 515	4 935	10 000
标准配额						

a. 求出标准除数。

b. 求出各州的标准配额并填完表 13.27。

2 理解分配问题

分配问题

表 13.26 中的标准配额代表每个州在某国的 30 个国会席位中确切的公平份额。然而，我们说 A 州在国会有 4.37 个席位，这是什么意思？席位必须按整数分配。分配问题是确定一种方法，将标准配额四舍五入为整数，以便数字的总和就是分配项的总数。

好问题！

如果标准配额已经是一个整数了，应该如何求出配额的上限和下限？

在标准配额是整数的情况下，配额的上限和下限都等于标准配额。

我们能否将标准配额四舍五入到整数，从而解决分配问题？**配额的下限**是标准配额向下近似到最接近的整数。**配额的上限**是标准配额向上近似到最接近的整数。配额的上限和下限如表 13.28 所示。

表 13.28 某国各州标准配额的上限和下限

州	A	B	C	D	总数
人口（单位：千）	275	383	465	767	1 890
标准配额	4.37	6.08	7.38	12.17	30
配额下限	4	6	7	12	29
配额上限	5	7	8	13	33

这些总数应该是 30，因为国会有 30 个席位

通过向上或向下近似到更低或更高的配额，我们并没有解决分配问题。我们正在分配国会的 29 或 33 个席位。当分配 29 个席位，空出来的席位怎么办？当分配 33 个席位，那额外的 3 个席位从何而来？

我们需要讨论四种不同的**分配方法**，即解决分配问题的方法。这些方法分别是**汉密尔顿法、杰弗逊法、亚当斯法和韦伯斯特法**。

3 使用汉密尔顿法

汉密尔顿法

汉密尔顿分配法有三个步骤。

> 汉密尔顿法
>
> 1. 计算每一组的标准配额。
> 2. 将每一组的标准配额向下近似到最近的整数，从而求出配额下限。一开始，给每一组分配该组的配额下限。
> 3. 将多出来的项分配给标准配额中小数部分最大的组，一次分配一个，直到没有多出来的项为止。

布利策补充

亚历山大·汉密尔顿（Alexander Hamilton，1757—1804）

亚历山大·汉密尔顿是乔治·华盛顿政府的第一任财政部部长。汉密尔顿和托马斯·杰弗逊（Thomas Jefferson）是针锋相对的政治对手。1804 年，汉密尔顿在与亚伦·伯尔的决斗中被杀，伯尔是杰弗逊政府的副总统。

例如，请思考某国的配额下限。我们一开始给每一组分配该组的配额下限，如表 13.29 所示。因为国会席位总数是 30，所以你能发现有一个席位空出来了吗?

表 13.29 某国各州标准配额的下限

州	A	B	C	D	总数
人口（单位：千）	275	383	465	767	1 890
标准配额	4.37	6.08	7.38	12.17	30
配额下限	4	6	7	12	29

有 30 个席位，谁将得到额外一个?

将多出来的席位分配给标准配额中小数部分最大的州。最大的小数部分是 0.38，对应 C 州。因此，C 州获得了一个额外的席位，在国会中有 8 个席位。

表 13.30 总结了这四个州的国会席位分配情况。

表 13.30 使用汉密尔顿法解决某国的分配问题

州	A	B	C	D	总数
配额下限	4	6	7	12	29
汉密尔顿法分配	4	6	8	12	30

布利策补充

汉密尔顿躁狂

制作人林－马努埃尔·米兰达的嘻哈音乐剧《汉密尔顿》使用年轻、多种族的演员阵容，将美国国父们从自己的传奇中解放出来。这档节目几乎全是歌唱，把对手汉密尔顿和杰弗逊之间的内阁辩论变成了说唱大战。虽然没有关于分配方式的歌曲（标准配额不是很有音乐性），但该剧的内容已经足够广泛，包括煽情的表演、高亢的音乐和对嘻哈经典的致敬。

例 2 使用汉密尔顿法

快速公交服务在 6 条路线 A、B、C、D、E 和 F 上运行 130 辆公共汽车。分配给每条路线的公共汽车数量是根据每条路线每天乘客的平均数量计算的，如表 13.31 所示。使用汉密尔顿的方法来分配公共汽车。

表 13.31

路线	A	B	C	D	E	F	总数
平均乘客数量	4 360	5 130	7 080	10 245	15 535	22 650	65 000

解答

在使用汉密尔顿法之前，我们必须计算标准除数。

$$标准除数=\frac{总体的总数}{分配项的数量}=\frac{乘客的总数}{公共汽车的数量}=\frac{65\,000}{130}=500$$

标准除数 500 表示每天每辆公共汽车的乘客数量。使用标准除数之后，汉密尔顿的三个步骤如表 13.32 所示。

公共汽车的分配如表 13.32 的最右一列所示，是通过给每条路线分配配额下限然后加上多出来的公共汽车得到的。

表 13.32 使用汉密尔顿法的公共汽车分配

路线	乘客	标准配额	配额下限	小数部分	剩余公交	最终分配
A	4 360	8.72	8	最大 0.72	1	9
B	5 130	10.26	10	0.26		10
C	7 080	14.16	14	0.16		14
D	10 245	20.49	20	第二大 0.49	1	21
E	15 535	31.07	31	0.07		31
F	22 650	45.30	45	0.30		45
总数	65 000	130	128			130

步骤 1：计算每个标准配额：

$$标准配额=\frac{群体数量}{标准除数}=\frac{乘客数量}{500}$$

步骤 2：向下近似，找到每个配额下限。总数 128 表示我们必须分配两个额外的公共汽车

步骤 3：将两个多余的公共汽车一次一辆分配给小数点部分最大的路线

☑ **检查点 2** 回顾检查点 1。使用汉密尔顿法分配 200 个国会席位。

4 理解配额法则

你有没有注意到汉密尔顿法中的每一种分配不是配额下限就是配额上限？这是一个重要的公平标准，称为**配额法则**。

配额法则

一组的分配额应该是其配额上限或配额下限。保证这种情况总是发生的分配方法被称为**满足配额法则**。

5 使用杰弗逊法

杰弗逊法

国会批准汉密尔顿的方法作为 1790 年的人口普查分配方法。然而，这个方法被华盛顿总统否决了。否决之后，托马斯·杰弗逊提出的一种方法被采纳。（19 世纪 50 年代，国会重新启用了汉密尔顿法，一直使用到 1900 年。）

华盛顿总统可能会担心汉密尔顿法的什么地方？也许是因为在分配国会席位时，有些州会比其他州更容易获得优待。这些州在他们的标准配额中所占比例最大。理想情况下，我们应该可以用其他除数来代替标准除数，也就是修正除数。将每个州的人口除以这个除数，然后将修正后的配额四舍五入，我们应该不会剩下多余的分配项。因此，任何组（或州）都不会得到优待。

杰弗逊法

1. 找到一个**修正除数** d，这样当每个组的**修正配额**（组的总数除以 d）被近似到整数时，所有组的整数的总和就是要分配的项目数量。被近似的修正商称为**修正配额下限**。
2. 将每个组的修正配额下限分配给每个组。

我们应该如何找到修正除数 d，有效使用杰弗逊法？在讨论这个问题之前，让我们使用基于修正除数的给定值的计算来说明这个方法。

布利策补充

托马斯・杰弗逊

（1743—1826）

科学是我的热情，政治是我的责任。

托马斯・杰弗逊是美国第三任总统（1801—1809），33 岁时写出了《独立宣言》，也是华盛顿政府的国务卿。虽然他一生大部分时间都饱受偏头痛的折磨，但杰弗逊是一位杰出的政治家、作家、哲学家和发明家。杰弗逊经常因他的便装、一件破旧的棕色外套和一双软拖鞋，让来访的人感到震惊。在他的任期内，通过 1803 年购买路易斯安那州，使美国的面积翻了一倍。

例 3 使用杰弗逊法

和例 2 一样，快速公交服务在 6 条路线 A、B、C、D、E 和 F 上运行 130 辆公共汽车。分配给每条路线的公共汽车数量是根据每条路线每天乘客的平均数量计算的，如表 13.31 所示。使用杰弗逊法来分配公共汽车，其中 d=486。

解答

当 d=486 时，杰弗逊法如表 13.33 所示。

表 13.33 使用杰弗逊法（d=486）的公共汽车分配

线路	乘客	修正配额	修正配额下限	最终分配
A	4 360	8.97	8	8
B	5 130	10.56	10	10
C	7 080	14.57	14	14
D	10 245	21.08	21	21
E	15 535	31.97	31	31
F	22 650	46.60	46	46
总数	65 000		130	130

$$\text{修正配额} = \frac{\text{乘客数量}}{486}$$

将每一个修正配额近似为整数，总和 130 表示没有多余的公共汽车去分配

公交车的分配方式如表 13.33 的最右一列所示，是根据每条线路的修正配额下限确定的。

☑ **检查点 3** 回顾检查点 1。使用杰弗逊法分配 200 个国会席位，其中 d=49.3。

不幸的是，我们没有关于修正除数 d 的公式。此外，通常有不止一个修正除数使杰弗逊法有效。你可以通过反复试验找到其中一个修正除数的值。首先，在杰弗逊法中，修正除数比标准除数略小。选择一个你认为可能有用的数字 d。执行杰弗逊法所要求的计算：将每组数量除以 d，四舍五入到整数，然后求出整数的总和。如果幸运的话，这个总和就是要分配的项目数量。否则，更改 d 的值（如果和太大，则增大 d；如果和

太小，则缩小 d ），然后再试一次。在大多数情况下，尝试两到三次，你会发现一个修正除数 d 是可行的。

杰弗逊法于 1791 年被采用。在 1832 年的分配中，纽约州以 38.59 的标准配额在众议院获得了 40 个席位。因为 40 既不是 38.59 的配额上限，也不是配额下限，所以我们发现杰弗逊法的方法违反了配额法则。1832 年的分配是众议院最后一次使用杰弗逊法进行分配。

6　使用亚当斯法

亚当斯法

在杰弗逊法因为违反配额法则而存在问题的同时，约翰·昆西·亚当斯（John Quincy Adams）提出了一种方法，该方法与杰弗逊法相反。亚当斯建议使用修正配额上限，而不是像杰弗逊法那样使用修正配额下限。

在例 4 中，我们将使用试错法找到一个满足亚当斯法的修正除数 d。当我们使用亚当斯法时，从一个稍微大于标准除数的修正除数开始尝试。

亚当斯法

1. 找到一个**修正除数** d，这样当每组的**修正配额**（组的总数除以 d ）近似到整数时，所有组的整数的总和就是要分配的项目数量。近似后的修正商称为**修正配额上限**。
2. 将每个组的修正配额上限分配给每个组。

例 4　使用亚当斯法

再次考虑，快速公交服务在 6 条路线 A、B、C、D、E 和 F 上运行 130 辆公共汽车。分配给每条路线的公共汽车数量是根据每条路线每天乘客的平均数量计算的，如表 13.31 所示。使用亚当斯法来分配公共汽车。

解答

在例 2 中，我们求出的标准除数是 500。我们从猜测一个可能的修正除数开始，但愿能猜中。d 的值必须比 500 大，这样修正配额才会比标准配额小。当四舍五入的时候，整数的和应该等于 130，这样才能正好分配完公共汽车。或许我们应该

布利策补充

约翰 · 昆西 · 亚当斯（1767—1848）

约翰·昆西·亚当斯是美国第二任总统约翰·亚当斯（John Adams）的儿子，是美国第六任总统，任期为 1825 年至 1829 年。在 1824 年的自由选举中，亚当斯屈居第二，落后于安德鲁·杰克逊将军，但由于四名候选者都没有获得大多数选票，选举结果就交给了众议院。在那里，众议院议长亨利·克莱（Henry Clay）将胜利导向了亚当斯。当亚当斯任命克莱为国务卿时，杰克逊的军队叫嚷着"腐败的交易"——这一指控注定了亚当斯在 1828 年竞选连任的失败。离开白宫后，亚当斯在众议院服务了 18 年，并在他的办公桌前患上了致命的中风。

猜测 $d=512$。表 13.34 显示了使用亚当斯法的分配结果，其中 $d=512$。

表 13.34 使用亚当斯法（d=512）的计算

线路	乘客	修正配额	修正配额上限
A	4 360	8.52	9
B	5 130	10.02	11
C	7 080	13.83	14
D	10 245	20.01	21
E	15 535	30.34	31
F	22 650	44.24	45
总数	65 000		131

修正配额 $=\dfrac{\text{乘客数量}}{512}$

和应该是 130 而不是 131

因为修正配额上限的和太高了，所以我们需要稍微减少一点修正配额。我们尝试了一个更高一点的修正除数 $d=513$，得到的修正配额的和是 129。因为这个和太低了，所以我们将修正除数从 $d=513$ 减少一点点到 $d=512.7$。表 13.35 显示了使用亚当斯法的分配结果，其中 $d=512.7$。

表 13.35 使用亚当斯法（d=512.7）的计算

线路	乘客	修正配额	修正配额上限	最终分配
A	4 360	8.50	9	9
B	5 130	10.01	11	11
C	7 080	13.81	14	14
D	10 245	19.98	20	20
E	15 535	30.30	31	31
F	22 650	44.18	45	45
总数	65 000		130	130

修正配额 $=\dfrac{\text{乘客数量}}{512.7}$

这个总数恰好为要分配的公共汽车数

公交车的分配方式如表 13.35 的最右一列所示，是根据每条线路的修正配额上限确定的。

☑ **检查点 4**　回顾检查点 1。使用亚当斯法分配 200 个国会席位，其中 $d=50.5$。有必要的话，像例 4 中一样修正 d 的值。

回想一下杰弗逊法，欢欣鼓舞的纽约州以 38.59 个标准配额获得了 40 个席位。这超过了上限 39，称为**违反配额上限**。亚当斯认为他可以避免这种违规，他也确实做到了。不幸的是，他的方法可能导致众议院的席位分配低于一个州的配额下限。亚当斯方法中的这个缺陷被称为**违反配额下限**。当使用亚当斯法时，所有违反配额法则的行为都属于这种情况。

7　使用韦伯斯特法

韦伯斯特法

1832 年，丹尼尔·韦伯斯特提出了一种分配法，听起来像是杰弗逊法和亚当斯法之间的折中。杰弗逊法将修正配额向下近似，亚当斯法将修正配额向上近似。让我们用小数近似的方式来近似修正配额：如果小数部分小于 0.5，那么向下近似到最接近的整数。如果小数部分大于或等于 0.5，那么向上近似到最接近的整数。韦伯斯特认为这是计算整数的唯一公平方法。

布利策补充

丹尼尔·韦伯斯特（Daniel Webster, 1782—1852）

丹尼尔·韦伯斯特在美国众议院任职（1813—1817 及 1823—1827 年），在那里他成为了美国最著名的演说家之一。他在参议院（1827—1841；1845—1850）拥有席位，并曾担任国务卿（1841—1843；1850—1852），他在维护联邦方面很有影响力。他最大的遗憾是没能当上总统。

韦伯斯特法

1. 找到一个**修正除数** d，这样当每个组的**修正配额**（组的总体除以 d）近似到最接近的整数时，所有组的整数的总和就是要分配的项目数量。被近似的修正商称为**修正近似配额**。
2. 将每个组的修正近似配额分配给每个组。

韦伯斯特法在许多方面与杰弗逊和亚当斯的方法相似。然而，当我们使用韦伯斯特法时，修正除数 d 可能小于、大于或等于标准除数。因此，要找到一个满足韦伯斯特法的修正除数可能要花一些时间。

例 5　使用韦伯斯特法

我们最后一次回到公共汽车问题，快速公交服务在 6 条路线 A、B、C、D、E 和 F 上运行 130 辆公共汽车。分配给每条路线的公共汽车数量是根据每条路线每天乘客的平均数量计算的，如表 13.31 所示。使用韦伯斯特法来分配公共汽车。

解答

从例 2 中，我们得知，标准除数是 500。我们从 $d=502$ 开始尝试，比标准除数大一点。在对得到的修正配额进行近似并计算和时，我们得到 129，而不是目标的 130。因为 129 比 130 小，所以修正除数大了，我们应该猜测一个小于 500 的修正除数。我们尝试 $d=498$。表 13.36 显示了韦伯斯特法的计算结果，其中 $d=498$。

表 13.36 使用韦伯斯特法（d=498）计算

线路	乘客	修正配额	修正近似配额	最终分配
A	4 360	8.76	9	9
B	5 130	10.30	10	10
C	7 080	14.22	14	14
D	10 245	20.57	21	21
E	15 535	31.19	31	31
F	22 650	45.48	45	45
总数	65 000		130	130

$$修正配额=\frac{乘客数量}{498}$$

这个总数恰好为要分配的公共汽车数

公交车的分配方式如表 13.36 的最右一列所示，是根据每条线路的修正近似配额确定的。

☑ **检查点 5** 回顾检查点 1。使用韦伯斯特分配 200 个国会席位，其中 $d=49.8$。

在例 2～5 中，我们使用四种不同的方法来分配公交线路。虽然使用汉密尔顿法得到的最终分配与使用韦伯斯特法得到的相同，但情况并不总是这样。就像选举方法一样，在相同的情况下使用不同的分配方法会产生不同的结果。

虽然韦伯斯特法可能会违反配额法则，但违反是罕见的。许多专家认为韦伯斯特法是目前最好的整体分配方法。目前用来分配美国众议院席位的方法被称为亨廷顿－希尔法。（参见

布利策补充

肮脏的总统选举

1796 年：约翰·亚当斯对托马斯·杰弗逊

杰弗逊的支持者指责亚当斯"肚子十分冗长"，意思是他的肚子有 18 英寸长。

1800 年：约翰·亚当斯对托马斯·杰弗逊

杰弗逊将亚当斯形容为"一个丑陋的雌雄同体，既没有男人的力量和坚定，也没有女人的温柔和感性。"

1828 年：安德鲁·杰克逊对约翰·昆西·亚当斯

亚当斯支持者发布的传单说杰克逊是"一个斗鸡者、酒鬼、小偷、骗子，一个非常胖的妻子的丈夫"。

2016 年：希拉里·克林顿对唐纳德·特朗普

克林顿将特朗普的外交政策经历形容为"在俄罗斯举办环球小姐大赛"。

来源：*Time*，November 21, 2016

练习 50。）然而，一些专家认为，在我们有生之年，韦伯斯特法将卷土重来，取代亨廷顿 - 希尔法。

表 13.37 汇总了本节学习的四种分配方法。

表 13.37　分配方法汇总

方法	除数	分配
汉密尔顿法	$标准除数 = \dfrac{总体的总数}{分配项的数量}$	将每一个标准配额向下近似到最近的整数。一开始将每组的配额下限分配给各个组，然后将多出来的项分配给标准配额中小数部分最大的组，一次分配一个，直到没有多出来的项为止
杰弗逊法	修正除数小于标准除数	将每一组的修正配额向下近似到最近的整数，将每组的修正配额下限分配给各个组
亚当斯法	修正除数大于标准除数	将每一组的修正配额向上近似到最近的整数，将每组的修正配额上限分配给各个组
韦伯斯特法	修正除数可能小于、大于或等于标准除数	将每一组的修正配额近似到最近的整数，将每组的修正近似配额分配给各个组

布利策补充

选举团

宪法的制定者认为，多数人的意见有时必须由当选代表的智囊来调和。因此，总统和副总统是仅有不是由人民直接投票选出的，而是由选举团选出的美国官员。

选举团制度运作的概要如下所示：

- 一共有 538 张选举人票。
- 选举人票被各州和哥伦比亚特区瓜分。每个州的选举人票数目等于该州的国会参议员和众议员总数。
- 在一个特定的州赢得大多数民众选票的候选者就赢得了该州选举团成员的

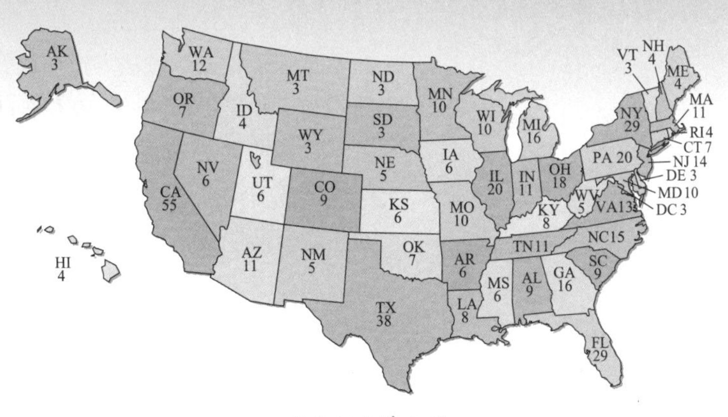

总统的选举人票

这些数据基于 2010 年人口普查，用于 2016 年美国总统大选

来源：Federal Election Commission

全部选票。

- 赢得选举团大多数而不仅仅是多数选票的候选者被宣布为获胜者。总统候选者至少需要 538 张选举人票中的 270 张才能获胜。如果没有候选者获胜，那么选举就会移交给众议院，众议院将投票给排名前三的候选者之一。

从 2016 年的选举中我们知道，没有赢得普选的总统候选者有可能赢得选举。如果一个候选者在大州（有很多选举人票的州）以微弱优势赢得普选，而在小州却以很大优势输掉普选，那么普选获胜者实际上可能会输掉选举。唐纳德·特朗普是唯一在普选中失利但赢得大选的美国总统吗？答案是否定的。这发生在 2000 年，当时民主党人阿尔·戈尔赢得了普选，但共和党人乔治·W. 布什以微弱优势赢得选举人票并入主白宫。这种情况还发生过三次：1824 年、1876 年和 1888 年。

13.4 分配方法的缺陷

学习目标

学完本节之后，你应该能够：

1. 理解并阐述亚拉巴马悖论。
2. 理解并阐释总体悖论。
3. 理解并阐释新州悖论。
4. 理解巴林斯基和杨氏不可能定理。

一提到佛罗里达就激怒了民主党人。佛罗里达州有争议的选举人票帮助一位在普选中失利的共和党总统当选。

不，我们指的不是 2000 年备受争议的乔治·W. 布什的选举，而是 1876 年共和党人拉瑟福德·B. 海斯（Rutherford B. Hayes）战胜民主党人塞缪尔·J. 蒂尔登（Samuel J.Tilden）的选举。蒂尔登以 4 300 590 票赢得了普选，而海斯获得了 4 036 298 票。1872 年，各州之间的权力争夺导致了众议院的非法分配，这并不是基于汉密尔顿法。按照汉密尔顿的方案，本来应该给纽约州和伊利诺伊州的两个席位被佛罗里达州和新罕布什尔州抢占了。四年后，拉瑟福德·B. 海斯以 185 票对 184 票的一票优势当选美国总统。如果汉密尔顿法在国会的分配中使用，纽约州就会多一票，把海斯的票从佛罗里达州或新罕布什尔州抢走。简而言之，如果 1872 年的众议院分配是按照汉密尔顿法进行的，那么蒂尔登就会赢得选举人票，从而赢得总统职位。

汉密尔顿法似乎是一种公平合理的分配方法。这是唯一满足配额法则的方法，也就是说，一个组的分配总是它的配额上限或配额下限。不幸的是，这也是唯一能产生一些严重问题的方法，被称为**亚拉巴马悖论**、**总体悖论**和**新州悖论**。在本节中，我们将逐一讨论这些缺陷。最后，我们要看看是否有一种理想的分配方法，可以保证各州在众议院中公平分配席位。这事关平等代表权，避免像1876年那样的选举失败，以及许多政府政策是基于每个州的代表人数的现实。

1 理解并阐述亚拉巴马悖论

从根本上说，对宪法的侵犯最危险的莫过于对自己人耍的花招。

——托马斯·杰弗逊

亚拉巴马悖论

在1880年的人口普查之后，众议院有两种可能的规模：299名议员或300名议员。美国人口普查局的书记官用汉密尔顿法计算了这两种参议院比例的分配。

他发现，如果为了300个席位而在众议院增加一个席位，实际上会使亚拉巴马州的席位从8个减少到7个。这是第一次在国会分配中观察到这种自相矛盾的行为。因此，这被称为亚拉巴马悖论。

亚拉巴马悖论

增加要分配的项的总数反而会减少某一组分配到的项的数量。

例 1 阐释亚拉巴马悖论

一个有1万人口的小国由三个州组成。根据该国宪法，国会将有200个席位，由三个州根据各自的人口分配。表13.38显示了每个州的人口。使用汉密尔顿法证明，如果席位数量增加到201，就会出现亚拉巴马悖论。

表 13.38

州	A	B	C	总数
人口	5 015	4 515	470	10 000

解答

我们从国会的200个席位开始。首先，我们计算标准除数。

$$标准除数=\frac{总体总数}{分配项的数量}=\frac{10\,000}{200}=50$$

使用50这个标准除数，表13.39显示了根据汉密尔顿法，各个州分配到的国会席位数量。

表 13.39　使用汉密尔顿法分配 200 个国会席位

州	人口	标准配额	配额下限	小数部分	空余席位	最终分配
A	5 015	100.3	100	0.3		100
B	4 515	90.3	90	0.3		90
C	470	9.4	9	0.4	1	10
总数	10 000	200	199			200

最大

标准配额 = $\frac{人口}{50}$

这个和表明我们必须分配一个额外席位

现在，我们来研究当国会席位增加到 201 时会发生什么。首先计算标准除数。

$$标准除数 = \frac{总体总数}{分配项的数量} = \frac{10\ 000}{201} \approx 49.75$$

使用 49.75 这个标准除数，表 13.40 显示了根据汉密尔顿法，各个州分配到的国会席位数量。

表 13.40　使用汉密尔顿法分配 201 个国会席位

州	人口	标准配额	配额下限	小数部分	空余席位	最终分配
A	5 015	100.80	100	0.80	1	101
B	4 515	90.75	90	0.75	1	91
C	470	9.45	9	0.45		9
总数	10 000	201	199			201

最大

第二大

标准配额 = $\frac{人口}{49.75}$

这个和表明我们必须分配两个额外席位

最终的分配如表 13.41 所示。当国会席位从 200 增加到 201 时，C 州分配到的席位反而变少了，从 10 减少到 9。这就是一个亚拉巴马悖论的例子。在这种情况下，人口较多的州 A 和 B 在牺牲人口较少的州 C 的情况下增加了席位。

表 13.41 阐释亚拉巴马悖论

州	200 个席位的分配	201 个席位的分配
A	100	101
B	90	91
C	10	9

C 州的分配从
10 减少到 9

☑ **检查点 1** 表 13.42 显示了一个人口 20 000 的国家的四个州的人口分布。使用汉密尔顿法证明如果国会席位从 99 增加到 100，会发生亚拉巴马悖论。

表 13.42

州	A	B	C	D	总数
人口	2 060	2 080	7 730	8 130	20 000

2 理解并阐释总体悖论

总体悖论

自美国宪法起草以来，州之间的权力和代表权问题一直是一个令人严重关切的问题。在 20 世纪初，弗吉尼亚的增长速度比缅因快得多，大约快了 60%，然而弗吉尼亚在众议院中输给了缅因一个席位。这个被称为**总体悖论**的悖论说明了汉密尔顿法的另一个严重缺陷。

总体悖论

虽然 A 组的总体增加速度大于 B 组，但是 A 组分配到的项却少于 B 组。

例 2 阐释总体悖论

一个小国的人口是 10 000，由三个州组成。国会有 11 个席位，根据每个州的人口分配。使用汉密尔顿法，表 13.43 显示了每个州的国会席位分配情况。

布利策补充

其他国家的汉密尔顿法

1880 年亚拉巴马悖论的发现，美国众议院导致停止使用汉密尔顿法。然而，汉密尔顿法，也被称为最大余数法，仍然在奥地利、比利时、萨尔瓦多、印度尼西亚、列支敦士登和马达加斯加被用于分配至少部分立法机构的席位。

表 13.43　使用汉密尔顿法分配 11 个席位

州	人口	标准配额	配额下限	汉密尔顿分配
A	540	0.59	0	0
B	2 430	2.67	2	3
C	7 030	7.73	7	8
总数	10 000	10.99	9	11

这个国家的人口增长了，如表 13.44 所示。

表 13.44

州	A	B	C	总数
原始人口	540	2 430	7 030	10 000
新的人口	560	2 550	7 890	11 000

a. 求出每个州的人口增长率。

b. 使用汉密尔顿法证明总体悖论的发生。

解答

a. 回想一下，增加百分比的分数是增加数量除以原始数量。每个州的人口增长率如下所示：

$$A\text{ 州：}\ \frac{560-540}{540}=\frac{20}{540}\approx 0.037=3.7\%$$

$$B\text{ 州：}\ \frac{2\ 550-2\ 430}{2\ 430}=\frac{120}{2\ 430}\approx 0.049=4.9\%$$

$$C\text{ 州：}\ \frac{7\ 890-7\ 030}{7\ 030}=\frac{860}{7\ 030}\approx 0.122=12.2\%$$

三个州的人口都增加了。C 州的增长率大于 B 州，B 州的增长率大于 A 州。

b. 我们需要使用汉密尔顿法求出人口增长后每个州分配的席位。首先我们计算标准除数：

$$\text{标准除数}=\frac{\text{总体总数}}{\text{分配项的数量}}=\frac{11\ 000}{11}=1\ 000$$

标准除数等于 1 000，表 13.45 显示了汉密尔顿法下每个州的席位分配情况。

表 13.45　使用汉密尔顿法为新人口分配 11 个国会席位

州	人口	标准配额	配额下限	小数部分	空余席位	最终分配
A	560	0.56	0	0.56	1	1
B	2 550	2.55	2	0.55		2
C	7 890	7.89	7	0.89	1	8
总数	11 000	11	9			11

标准配额 $= \frac{人口}{1\,000}$

这个和表明我们必须分配两个席位

最终分配如表 13.46 所示。好消息是 A 州终于有了一个国会席位。坏消息是，虽然 B 州的人口增长率大于 A 州，但是 B 州失去了一个国会席位。这就是一个总体悖论的例子。

表 13.46　阐释总体悖论

州	增长率	原始分配	新的分配
A	3.7%	0	1
B	4.9%	3	2
C	12.2%	8	8

B 州失去一个席位给 A 州

☑ **检查点 2**　一个小国的国会有 100 个席位，根据人口分配给三个州。表 13.47 显示了每个州在人口增长之前和之后的人口。

表 13.47

州	A	B	C	总数
原始人口	19 110	39 090	141 800	200 000
新的人口	19 302	39 480	141 800	200 582

a. 使用汉密尔顿法根据原始人口分配国会席位。

b. 求出 A 州和 B 州的人口增长率。（C 州的人口没有变化。）

c. 使用汉密尔顿法根据新的人口分配国会席位。证明总体悖论的出现。

3 理解并阐释新州悖论

新州悖论

汉密尔顿法的另一个缺陷是在 1907 年俄克拉何马州成为一个州时发现的。此前，众议院拥有 386 个席位。根据它的人口，俄克拉何马州应该有 5 个席位。因此，众议院的席位数量从 386 增加为 391。其目的是使其他州的席位数量保持不变。然而，当使用汉密尔顿法重新计算分配时，缅因州增加了一个席位（得到 4 个而非 3 个席位），纽约州则失去了一个席位（从 38 个减少到 37 个席位）。俄克拉何马州的加入迫使纽约州把一个席位让给了缅因州。当一个新州的加入影响到其他州的分配时，就会出现**新州悖论**。

> 新州悖论
>
> 一个新组的加入会改变其他组的分配状况。

例 3 阐释新州悖论

一个学区有两所高中：东高（1 688 名学生）和西高（7 912 名学生）。这个学区有一个由 48 名顾问组成的咨询团队，他们按照汉密尔顿法分配到各个学校。分配结果是，8 名顾问被分配到东高，40 名顾问被分配到西高，如表 13.48 所示。标准除数是

$$\frac{\text{总体总数}}{\text{分配项的数量}} = \frac{9\,600}{48} = 200$$

每个顾问对应 200 名学生

表 13.48 使用汉密尔顿法分配 48 名顾问

学校	总体	标准配额	配额下限	汉密尔顿分配
东高	1 688	8.44	8	8
西高	7 912	39.56	39	40
总数	9 600	48	47	48

假设一所新的学校，学生数为 1 448 的北高，加入了这个学区。根据每 200 名学生分配一名顾问的标准配额，学区决定为北高雇佣 7 名新的顾问。证明当重新分配时，会发生新州悖论。

解答

新的总体等于原始总体 9 600，加上北高的学生数量 1 448，即 9 600+1 448=11 048。新的顾问人数等于原始顾问人数加上新增顾问人数，即 48+7=55。因此，当北高加入时，新的标准除数等于

$$\frac{\text{总体总数}}{\text{分配项的数量}}=\frac{11\,048}{55}\approx 200.87$$

新的标准配额和汉密尔顿法的分配如表 13.49 所示。

表 13.49 使用汉密尔顿法分配 55 名顾问

学校	人口	标准配额	配额下限	小数部分	空余席位	最终分配
东高	1 688	8.40	8	0.40	1	9
西高	7 912	39.39	39	0.39		39
北高	1 448	7.21	7	0.21		7
总数	11 048	55	54			55

最大

标准配额 = $\frac{\text{学校人口}}{200.87}$

这个和表明我们必须分配 1 个额外席位

在北高加入学区之前，东高分配了 8 名顾问，西高分配了 40 名顾问。在北高加入之后，待分配的顾问数量也增加了。东高分配了 9 名顾问，西高分配了 39 名顾问。因此，结果西高失去了一名顾问给东高。新学校的加入改变了其他两所学校的分配情况。这就是一个新州悖论的例子。

☑ 检查点 3

a. 一个学区有两所高中：东高（2 574 名学生）和西高（9 426 名学生）。这个学区有一个由 100 名顾问组成的咨询团队。使用汉密尔顿法将顾问分配到各个学校。

b. 假设一所新的学校，学生数为 750 的北高，加入了这个学区。学区决定为北高雇佣 6 名新的顾问。使用汉密尔顿法证明当重新分配时，会发生新州悖论。

4 理解巴林斯基和杨氏不可能定理

寻找理想的分配方法

我们已经看到，虽然汉密尔顿法满足配额法则，但是它可

以产生悖论。相比之下，虽然杰弗逊、亚当斯和韦伯斯特的方法都可能违反配额法则，但是不会产生悖论。此外，汉密尔顿和杰弗逊的方法对大州有利，而亚当斯和韦伯斯特的方法对小州有利。多年来，国会内外的学者们都希望数学家最终能设计出一种理想的分配方法——既能满足配额法则，又不会产生任何矛盾，而且不会偏袒大州和小州。

存在理想的分配方法吗？很不幸，答案是否定的。1980年，数学家 Michel L. Balinski 和 H. Peyton Young 证明了不存在既能避免所有悖论又满足配额法则的分配方法。他们的定理被称为**巴林斯基和杨氏不可能定理**。

巴林斯基和杨氏不可能定理

不存在完美的分配方法。任何不违反配额法则的分配方法必然产生悖论，任何不产生悖论的分配方法必然违反配额法则。

因为任何一种分配方法都是有缺陷的，所以当国会讨论一种分配方法时，代表权的政治就像数学一样扮演着重要的角色。美国众议院已被分配了大约 20 次，选择一种分配方法最终可能是一项政治决定。

表 13.50 比较了我们讨论的四种分配方法，还可以作为巴林斯基和杨氏不可能定理的一个例子。

表 13.50 分配方法的缺陷

缺陷	分配方法有缺陷吗			
	汉密尔顿	杰弗逊	亚当斯	韦伯斯特
可能不满足配额法则（分配必须是配额的上限或下限）	无	有	有	有
可能导致亚拉巴马悖论（分配项的增加反而会导致一组分配到的项减少）	有	无	无	无
可能导致总体悖论（虽然 A 组的总体增长速度大于 B 组，但是 A 组分配到的项却少于 B 组）	有	无	无	无
可能导致新州悖论（一个新组的加入会改变其他组的分配状况）	有	无	无	无
在众议院中，分配方法可能偏袒大州	有	有	无	无
在众议院中，分配方法可能偏袒小州	无	无	有	有

布利策补充

2016 年美国大选

2016 年 11 月 8 日，房地产亿万富翁唐纳德·特朗普（共和党）击败前第一夫人、美国参议员、国务卿希拉里·克林顿（民主党），入主白宫。民调专家正确地预测了希拉里·克林顿在普选中获胜，但没有预见到唐纳德·特朗普通过在选举人票中获胜而成为总统，他赢得了巴拉克·奥巴马在 2012 年赢得的关键州，包括佛罗里达州、俄亥俄州、宾夕法尼亚州和艾奥瓦州。唐纳德·特朗普成为美国历史上第一位既没有在民选政府任职经验也没有在军队任职经验的总统。2016 年美国总统大选结果见表 13.51。

表 13.51　2016 年美国总统大选结果

党派	候选者	普选选票	百分比	选举人票
民主党	希拉里·克林顿和蒂姆·凯恩	65 853 625	48.2%	232
共和党	唐纳德·特朗普和迈克尔·彭斯	62 985 106	46.1%	306

在 2016 年的选举中，有许多全州范围的投票措施向选民呈现了政治上的多样性、情绪化和有争议的问题。以下有一些关键的投票倡议例子：

Alabama

Right to Work
✔ Yes 70%
No 30%
Membership in a labor union cannot be used as a requirement for employment.

California

Adult Film Health
Yes 46%
✔ No 54%
Would have required use of condoms in adult films made in California, and film producers to pay for vaccinations and test for sexually transmitted infections.

Colorado

Medical Aid in Dying
✔ Yes 65%
No 35%
Allows patient with diagnosis of death within 6 months to receive prescription for fatal doses of medication.

Maine

Rank-Choice Voting
✔ Yes 52%
No 48%
Creates new voting system for all but presidential race. Voters rank candidates; 2nd place vote will be counted if voter's 1st place choice is eliminated but no other candidate has majority.

Massachusetts

Legalize Marijuana
✔ Yes 54%
No 46%
Creates a Cannabis Control Commission to oversee licensing and regulation of recreational marijuana.

Missouri

Voter ID
✔ Yes 63%
No 37%
Amends state constitution to add that voters may be required to produce a photo ID to verify residence.

Nebraska

Reinstate the Death Penalty
Retain 39%
✔ Repeal 61%
Legislature banned death penalty in 2015; initiative would overturn the ban and reinstate the death penalty.

Oklahoma

Execution Methods
✔ Yes 66%
No 34%
Allows death penalty by any method not prohibited by U.S. Constitution; if method is deemed invalid, death penalty remains in force until a valid execution method is found.

来源：USA Today

第 14 章

图论

- 一座城市需要对乘客更友好的地铁线路图。
  - 公共工程管理人员必须为扫雪机、垃圾车和街道清扫车找到最有效的路线。
  - 销售总监到分公司出差需要将出差的成本降到最低。
  - 你需要完成一系列的任务，然后用最短的路线回家。
  - 一场大雪过后，校园服务部门必须清理出最少数量的人行道，并确保学生从一栋楼走到另一栋楼时能够沿着清理干净的人行道行走。
  - 你需要表示你家五代人的亲子关系。

这些看似不相关的问题可以使用称为**图**的特殊图解来解决。图论是由瑞士数学家莱昂哈德·欧拉（1707—1783）提出的。欧拉分析了一个有七座桥的城市的谜题。有没有可能在每座桥都只走一次的情况下穿过城市？尽管图论是从这个谜题发展而来的，但是你将学习如何使用图来解决企业和个人面临的一系列不同的现实问题。

相关应用所在位置

- 地铁线路简图：布利策补充
- 城市服务有效的路线：14.2 节
- 销售总监将出差的成本降到最低：14.3 节的例 4 和例 5
- 跑腿的最短路线：练习集 14.3，练习 41～44
- 暴雪之后的校园除雪：14.4 节的例 3
- 表示亲子关系：布利策补充，以一个电视上最不正常的家庭做例子来结束本书

14.1 图、路径和环线

学习目标

学完本节之后，你应该能够：

1. 理解图中的关系。
2. 使用图来建立关系的模型。
3. 理解并使用图论术语。

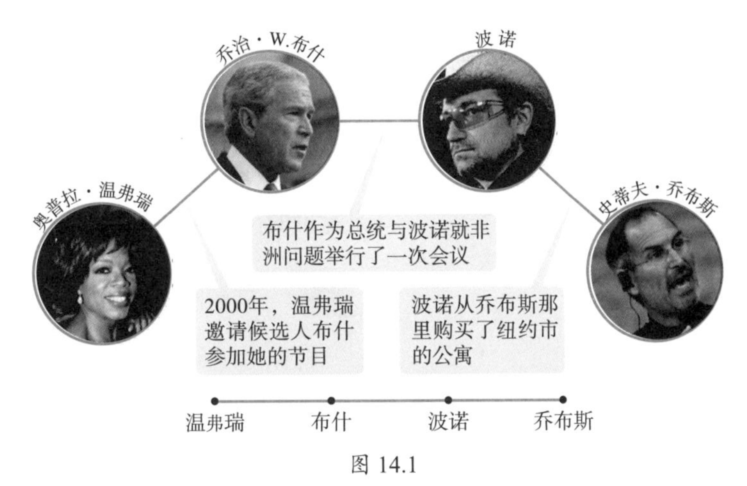

图 14.1

来源：*Time*, May 8, 2006

好问题！

10.7 节简单地介绍了图。我需要在开始学习本章之前复习 10.7 节吗？

不需要。在本章的开头，我们会回顾图论的定义。

"六度分离"理论认为，世界上的任何人都可以通过不超过四个中间连接连接到另一个人。图 14.1 表明，只有两个中间连接就可以将奥普拉·温弗瑞连接到已故的史蒂夫·乔布斯。

图 14.1 中的图解就是**图**的一个例子。图提供了描述关系的结构。人与人之间的关系（友情、爱情、关系等）可以用图来描述。这些图不同于我们在书中看到的直线、矩形、圆形和直角坐标系。相反，它们告诉我们一组事物是如何相互关联的。让我们从图的定义开始。

1 理解图中的关系

图的定义

一个**图**包括一个有限的点集，称为**顶点**，以及开始和结束于顶点的线段或曲线，称为**边**。从同一个顶点开始且结束的边叫作**环**。

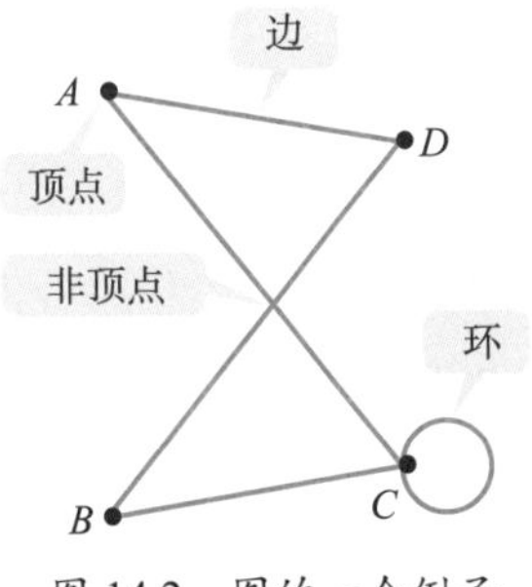

图 14.2 图的一个例子

图 14.2 显示了一个图的例子。这个图有四个顶点，分别标记为 A、B、C 和 D（我们通常使用大写字母来表示顶点）。如果两个顶点之间只有一条边，我们可以使用这两个顶点来表示那条边。例如，连接顶点 A 到顶点 D 的边可以称为边 AD 或边 DA。右下角的环可以称为边 CC 或环 CC。

我们总是用黑点来表示顶点。在图 14.2 中，*AC* 和 *DB* 的交点没有黑点。因此，这个点不是一个顶点。**两条边相交的点并不都是顶点**。你可能会发现把其中一条边放在另一条边之上是很有用的。

在图中，重要的信息是哪些顶点是由边连接起来的。如果两个图有相同数量的顶点以相同的方式连接在一起，那么它们是**等价的**。顶点的位置和边的形状并不重要。

例 1 理解图中的关系

解释为什么图 14.3a 和 b 是等价的图。

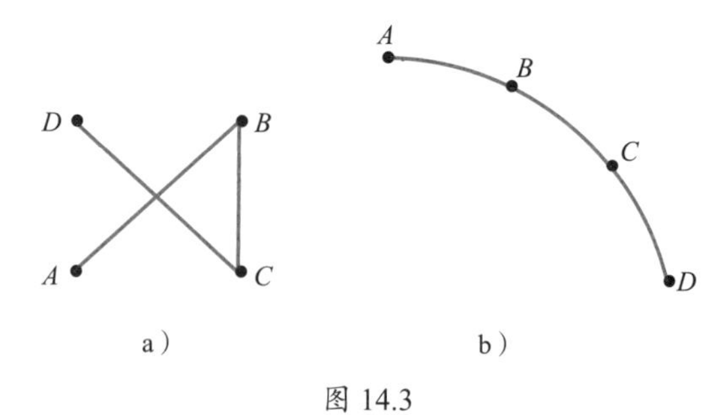

图 14.3

解答

在这两个图中，顶点都是 *A*、*B*、*C* 和 *D*。两个图都有连接顶点 *A* 和 *B* 的边（边 *AB* 或边 *BA*）、连接顶点 *B* 和 *C* 的边（边 *BC* 或边 *CB*）、连接顶点 *C* 和 *D* 的边（边 *CD* 或边 *DC*）。因为这两个图有相同数量的顶点且以相同的方式连接在一起，所以它们是等价的。

☑ **检查点 1** 解释为什么图 14.4a 和 b 是等价的图。

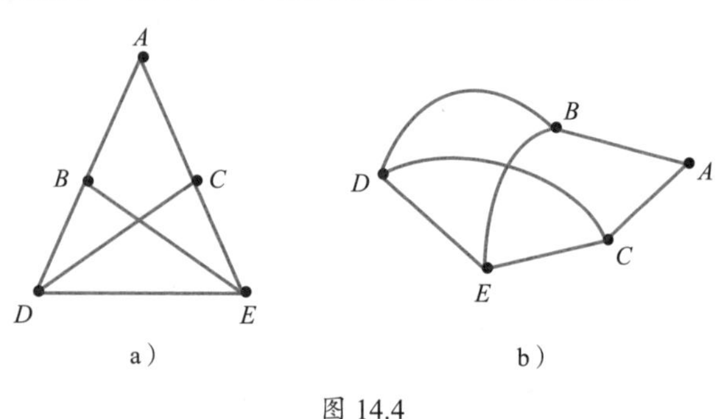

图 14.4

2　使用图来建立关系的模型

使用图来建立关系的模型

例 2 到例 5 说明了许多不同的情况，我们可以使用图来表示或建立模型。我们从第 10 章中简要讨论过的一个情况开始。我们的图将说明一组陆地之间是如何相互联系的。

例 2　使用图建立柯尼斯堡的模型

18 世纪早期，德国柯尼斯堡市位于普莱格尔河两岸和两个岛屿上。图 14.5 显示该市的各个部分由七座桥梁连接。画一个图来建立柯尼斯堡布局的模型。使用顶点表示陆地，边表示桥梁。

图 14.5　柯尼斯堡布局

解答

在绘制这张图时，唯一重要的是陆地和桥梁之间的关系：哪些陆地相互连接，有多少座桥梁。如图 14.6a 所示，我们用大写字母标注这四块陆地。

下一步，我们使用点来表示陆地。图 14.6b 显示了顶点 A、B、L 和 R。这些顶点的精确位置并不重要。

现在我们准备绘制表示桥梁的边。岛 A 和右岸 R 之间有两座桥相连，因此，我们画两条连接顶点 A 和顶点 R 的边，如图 14.6b 所示。你能看到只有一座桥连接岛 A 和岛 B 吗？因此，我们在图中画一条连接顶点 A 和 B 的边。岛 A 和左岸 L 之间也有两座桥，因此我们画两条连接顶点 A 和 L 的边，依此类推。我们得到如图 14.6c 所示的图。

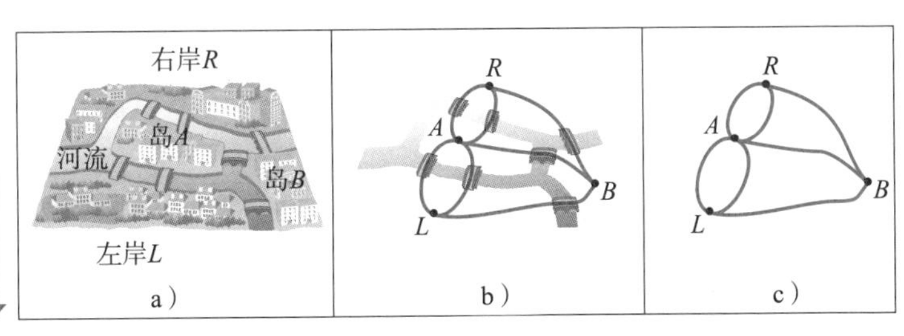

图 14.6　画图来建立柯尼斯堡布局的模型

好问题！

当使用图建立关系的模型时，形状重要吗？

不重要。重要的是顶点如何连接。记住，一个图有很多种等价的表示。

☑ 检查点 2　Metroville 市位于 Metro 河的两岸和三个岛上。图 14.7 显示该市各部分由五座桥梁连接。绘制一张图来建立 Metroville 布局的模型。

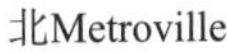

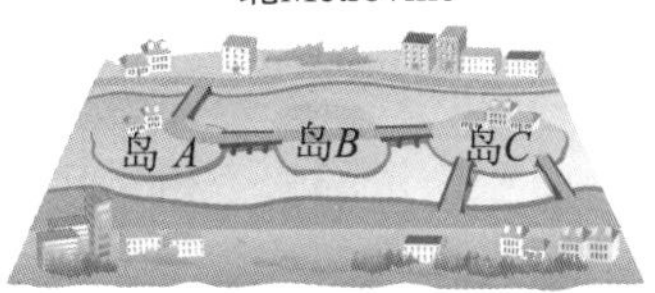

南Metroville

图 14.7

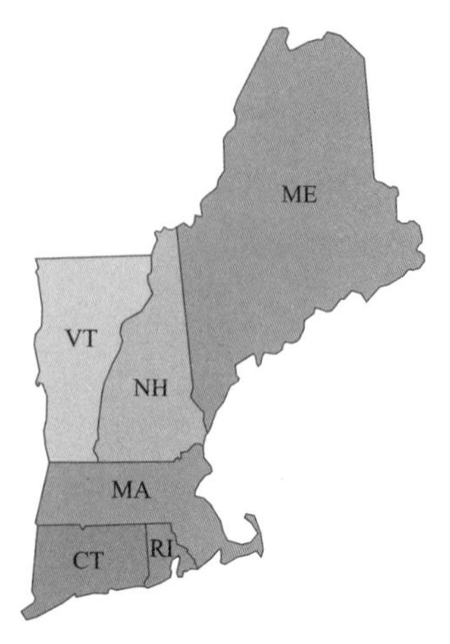

图 14.8 新英格兰各州

在下一个例子中，我们的图将表示一组州是如何联系在一起的。

例 3 建立新英格兰各州边界关系的模型

图 14.8 中的地图显示了新英格兰的各州。画一张图来建立新英格兰有共同边界的州的模型。使用顶点来表示州，使用边来表示公共边界。

解答

因为各州是用它们的缩写来标记的，所以我们可以使用图 14.9a 中的缩写来标记每个顶点。我们使用点来表示这些顶点，如图 14.9b 所示。这些顶点的精确位置并不重要。

现在我们准备绘制表示公共边界的边。当两个州有共同的边界时，我们用一条边连接各自的顶点。例如，罗得岛州与康涅狄格州和马萨诸塞州接壤。因此，我们绘制一条连接顶点 RI 和顶点 CT 的边，以及一条连接顶点 RI 和顶点 MA 的边，如图 14.9c 所示。你能看到马萨诸塞州与四个州有共同的边界吗？这就有了 MA 到 CT、MA 到 RI、MA 到 VT、MA 到 NH 的边。依此类推，我们得到如图 14.9c 所示的图。

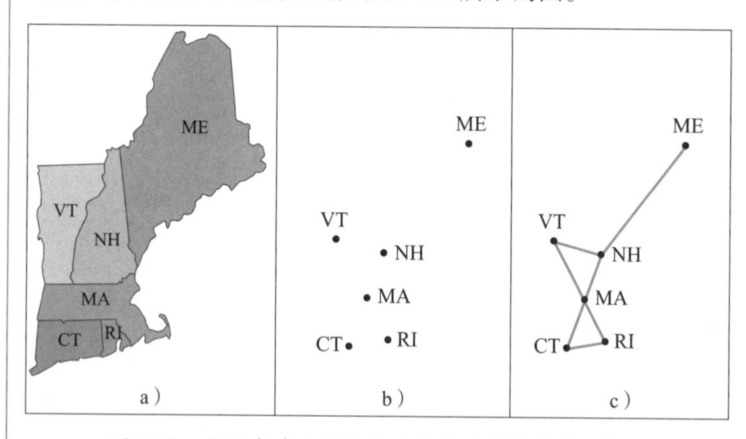

图 14.9 画图来建立新英格兰有共同边界的州的模型

☑ **检查点 3** 绘制一个图，为图 14.10 中所示的五个州之间的边界关系建立模型。

图 14.10

在下一个例子中，我们的图会表示建筑平面图中有多少房间相互连通。

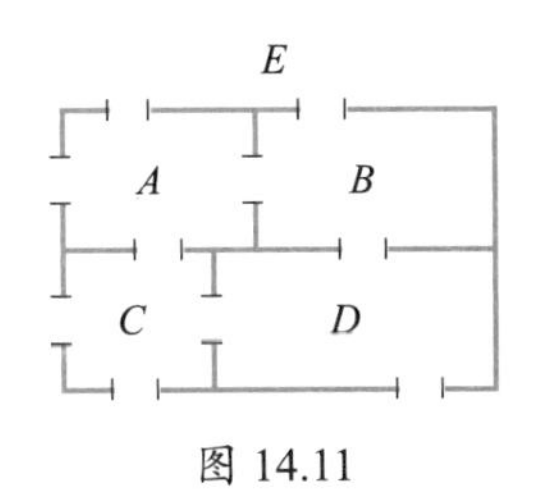

图 14.11

例 4 建立建筑平面图中房屋之间关系的模型

图 14.11 为四室房屋建筑平面图。房间用字母 A、B、C 和 D 表示，房子外面用 E 表示，开口表示门。绘制建筑平面图中房屋连通关系的模型。使用顶点来表示房间和外部，使用边来表示连通的门。

解答

因为房间和外部都用字母表示，所以我们可以使用图 14.12a 中的字母来表示各个顶点。我们使用点来表示这些顶点，如图 14.12b 所示。

现在我们准备好绘制表示门的边了。有两扇门连接着外部 E 和房间 A，所以我们画了两条连接顶点 E 和顶点 A 的边，如图 14.12c 所示。只有一扇门连接外部 E 和房间 B，所以我们画一条从顶点 E 到顶点 B 的边。两扇门连接外部 E 和房间 C，我们从 E 到 C 画两条边。从外面计算到每个房间的门和房间之间的门，完成的模型如图 14.12c 所示。

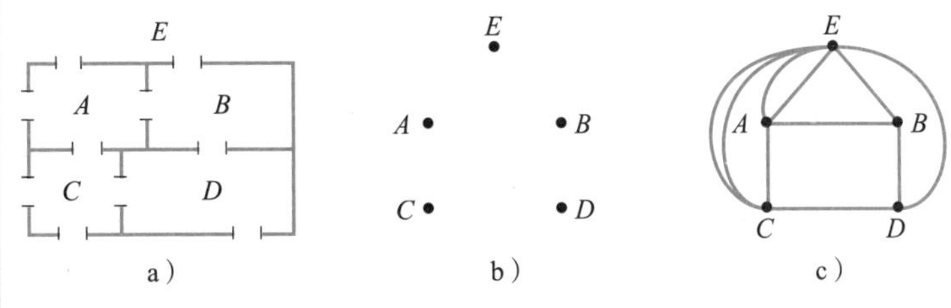

图 14.12 画图来建立房屋连通关系的模型

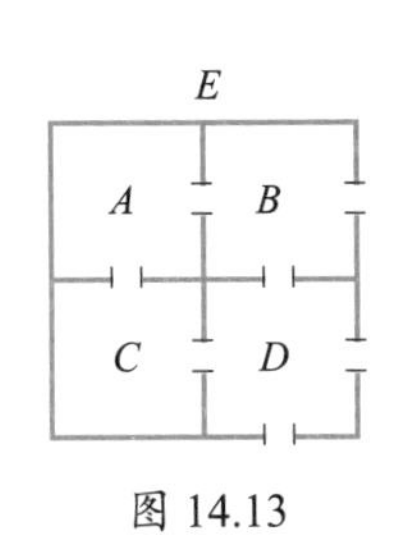

图 14.13

☑ **检查点 4** 一个四室房屋建筑平面图如图 14.13 所示。房间用字母 A、B、C 和 D 表示，房子外面用 E 表示。绘制建筑平面图中房屋连通关系的模型。

在为邮递员设置路线时，邮局感兴趣的是沿着最少步行或开车的路线送邮件。图在寻找邮件投递、垃圾收集和警察保护等服务路径的有效方法方面发挥着重要作用。规划和设计送货路线的第一步是创建为社区建模的图。

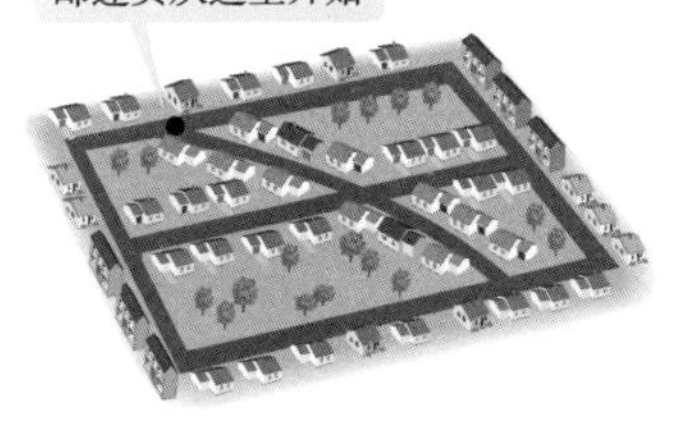

图 14.14

例 5 建立街区步行关系的模型

邮递员将邮件递送到图 14.14 所示的 4 个街区的社区里。

她把卡车停在图中所示的十字路口，然后步行将邮件送到每户人家。社区外部的街道只在一侧有房屋。相比之下，内部街道的房屋在街道的两边。在这些街道上，邮递员必须沿着街道走两次，每条路都要走一遍。画一张图，建立邮递员走过街道的模型。使用顶点来表示路口和拐角。如果街道必须经过一次，则使用一条边，如果街道必须经过两次，则使用两条边。

解答

我们首先用大写字母表示每个路口和拐角，如图 14.15a 所示。

接下来，我们用点来表示路口和拐角。图 14.15b 显示了从 A 到 I 的顶点。

现在，我们准备绘制代表拐角和路口之间步行关系的边。从 B 到 A 的街道必须只经过一次，所以我们画了一条连接顶点 A 到顶点 B 的边，如图 14.15c 所示。

从 A 到 D 的街道也是如此。相反，从 D 到 E 的街道两边都有房子，必须走两次。因此，我们画两条连接顶点 D 和顶点 E 的边，依此类推。完成的图如图 14.15c 所示。

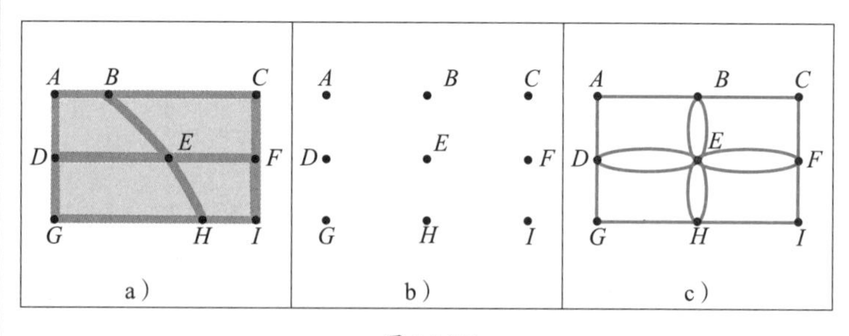

图 14.15

☑ **检查点 5** 一名保安需要在图 14.14 所示的社区街道上巡逻。与邮政工人不同的是，不管街道两边是否有房子，这名警卫都需要在每条街道上走一次。画出建立保安走过的街区街道模型的图。

3 理解并使用图论术语

图论术语

数学的每个分支都有自己独特的词汇。在本节的末尾，我们介绍图论中使用的术语。

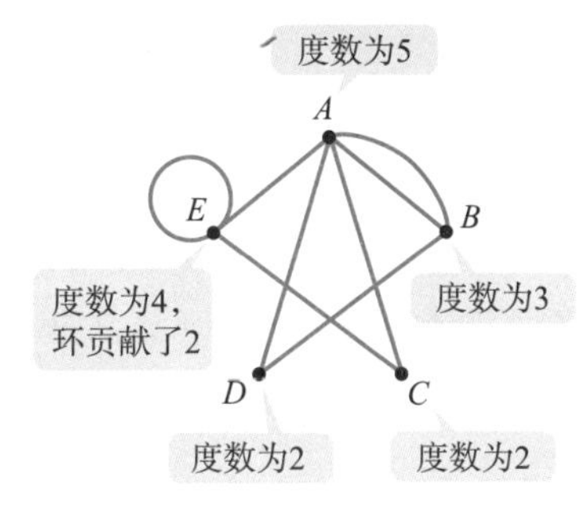

图 14.16　一个图顶点的度数

顶点的度数是指顶点上的边数。如果一个环将一个顶点连接到它自身，那么这个环对顶点的度数贡献就是 2。在一个图上，每个顶点的度数是通过计算与顶点相连的线段或曲线的数量来确定的。图 14.16 说明了一个图和每个顶点的度数。

一个与偶数条边相连的顶点是一个**偶顶点**。例如图 14.16 中，顶点 *E*、*D* 和 *C* 是偶顶点。一个与奇数条边相连的顶点是一个**奇顶点**。在图 14.16 中，顶点 *A* 和 *B* 是奇顶点。

如果图中的两个顶点至少有一条边连接，则称它们为**相邻顶点**。把相邻顶点看作**连通顶点**有助于理解。

好问题！

如果顶点相互靠近，它们一定相邻吗？

不一定。在图 14.16 中，因为顶点 *C* 和 *D* 之间没有边相连，所以它们不是相邻的。

例 6　识别相邻顶点

列出图 14.16 中图的相邻顶点对。

解答

有一种系统化的解决这种问题的方法，就是列出所有含有顶点 *A* 的相邻顶点对，然后列出所有含有 *B* 但不含有 *A* 的相邻顶点对，接着列出所有含有 *C* 但不含有 *A* 和 *B* 的相邻顶点对，再列出所有含有 *D* 但不含有 *A*、*B* 和 *C* 的相邻顶点对。最后，检查 *E* 是否和它自身相邻（确实相邻）。因此，相邻顶点对有 *A* 和 *B*、*A* 和 *C*、*A* 和 *D*、*A* 和 *E*、*B* 和 *D*、*C* 和 *E* 以及 *E* 和 *E*。

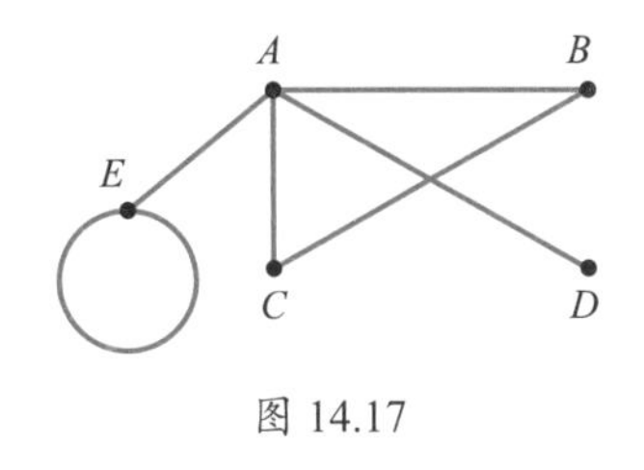

图 14.17

☑ **检查点 6**　列出图 14.17 中图的相邻顶点对。

我们可以使用相邻顶点来描述沿着图的移动。图中的**路径**是由相邻顶点和连接它们的边组成的序列。虽然一个顶点可以不止一次出现在路径上，但一条边只能出现在路径一次。例如，图 14.18 中显示了图的一条路径。

你可以把这条路径想象成从顶点 *A* 到顶点 *B*，到顶点 *D*，再到顶点 *E* 的运动。我们可以用一系列用逗号分隔的顶点来引用这条路径。因此，图 14.18 中所示的路径可以

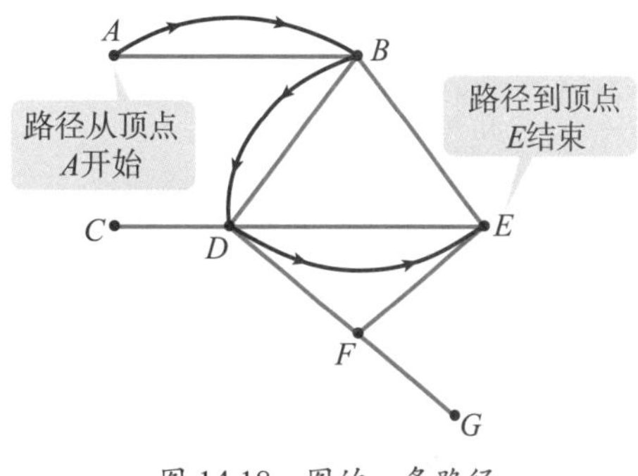

图 14.18　图的一条路径

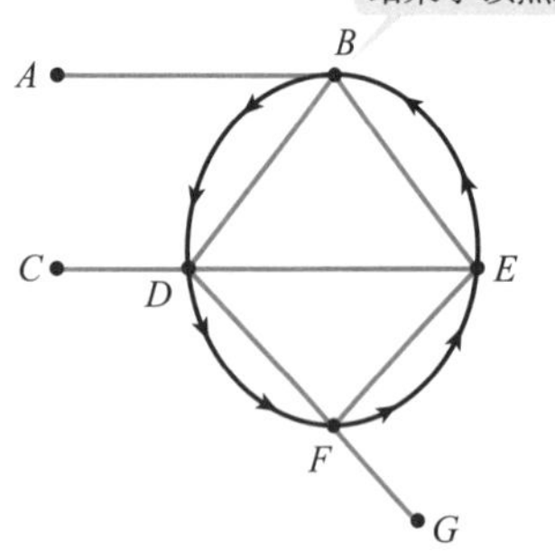

图 14.19 沿着图的环线

用 A，B，D，E 来描述。

图 14.18 中的图有许多路径。你能发现一条路径并不一定要包括图上的每一个顶点和每一条边吗？

环线是开始和结束于同一顶点的路径。在图 14.19 中，B，D，F，E，B 表示的路径是一个环线。请注意，每个环线都是一条路径。然而，由于并非所有路径都在同一顶点起始结束，所以并非所有路径都是环线。

术语连通的和断开的是用来描述图的。如果一个图的任意两个顶点至少有一条连接它们的路径，那么它是**连通的**。因此，如果一个图由一个部分组成，那么它是连通的。如果一个图没有连通，就说它是**断开的**。断开的图是由各自相互连通的部分组成的，这些部分称为图的组成部分。图 14.20 表示了连通的图和断开的图。

好问题！

图论中桥的定义是否和柯尼斯堡中桥的定义相同？

不相同。在柯尼斯堡的图中（图 14.6c），为城市中的桥建模的所有边都不是图论中定义的桥。

连通的图

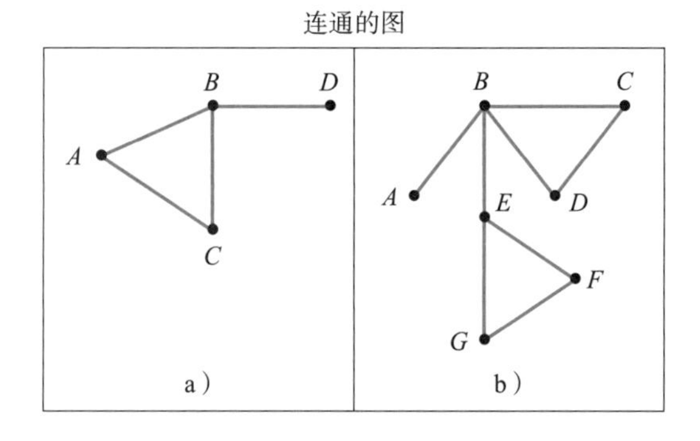

断开的图

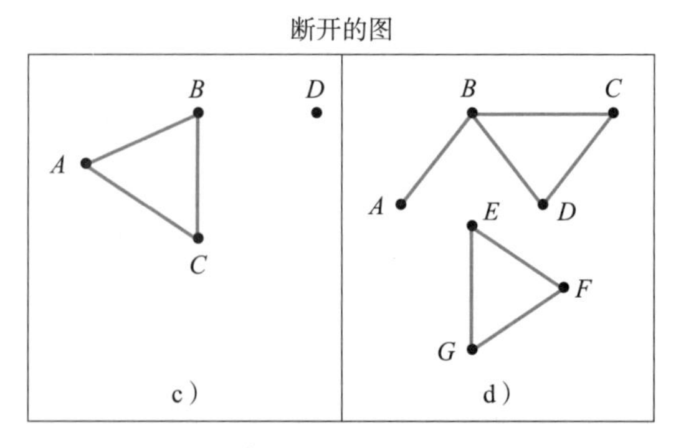

图 14.20 两个连通的图和两个断开的图的例子

桥是一条边，如果将这条边从连通的图上移除，就会留下一个断开的图。例如，比较图 14.20a 和 c。如果将边 BD 从图 14.20a 中移除，顶点 D 将与图的其余部分分离，只留下图

14.20c 中断开的图。因此，*BD* 是图 14.20a 中图的桥。

接下来，比较图 14.20b 和 d。如果将边 *BE* 从图 14.20b 中移除，那么图 14.20d 中的两个组成部分将会断开。因此，*BE* 是图 14.20b 中的图的一个桥。

布利策补充

简化地铁

伦敦的地铁系统和它所服务的城市一样庞大。把地铁系统画在地图上会让用户很难理解。用它来计划旅行就像在迷宫中寻找出口一样艰难，而如果中途换乘地铁的话就更难了。

1931 年，绘图员 Henry C. Beck 找到了一个解决方案，并由此设计出了今天广泛使用的伦敦地铁地图。Beck 提出的用户友好型地铁地图设计建议是，放弃用文字表示地铁如何在地下运行的想法。相反，它应该显示哪些顶点（地铁站）由哪些边（地下线路）连接。Beck 知道，如果两个图有相同数量的顶点以相同的方式连接在一起，那么它们是等价的。重要的信息是两站之间的关系，而边的形状并不重要。为了简单起见，Beck 用水平线、垂直线和对角线来表示边。他还放大了系统的中心，它相对于边缘的简单部分是最复杂的部分。1933 年，一些地铁系统的简化图的测试副本打印出来，立刻获得了成功。

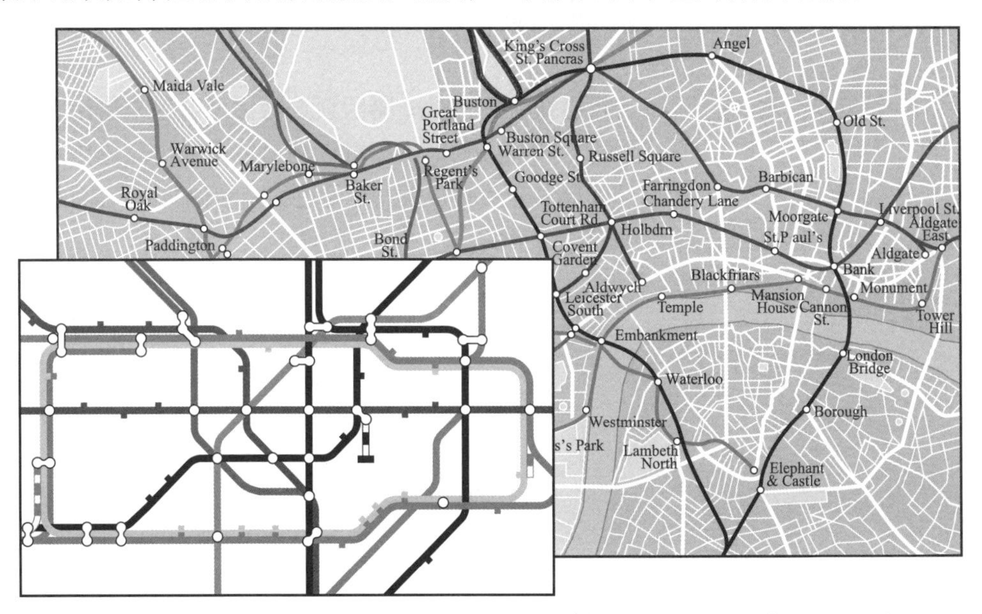

伦敦的地铁系统很难在传统地图上使用。然而，一个简单的模拟系统的图有助于旅行者找路。

14.2 欧拉路径和欧拉环线

学习目标

学完本节之后，你应该能够：

1. 理解欧拉路径的定义。
2. 理解欧拉环线的定义。
3. 使用欧拉定理。
4. 使用欧拉定理解决问题。
5. 使用弗勒里算法求出可能的欧拉路径和欧拉环线。

自 20 世纪 70 年代以来，纽约市的市政服务，包括收集垃圾、清扫街道和除雪，都是使用图的模型来安排和组织的。通过确定垃圾车、街道清扫车和扫雪机的有效路线，纽约每年能够节省数千万美元。这样的路线必须确保每条街道都只得到一次服务，而不让服务车辆重复行驶部分路线。

在前一节中，我们学习了如何用图建立物理背景的模型。现在你将学习如何用路径和环线解决问题，比如沿着城市街道建造高效的捡垃圾或投递邮件的路线。为了解决这类问题，我们首先定义一些特殊的路径和环线。

1 理解欧拉路径的定义

欧拉路径和欧拉环线

我们已经学过，图中的一条路径是由相邻顶点和连接它们的边组成的序列。回想一下，一条边只能是路径的一部分。如果一条路径只经过图的每条边一次，那么它称为**欧拉路径**。

> **欧拉路径的定义**
>
> 欧拉路径是一条经过图的每条边有且仅有一次的路径。每条边都必须经过，没有边重复经过。

我们知道用逗号分隔的顶点名称可以用来指定路径。当我们讨论欧拉路径时，你可以用铅笔来描出这些路径。我们也可以指定一个起始顶点并给边编号来说明欧拉路径。例如，图 14.21 中的图。

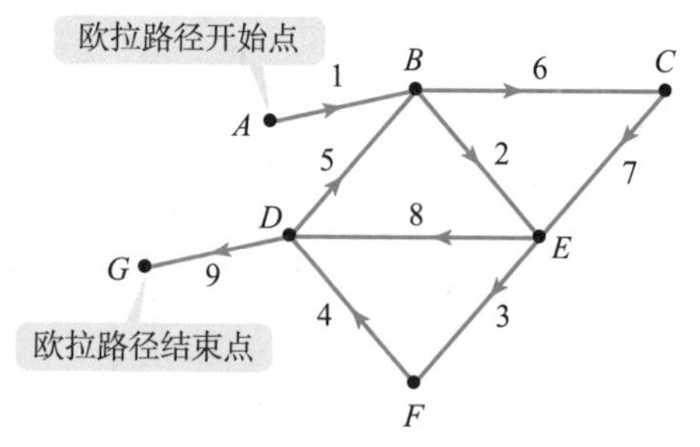

图 14.21 一条欧拉路径：$A, B, E, F, D, B, C, E, D, G$

路径 $A, B, E, F, D, B, C, E, D, G$ 是一条欧拉路径，因为每

条边都只经过一次。现在用铅笔沿着这条路走，试着使用边上的数字。对话框表示从顶点 A 开始，箭头表示首先经过的方向。当你到达下一个顶点 B 时，取下一条编号边 2。当你到达下一个顶点 E 时，取下一条编号边 3。依此类推，直到编号为 9 的边在顶点 G 结束路径。

我们将使用顶点和编号的边来指定欧拉路径。你明白为什么图 14.21 中的欧拉路径不是一个环线了吗？环线必须在同一顶点开始和结束。图 14.21 中的欧拉路径从顶点 A 开始，到顶点 G 结束。

如果一条欧拉路径的起点和终点都是同一个顶点，那么它就是欧拉环线。

2 理解欧拉环线的定义

欧拉环线的定义

欧拉环线是一条经过图上每条边一次且只有一次的环线。和所有的环线一样，欧拉环线必须在同一个顶点上开始和结束。

图 14.22 显示了一条欧拉环线。

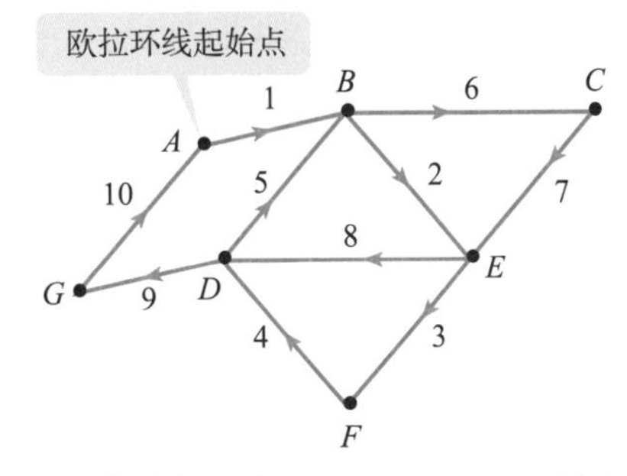

图 14.22　一条欧拉环线：$A, B, E, F, D, B, C, E, D, G, A$.

路径 $A, B, E, F, D, B, C, E, D, G, A$，用编号为 1 到 10 的边表示，是一条欧拉环线。你知道这是为什么吗？每条边都只经过了一次。此外，路径的起点和终点都是同一个顶点 A。注意，**虽然每条欧拉环线都是欧拉路径，但是并不是每条欧拉路径都是欧拉环线**。

3 使用欧拉定理

有的图没有欧拉路径，有的图有一些欧拉路径。此外，还有的图有欧拉路径但是没有欧拉环线。我们使用**欧拉定理**判断一个图是否有欧拉路径或欧拉环线。

好问题！

欧拉定理的关键是什么？

在欧拉定理的三个部分中，是奇顶点的数量决定一个图是否有欧拉路径和欧拉环线。

欧拉定理

以下命题对于连通图是成立的：

1. 如果一个图有两个奇顶点，那么它至少有一条欧拉路径，但没有欧拉环线。每条欧拉路径都必须从一个奇顶点开始，在另一个奇顶点结束。
2. 如果一个图没有奇顶点（都是偶顶点），那么它至少有一个欧拉环线（根据定义，也是欧拉路径）。欧拉环线可以开始和结束于任意顶点。
3. 如果一个图有两个以上的奇顶点，那么它就没有欧拉路径和欧拉环线。

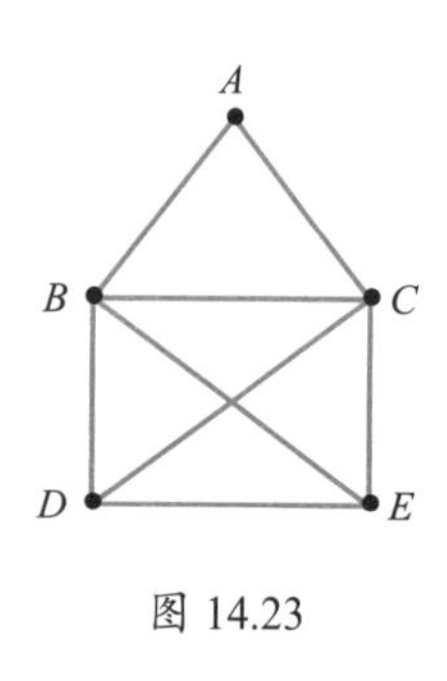

图 14.23

例 1 使用欧拉定理

a. 解释为什么图 14.23 中的图至少有一个欧拉路径。

b. 使用试错法找到一条欧拉路径。

解答

a. 在图 14.24 中，我们计算每个顶点的边数，以确定顶点是奇顶点还是偶顶点。我们找到两个奇顶点，即 D 和 E。根据欧拉定理的第一条，这个图至少有一条欧拉路径，但没有欧拉环线。

b. 欧拉定理告诉我们，一条可能的欧拉路径必须从一个奇顶点开始，在另一个奇顶点结束。图 14.25 显示了一条欧拉路径：D，C，B，E，C，A，B，D，E。沿着这条路径经过并验证沿边的数字。

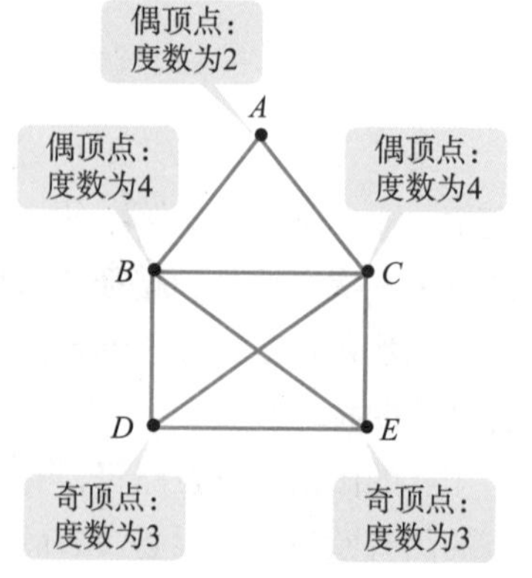

图 14.24 图有两个奇顶点

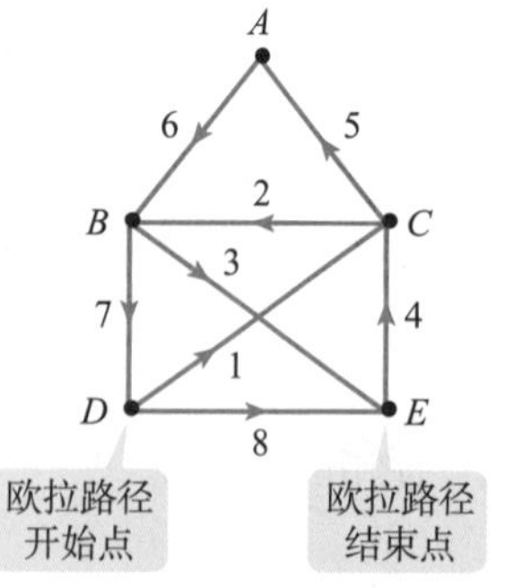

图 14.25 一条欧拉路径：$D, C, B, E, C, A, B, D, E$.

☑ **检查点 1**　重新观察图 14.23。使用试错法找到从 E 开始到 D 结束的欧拉路径。给图的边标上序号来表示这条欧拉路径，然后使用逗号连接的顶点字母命名该路径。

例 2　使用欧拉定理

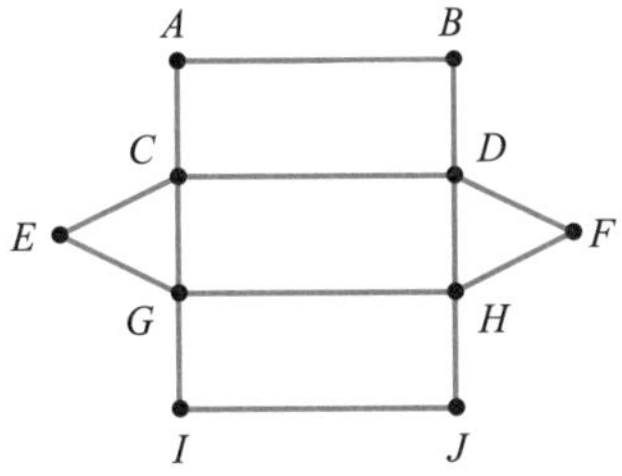

图 14.26

a. 解释为什么图 14.26 中的图至少有一个欧拉环线。

b. 使用试错法找到一条欧拉环线。

解答

a. 在图 14.27 中，我们首先计算每个顶点的边数，以确定顶点是奇顶点还是偶顶点。我们发现这个图没有奇顶点。根据欧拉定理的第二条，这个图至少有一个欧拉环线。

b. 欧拉环线可以起止于任意顶点。我们使用试错法来确定一个欧拉环线，在顶点 H 开始和结束。记住，你必须精确地追踪每条边一次，并在 H 开始和结束。图 14.28 显示了一个欧拉环线。使用图标题中的顶点跟踪这个环线，并验证沿着边的数字。

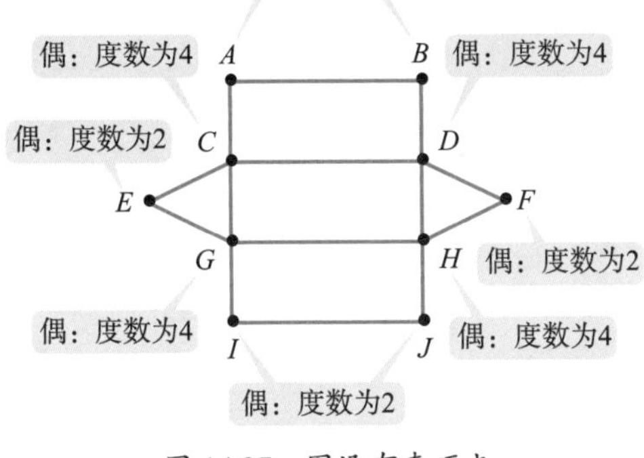

图 14.27　图没有奇顶点

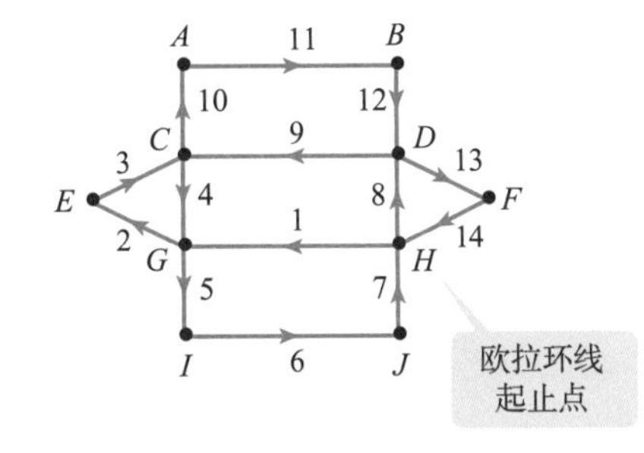

图 14.28　一条欧拉环线：$H, G, E, C, G, I, J, H, D, C, A, B, D, F, H$.

☑ **检查点 2**　重新观察图 14.26。使用试错法找到在 G 开始和结束的欧拉环线。给图的边标上序号来表示这条欧拉环线，然后使用逗号连接的顶点字母命名该环线。

图 14.29 显示了一个含有一个偶顶点和四个奇顶点的图。因为图有两个以上的奇顶点，根据欧拉的第三条，它没有欧拉路径也没有欧拉环线。

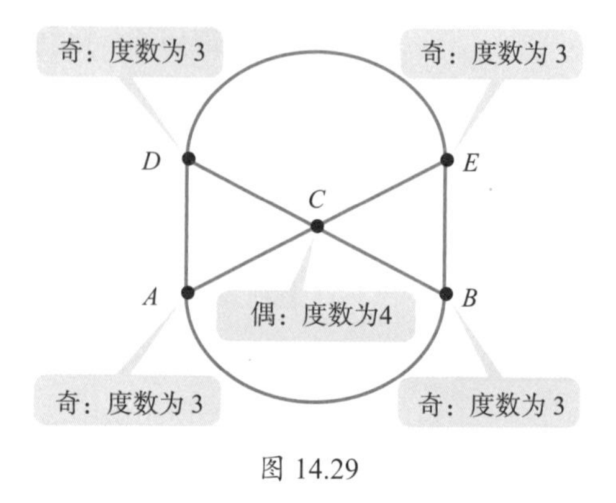

图 14.29

4 使用欧拉定理解决问题

欧拉定理的应用

我们可以用欧拉定理来解决由图模拟的情况所涉及的问题。例如，我们返回为柯尼斯堡的布局建模的图，如图 14.30c 所示。城市里的人们感兴趣的是否有可能在每座桥都恰好穿过一次的情况下步行穿过城市。翻译成图论的语言，我们感兴趣的是图 14.30c 中的图是否有欧拉路径。计算奇顶点的数量。这个图有四个奇顶点。因为它有两个以上的奇顶点，所以它没有欧拉路径。因此，柯尼斯堡的任何人都不可能走过所有的桥而不重复走过其中的一些桥。

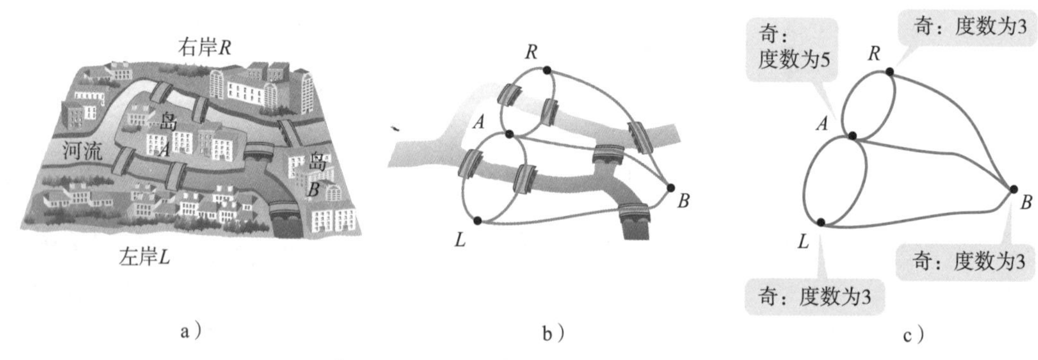

图 14.30　回顾为柯尼斯堡布局建模的图

例 3　应用欧拉定理

图 14.31c 显示了我们在建筑平面图中建立连接关系模型的图。回想一下我们在 14.1 节中的例子，A、B、C 和 D 表示房间，E 表示房子的外部。边表示连通房间的门。

a. 有没有可能找到一条路径，恰好经过每扇门一次？

b. 如果可能，使用试错法在图 14.31c 和图 14.31a 中显示这条路径。

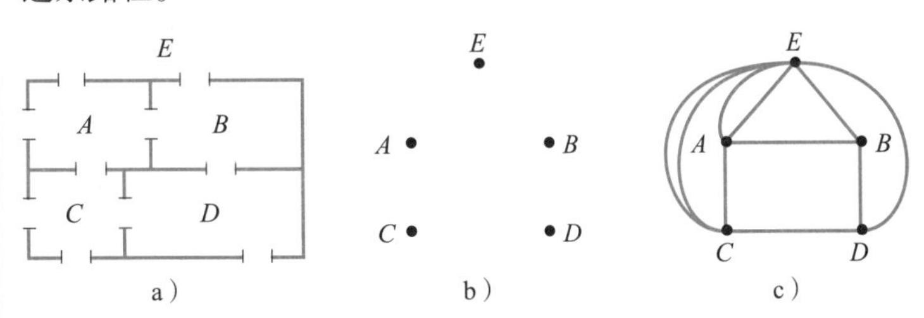

图 14.31　回顾建模建筑平面图的图

解答

a. 每扇门（或边）只使用一次的路径意味着我们在图 14.31c 中寻找一条欧拉路径或欧拉环线。从图 14.32 中可以看出，正好有两个奇顶点，即 *B* 和 *D*。根据欧拉定理，图中至少有一条欧拉路径，但没有欧拉环线。因此，找到一条经过每扇门一次的路是可能的。在同一个顶点开始且结束是不可能的。

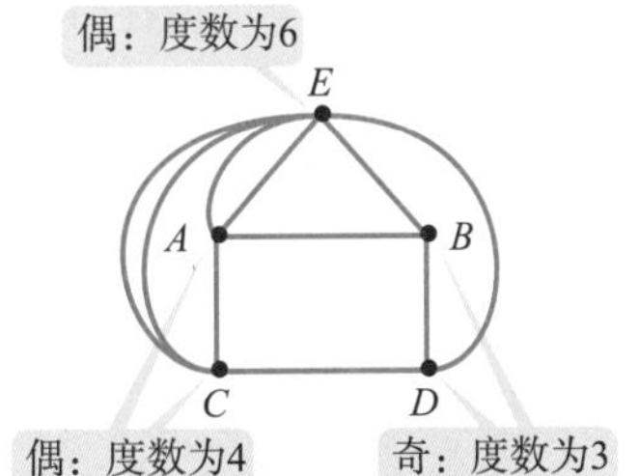

图 14.32　图有两个奇顶点

b. 欧拉定理告诉我们，一条可能的欧拉路径必须从一个奇顶点开始，在另一个奇顶点结束。我们将通过试错法来找到一条欧拉路径，从顶点 *B*（建筑平面图中的房间 *B*）到顶点 *D*（建筑平面图中的房间 *D*）。图 14.33a 显示了图上的欧拉路径。图 14.33b 将路径转化为穿过房间的走道。

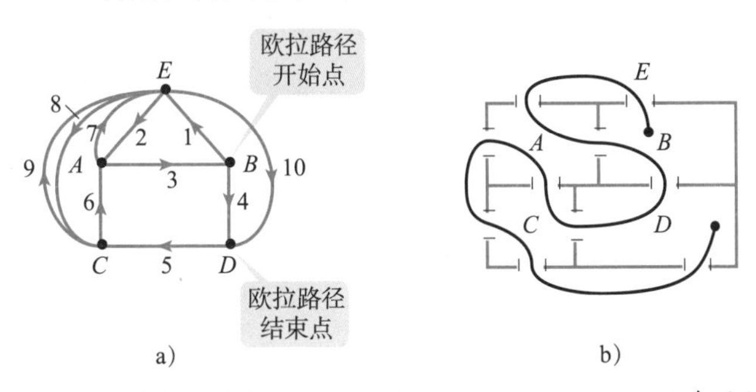

图 14.33　一条欧拉路径：*B*, *E*, *A*, *B*, *D*, *C*, *A*, *E*, *C*, *E*, *D* 显示在图和建筑平面图上

☑ **检查点 3**　图 14.34 显示了一幢四室住宅的建筑平面图和建立建筑平面图中连接关系模型的图。

a. 有没有可能找到一条路径，恰好经过每扇门一次？

b. 如果可能，使用试错法在图 14.34a 和图 14.34b 中显示这条路径。

a）

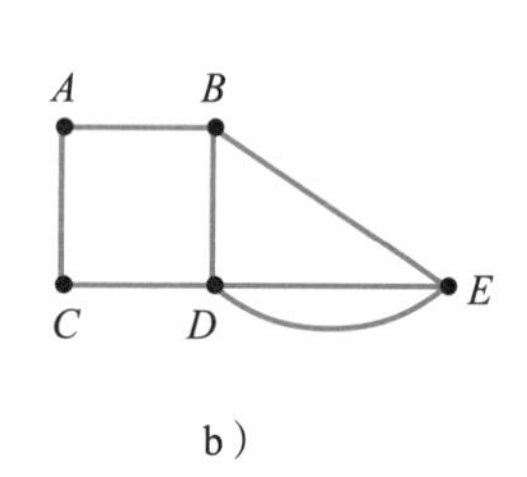

b）

图 14.34 建筑平面图和模拟连接关系的图

5 使用弗勒里算法求出可能的欧拉路径和欧拉环线

不使用试错法求出可能的欧拉路径和欧拉环线

欧拉定理使我们能够通过计算一个图的奇顶点的数量来判断它是否有欧拉路径或欧拉环线。不幸的是，这个定理在寻找实际的欧拉路径或环线时几乎没有任何帮助。然而，有一种算法或程序可以找到这样的路径和环线，称为**弗勒里算法**。

好问题！

弗勒里算法的关键是什么?

在没有必要的情况下，不要过桥！

弗勒里算法

如果欧拉定理表明存在欧拉路径或欧拉环线，那么可以通过下列步骤找到：

1. 如果图恰好有两个奇顶点（因此有一条欧拉路径），选择两个奇点中的一个作为起点。如果图没有奇顶点（因此是欧拉环线），选择任意顶点作为起点。
2. 根据下列规则在图中描边时对边进行编号：
   - 在你走过一条边后，擦掉它。（这是因为你必须沿着每条边行进一次。）将擦掉的边表示为虚线。
   - 当需要对行进的边进行选择时，选择一个不是桥的边。只有在别无选择的情况下，才可以在是桥的边上行进。

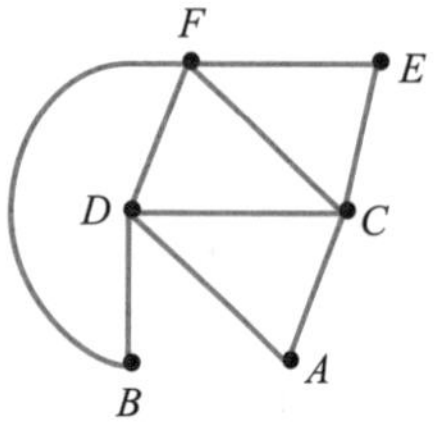

图 14.35

例 4 使用弗勒里算法

图 14.35 中的图至少有一个欧拉路径。使用弗勒里算法求出这条路径。

解答

因为这个图没有奇顶点，所以我们可以从任意顶点开始。我们将 A 设为起点，开始寻找路径。

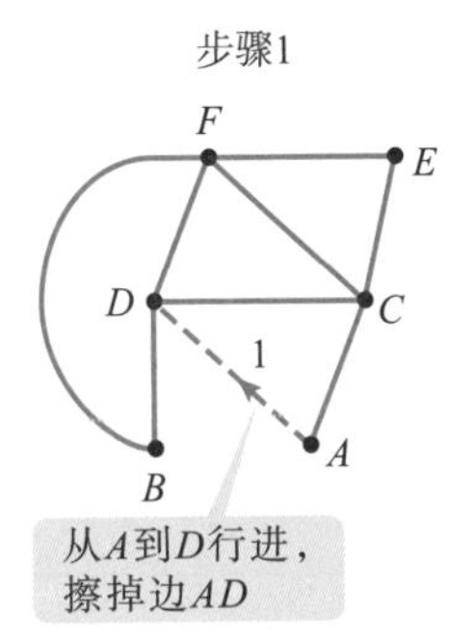

我们也可以从A到C行进。

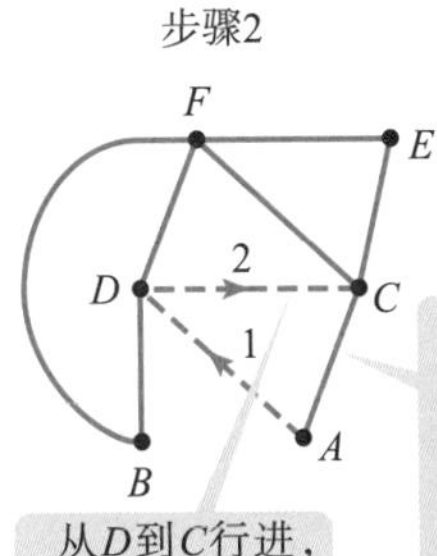

我们也可以从D到F或B行进。

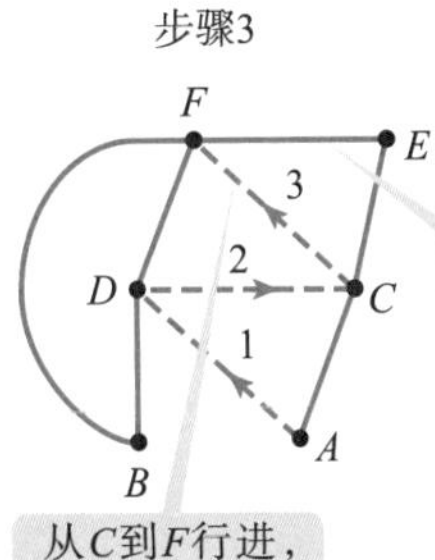

我们也可以从C到E行进，
但不能从C到A。不能过桥。

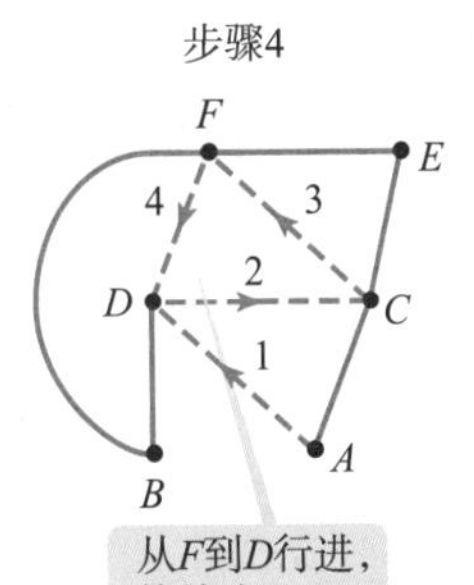

我们也可以从F到B行进，但不能从F到E。不能过桥。

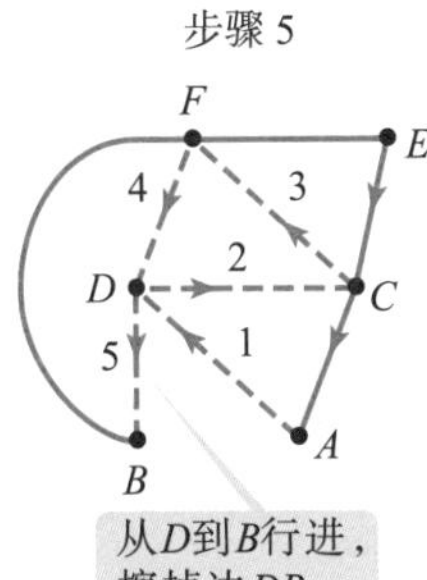

没有其他选择

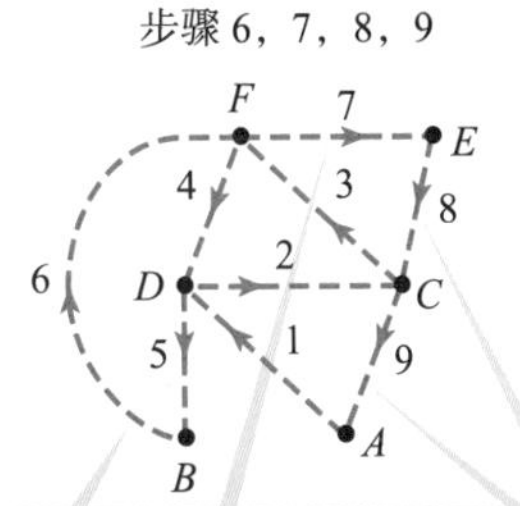

在每一步没有其他选择

完成的欧拉环线如图 14.36 所示。

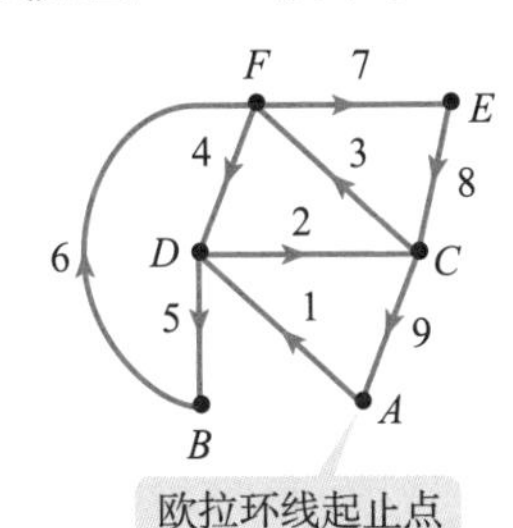

图 14.36　欧拉环线：$A, D, C, F, D, B, F, E, C, A$

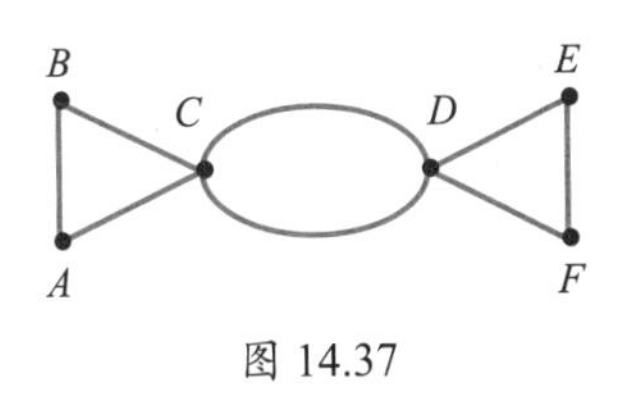

图 14.37

☑ **检查点 4**　图 14.37 中的图至少有一个欧拉环线，使用弗勒里算法求出这条环线。

在练习集中，我们将重新讨论上一节中的许多图的模型。在使用这些模型解决问题时，你可以使用试错法或弗勒里算法来寻找可能的欧拉路径和欧拉环线。当图变得更复杂时，弗勒里算法的程序是很有帮助的。

欧拉定理的总结如下表所示，会帮助你完成概念和术语检查后面的练习集。

奇顶点数量	欧拉路径	欧拉环线
0（全是偶顶点）	至少1个	至少1个
正好2个	至少1个	0
超过2个	0	0

14.3 汉密尔顿路径和汉密尔顿环线

学习目标

学完本节之后，你应该能够：

1. 理解汉密尔顿路径和汉密尔顿环线的定义。
2. 求出完全图中汉密尔顿环线的数量。
3. 理解并使用加权图。
4. 使用蛮力法解决销售员出差问题。
5. 使用最近邻法近似解决销售员出差问题。

在上一节中，我们研究了覆盖图的每条边的路径和环线。对收集垃圾、清扫道路或除雪来说，每条边都精确地经过一次是很有帮助的。但是，如果 UPS（美国联合包裹服务公司）的司机试图找到在城里运送包裹的最佳方式呢？我们可以将配送点建模为图上的顶点，将配送点之间的道路建模为图上的边。司机只关心找到一条经过图中的每个顶点一次的路径。经过送货地点之间的每条道路（或边）并不重要。在本节中，我们将重点讨论只包含一个图的每个顶点一次的路径和环线。

汉密尔顿路径和汉密尔顿环线

1 理解汉密尔顿路径和汉密尔顿环线的定义

想要找到在城镇运送包裹的最佳方式，或规划执行一系列任务的最佳路线，都可以通过只经过一个图的每个顶点一次的路径和环线进行建模和求解。这种路径和环线是以爱尔兰数学家汉密尔顿（William Rowan Hamilton，1805—1865）的名字命名的。

好问题！

欧拉环线和汉密尔顿环线有什么关系?

如果你把欧拉环线定义中的**边**替换成**顶点**，就得到了汉密尔顿环线的定义。除此之外，这两种环线没有关系。

汉密尔顿路径和汉密尔顿环线

只经过一个图的每个顶点一次的路径称为**汉密尔顿路径**。如果一条汉密尔顿路径开始和结束于同一个顶点，并且恰好经过所有其他顶点一次，则称为**汉密尔顿环线**。

例 1 汉密尔顿路径和汉密尔顿环线的例子

a. 求出图 14.38 中图的汉密尔顿路径。

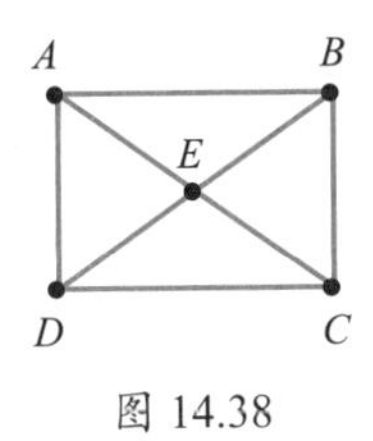

图 14.38

b. 求出图 14.38 中图的汉密尔顿环线。

解答

a. 汉密尔顿路径是只经过一个图的每个顶点一次的路径。这个图有很多汉密尔顿路径，其中一个例子是

$$A, B, C, D, E.$$

b. 汉密尔顿环线必须只经过一个图的每个顶点一次，而且开始和结束于同一个顶点。这个图有很多汉密尔顿环线，其中一个例子是

$$A, B, C, D, E, A.$$

图 14.38 中的图有很多汉密尔顿路径和汉密尔顿环线。但是，因为它有四个奇顶点，所以它没有欧拉路径和欧拉环线。当研究汉密尔顿环线和欧拉环线时，一个图可能有其中一种环线，可能两种都有，也有可能两种都没有。

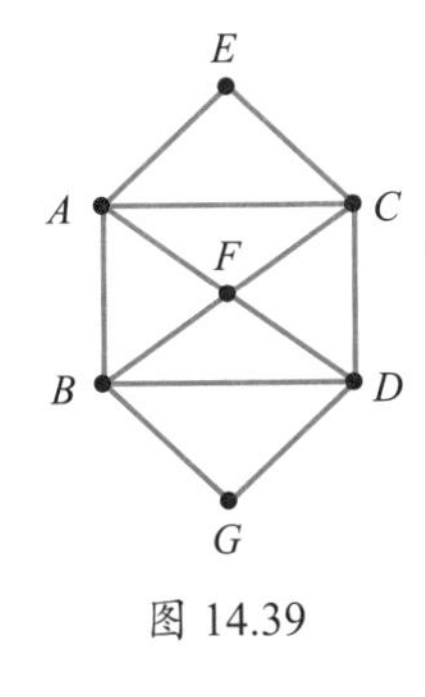

图 14.39

☑ 检查点 1

a. 求出图 14.39 中从顶点 E 开始的汉密尔顿路径。

b. 求出图 14.39 中从顶点 E 开始的汉密尔顿环线。

请思考图 14.40 中的图，这个图有很多汉密尔顿路径，例如

$$A, B, E, C, D \text{ 或 } C, D, E, A, B.$$

但是，它没有汉密尔顿环线。无论从哪一个顶点开始，都必须经过顶点 E 超过一次才能回到出发点。

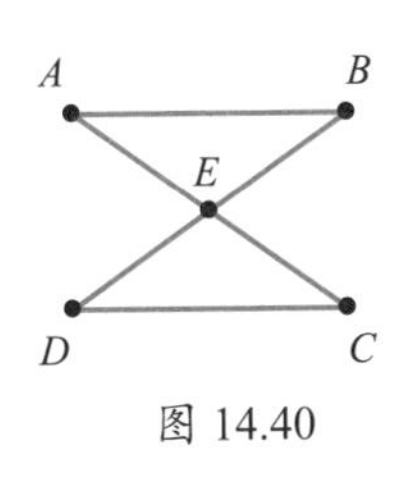

图 14.40

完全图是每对顶点之间只有一条边的图。你能看出图 14.40 中的图是不完全的吗？顶点 A 和顶点 D 之间不存在边，顶点 B 和顶点 C 之间也不存在边。完全图是重要的，因为每个具有 3 个或 3 个以上顶点的完全图都有一个汉密尔顿环线。图 14.40 中的图是不完全的，没有汉密尔顿环线。

2 求出完全图中汉密尔顿环线的数量

完全图中汉密尔顿环线的数量

图 14.41 中的图在它的四个顶点之间每对都有一条边。因此，这个图是完全的，并且有一个汉密尔顿环线。事实上，它有一个完整的汉密尔顿环线。例如，一个汉密尔顿环线是

$$A, B, C, D, A.$$

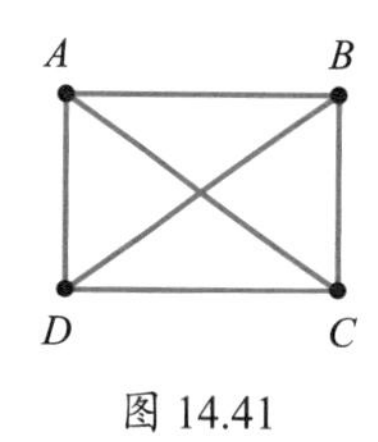

图 14.41

任何两个以相同顺序经过相同顶点的环线都被认为是相同的。例如，图 14.41 中有四种不同的字母序列，它们产生了相同的汉密尔顿环线：

A, B, C, D, A 和 B, C, D, A, B 和 C, D, A, B, C 和 D, A, B, C, D.

经过 A, B, C, D 的汉密尔顿环线沿四条外边顺时针旋转，能写出四种方式

为了避免这种重复，在形成一个汉密尔顿环线时，我们可以总是假设它从 A 开始。

图 14.41 中四个顶点的图有六个不同的汉密尔顿环线。

这六个汉密尔顿环线从 A 开始，剩下的三个字母形成所有排列，最终回到 A

A, B, C, D, A

A, B, D, C, A

A, C, B, D, A

A, C, D, B, A

A, D, B, C, A

A, D, C, B, A

这六个不同的汉密尔顿环线中的每一个都有四种方式写出

在一个完全图中有多少个不同的汉密尔顿环线？对于一个有四个顶点的完全图，上面的列表表明环线的数量取决于三个字母 B、C 和 D 的排列数量。如果一个图有 n 个顶点，一旦我们列出顶点 A，就有 $n-1$ 个剩余的顶点。汉密尔顿环线的数量等于 $n-1$ 个字母的排列数量。

回想一下我们在第 11 章的学习内容，阶乘符号在确定有序排列或排列的数量时很有用。如果 n 是一个正整数，那么 $n!$（n 的阶乘）是从 n 到 1 的所有正整数的乘积。例如，$4!=4\times3\times2\times1$ 和 $6!=6\times5\times4\times3\times2\times1$。

我们可以使用在 11.1 节学习的基本计数原理来计算 $n-1$ 个字母的有序排列数。有 $n-1$ 个字母要排列，第一个位置有 $n-1$ 种选择。一旦你选择了第一个字母，第二个位置将有 $n-2$ 种选择。以这种方式继续下去，第三个位置有 $n-3$ 种选择，第四个位置有 $n-4$ 种选择，最后一个位置只有一种选择（剩下的一个字母）。我们将选项的数量相乘，就可以得到排列的总数：

$$(n-1)(n-2)(n-1)\cdot\cdots\cdot1$$

根据定义，这个乘积是 $(n-1)!$。这个表达式可以用于描述一个有 n 个顶点的完全图中汉密尔顿环线的数量。

有 n 个顶点的完全图中汉密尔顿环线的数量

有 n 个顶点的完全图中汉密尔顿环线的数量等于

$$(n-1)!$$

例 2　求出汉密尔顿环线的数量

求出下列完全图中汉密尔顿环线的数量。

a. 4 个顶点　b. 5 个顶点　c. 8 个顶点

解答

在这个例子中，我们使用表达式 $(n-1)!$。对于具有 4 个顶点的完全图，将 4 代入 n。对于具有 5 个和 8 个顶点的完全图，分别将 5 和 8 代入 n。

a. 一个有 4 个顶点的完全图有 $(4-1)!=3\times2\times1=6$ 个汉密尔顿环线。就是我们列出来的 6 个环线。

b. 一个有 5 个顶点完全图有 $(5-1)!=4!=4\times3\times2\times1=24$ 个汉密尔顿环线。

c. 一个有 8 个顶点完全图有 $(8-1)!=7!=7\times6\times5\times4\times3\times2\times1=5\ 040$ 个汉密尔顿环线。

随着完全图中顶点数量的增加，汉密尔顿环线的数量迅速增加。

☑ **检查点 2**　求出下列完全图中汉密尔顿环线的数量。

a. 3 个顶点　b. 6 个顶点　c. 10 个顶点

3　理解并使用加权图

加权图和销售员出差问题

大公司的销售总监经常需要访问多个不同城市的地区办事处。怎样才能以最便宜的方式安排这些出差呢?

例如，一位住在 A 市的销售总监需要飞往 B、C、D 市的地区办事处。除了在 A 市开始和结束旅行，其他三个城市的访问顺序没有限制。四个城市之间的单程票价见表 14.1（单位：美元）。图 14.42 显示了对该信息建模的图。顶点表示城市，每一对城市之间的机票价格以数字的形式显示在各自的边上。

好问题！

当我在使用加权图建立问题的模型时，边的长度应该是多少？

边的长度无关紧要。在加权图中，边的长度不需要和权重成比例。

表 14.1 单程票价

	A	B	C	D
A	*	190	124	157
B	190	*	126	155
C	124	126	*	179
D	157	155	179	*

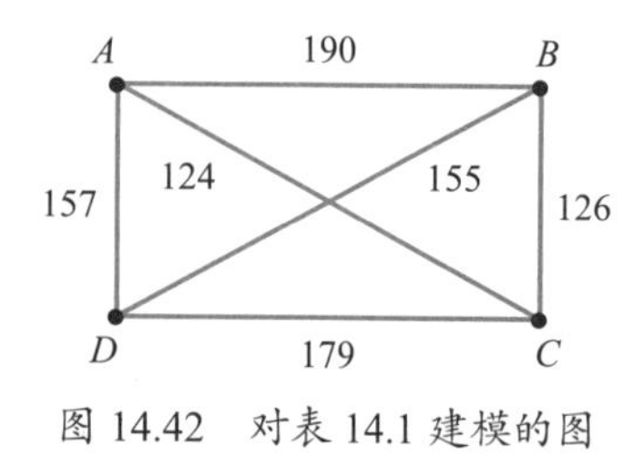

图 14.42 对表 14.1 建模的图

一个边上带有数字的图称为**加权图**。加权图的各边上的数称为各边的**权重**。图 14.42 是一个完全加权图的例子。建模之后，边 AB 的权重是 190，表示一张从城市 A 到城市 B 的 190 美元机票。销售总监需要找到最便宜的方式访问城市 B、C 和 D 一次，并返回 A。我们的目标是找到成本最低的汉密尔顿环线。

例 3 理解加权图中的信息

使用图 14.42 中的加权图求出汉密尔顿环线 A，B，D，C，A 的旅费是多少。

解答

汉密尔顿环线 A，B，D，C，A 表示的旅途涉及四张机票价格的和：

$$190\text{美元}+155\text{美元}+179\text{美元}+124\text{美元}=648\text{美元}$$

从 A 到 B 的花费　从 B 到 D 的花费　从 D 到 C 的花费　从 C 到 A 的花费

旅费是 648 美元。

☑ **检查点 3** 使用图 14.42 中的加权图求汉密尔顿环线 A，C，B，D，A 的旅费是多少。

销售员出差问题可以表述如下。

4 使用蛮力法解决销售员出差问题

销售员出差问题

销售员出差问题是在一个完全加权图中找到一个汉密尔顿环线的问题，该环线的各边的权重之和是最小的。这样的汉密尔顿环线称为最优汉密尔顿环线或最优解。

其中一种找最优汉密尔顿环线的方法称为**蛮力法**。

使用蛮力法解决销售员出差问题

找到最优解的步骤如下所示：

1. 使用完全加权图建立问题的模型。
2. 列出所有可能的汉密尔顿环线。
3. 求出所有可能的汉密尔顿环线的权重和。
4. 权重和最小的汉密尔顿环线就是最优汉密尔顿环线。

例 4 使用蛮力法

使用图 14.42 中的完全加权图求出最优解，并描述最优解对于从 A 出发经过 B、C、D 之后返回 A 的销售总监而言意味着什么。

解答

这个图有四个顶点。因此，我们使用 $(n-1)!$，即 $(4-1)!=3!=3\times2\times1=6$ 个可能的汉密尔顿环线。这 6 个可能的汉密尔顿环线及其总花费如表 14.2 所示。

表 14.2 可能的汉密尔顿环线及其总花费

汉密尔顿环线	边的权重和	=	总花费（美元）
A, B, C, D, A	190+126+179+157	=	652
A, B, D, C, A	190+155+179+124	=	648
A, C, B, D, A	124+126+155+157	=	562
A, C, D, B, A	124+179+155+190	=	648
A, D, B, C, A	157+155+126+124	=	562
A, D, C, B, A	157+179+126+190	=	652

最小和

从上表可以看出，两个汉密尔顿环线的总花费最低是 562 美元。最优解是

$$A, C, B, D, A \text{ 或 } A, D, B, C, A.$$

对于销售总监而言，这意味着图 14.43 所示的两种路线是访问城市 B、C 和 D 最便宜的方式。注意图 14.43b 中的路线是图 14.43a 中路线的倒序。因为单程机票在两个方向都是一样

的，所以虽然这是不同的汉密尔顿环线，但是不管飞向哪个方向，成本都是一样的。

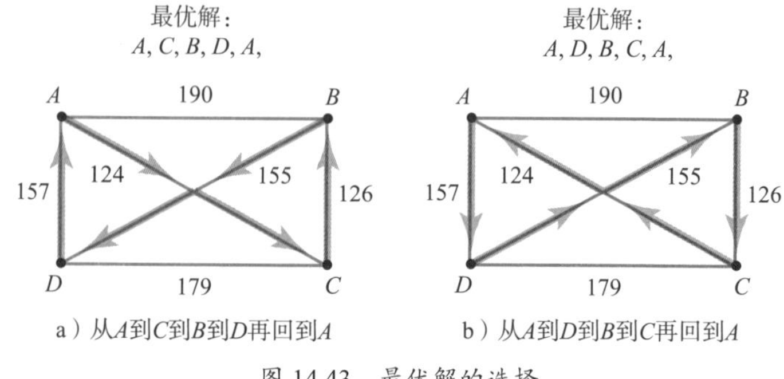

图 14.43 最优解的选择

☑ **检查点 4** 使用蛮力法求出图 14.44 中完全加权图的最优解。列出像表 14.2 那样的汉密尔顿环线。

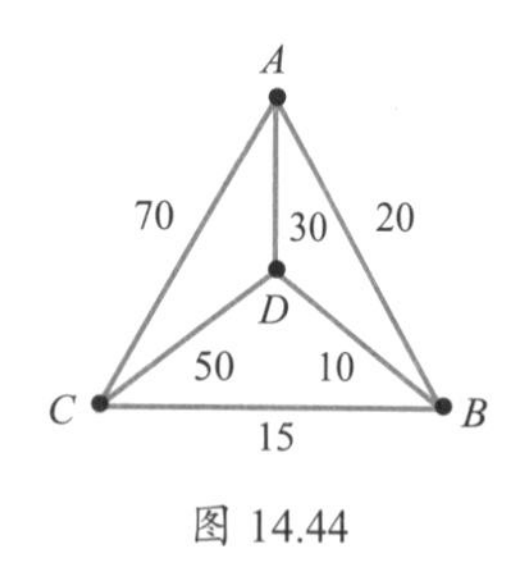

图 14.44

随着顶点数量的增加，可能的汉密尔顿环线的数量迅速增加，蛮力法变得不切实际。不幸的是，数学家还没有建立另一种解决销售员出差问题的方法，他们甚至不知道是否有可能找到这样的方法。然而，有许多方法可以找到近似解。

布利策补充

蛮力法与超级计算机

假设一台超级计算机每秒可以计算出 10 亿个汉密尔顿环线的权重和。因为一年有 31 536 000 秒，计算机一年可以计算出大约 3.2×10^{16} 个汉密尔顿环线的权重和。下表显示，随着顶点数量的增加，蛮力法即使在功能强大的计算机上也是无用的。

解决销售员出差问题计算机所需时间

顶点数量	汉密尔顿环线的数量	超级计算机求所有汉密尔顿环线权重和所需时间
18	$17!\approx3.6\times10^{14}$	≈0.01年≈3.7天
19	$18!\approx6.4\times10^{15}$	≈0.2年≈73天
20	$19!\approx1.2\times10^{17}$	≈3.8年
21	$20!\approx2.4\times10^{18}$	≈76年
22	$21!\approx5.1\times10^{19}$	≈1 597年
23	$22!\approx1.1\times10^{21}$	≈35 125年

5　使用最近邻法近似解决销售员出差问题

假设一位住在 A 市的销售总监需要飞到其他 10 个城市的地区办事处，然后返回 A 市，有 $(11-1)!$ 或者 3 628 800 条可能的汉密尔顿环线，列出所有的环线是不可能的。你觉得这个选择怎么样？从 A 市出发，飞到票价最便宜的城市。然后从那里飞往下一个机票最便宜的城市，依此类推。从最后的第十个城市飞回 A 市。

通过不断地取权重最小的边，我们可以找到销售员出差问题的近似解。这个方法被称为**最近邻法**。

使用最近邻法近似解决销售员出差问题

我们可以使用下列步骤近似求出最优解：

1. 使用完全的加权图建立问题的模型。
2. 确定作为起点的顶点。
3. 从起点开始，选择权重最小的边。沿着这条边前往第二个顶点。(如果有超过一条权重最小的边，选择一条即可。)
4. 从第二个顶点开始，选择一个不通向去过的顶点的、权重最小的边。沿着这条边前往第三个顶点。
5. 继续构建环线，一次去一个顶点，沿着权重最小的边继续前进，直到所有的顶点都经过为止。
6. 从最后一个顶点，返回起点。

例 5　使用最近邻法

一名住在 A 市的销售总监需要飞到位于 B、C、D 和 E 市的地区办事处。单程飞机航线的完全的加权图如图 14.45 所示。使用最近邻法求出近似解。总花费是多少？

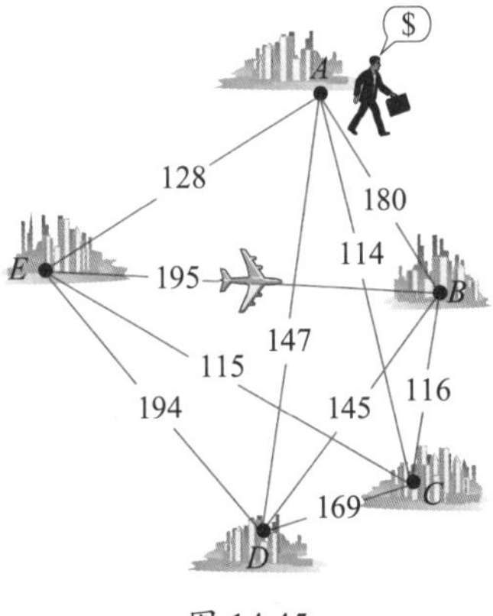

图 14.45

解答

图 14.46 所示的最近邻法的步骤如下所示：

- 从 A 开始。
- 选择权重最低的边：114。沿着这条边前往 C。（花费：114 美元。）
- 从 C 开始，选择不前往 A 的权重最低的边：115。沿着这条边前往 E。（花费：115 美元。）
- 从 E 开始，选择不前往已经过城市的权重最低的边：

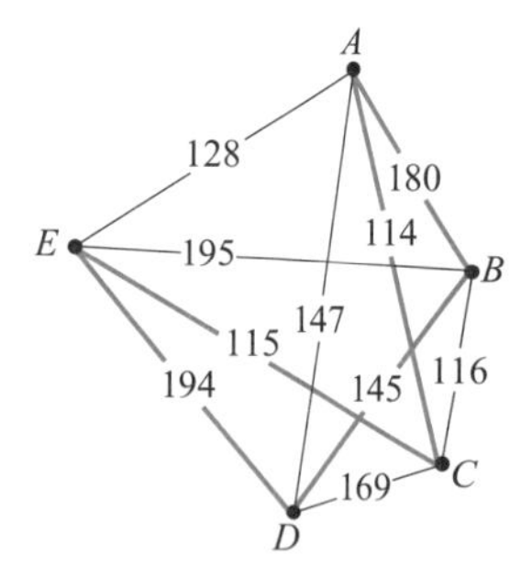

图 14.46　一个近似解：A, C, E, D, B, A.

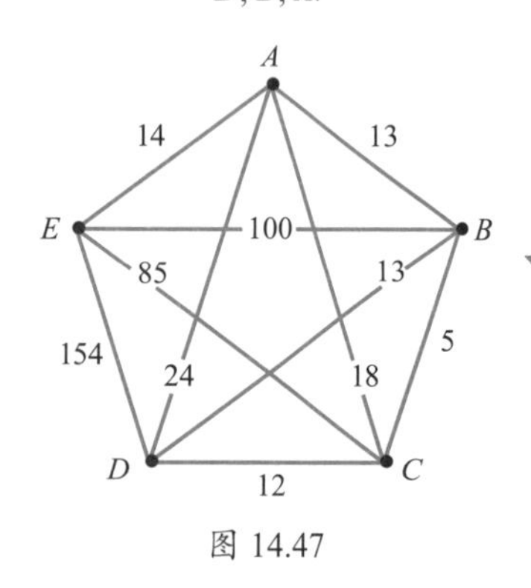

图 14.47

194。沿着这条边前往 D。（花费：194 美元。）

- 从 D 开始，只有一个选择，只有 B 是没有去过的。（花费：145 美元。）
- 从 B 开始，结束环线并返回 A（花费：180 美元。）

一个近似解是汉密尔顿环线 A，C，E，D，B，A.

如图 14.46 所示的环线的总花费是

$$114+115+194+145+180=748 \text{ 美元}$$

蛮力法可应用于例 5 中的 24 个可能的汉密尔顿环线。实际的解决方案与最近邻法得到的 748 美元的总成本相比如何？实际的解是 A，D，B，C，E，A 或者反过来的 A，E，C，B，D，A，花费是 651 美元。这说明最近邻法并不总是给出最优解。在 24 条汉密尔顿环线中，有 8 条的总成本低于例 5 中的 748 美元。

☑ **检查点 5**　使用最近邻法近似求出图 14.47 中完全的加权图的最优解。环线从 A 开始。得到的汉密尔顿环线的总花费是多少？

14.4 树状图

学习目标

学完本节之后，你应该能够：

1. 理解树状图的定义与性质。
2. 求出连通图的生成树。
3. 求出加权图的最小生成树。

我得给天气频道打电话，告诉他们我刚把三英尺高的“部分阴天”铲出了车道。这场晚春的暴风雪出乎所有人的意料，课程居然还没有取消。校园管理员不知如何设法铲出了走道的最小长度，同时确保学生可以从一栋楼走到另一栋楼。

本节的主题是寻找一个有效的网络，将一组点连接起来。想想清理干净的校园人行道。由于突如其来的暴风雪，没有足够的时间把所有人行道都铲干净。相反，校园服务部门必须清理一定数量的人行道，这样学生们从一栋楼到另一栋楼时，就可以到达任何地点，而不必在雪中跋涉。寻找有效的网络是使用一种称为树状图的特殊图来完成的。

1　理解树状图的定义与性质

树状图

校园管理员感兴趣的是这样一个图：它以尽可能少的边数（清除的人行道）恰好穿过每个顶点（校园建筑）一次。如果一个图的边数最少，并且允许所有顶点从其他顶点到达其他所有顶点，那么这样的图称为树状图。

图 14.48 显示了一些树状图的例子。

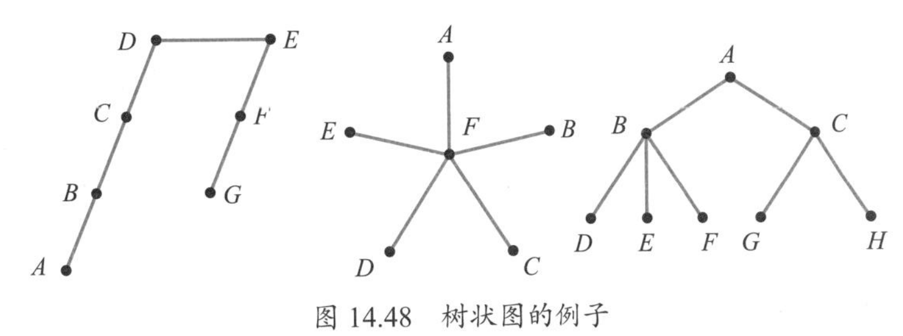

图 14.48　树状图的例子

注意，每个图都是连通的。这是一个要求，因为我们必须能够从任何其他顶点到达任何顶点。此外，没有图包含任何环线。这是因为顶点必须以最小的边数到达。因此，图 14.49 中的图不是树状图。环线产生了冗余的连接，除去每个冗余的连接，所有其他的顶点仍然可以到达所有顶点。

使用上述概念，我们现在可以定义一个树状图并列举它的一些性质。

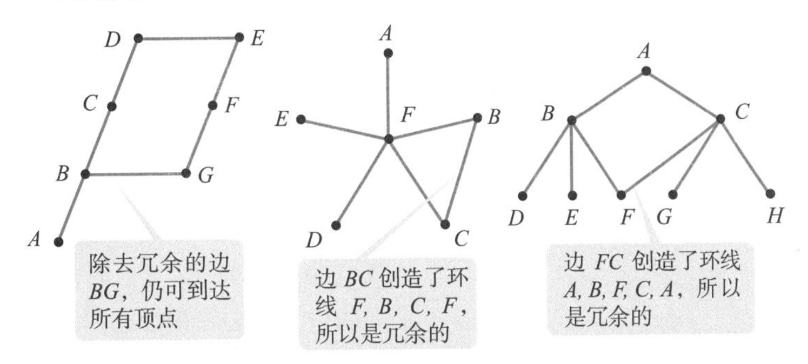

图 14.49　非树状图的例子

树状图的定义与性质

一个树状图是连通的，并且没有环线。所有的树状图都具有下列性质：

1. 任意两个顶点之间只有一条路径。
2. 每一条边都是一个桥。
3. 一个具有 n 个顶点的树状图必须具有 $n-1$ 条边。

性质 3 是树状图的一个数字属性，它与顶点的数量和边的数量有关。边的总数总是比顶点的总数少 1。例如，一个有 5 个顶点的树状图必须有 5−1=4 条边。

> **好问题！**
>
> **连通图和完全图有什么区别？**
>
> 连通图的每个顶点对之间至少有一条路径。因为树状图只有一条连接任意两个顶点的路径，所以它是连通的。相反，完全图的每一对顶点之间都有一条边。树状图不是一个完全图。在清理校园人行道时，没有足够的时间在每对建筑（顶点）之间创建边（清除的路径）。

例 1 识别树状图

图 14.50 中的哪个图是树状图？解释为什么剩下的两个图不是树状图。

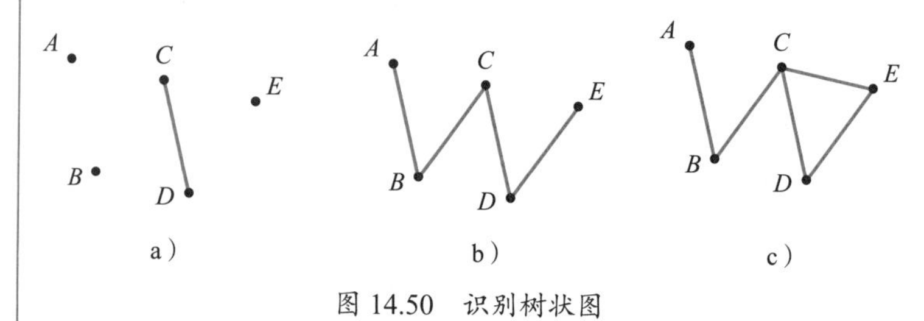

图 14.50 识别树状图

解答

图 14.50b 中的图是一个树状图。它是连通的，没有环线。连接任意两个顶点的路径只有一条。每边都是一个桥；如果移除，每条边都将创建一个断开的图。最后，图有 5 个顶点和 5−1=4 条边。

图 14.50a 中的图不是一个树状图。原因是它是断开的。它有五个顶点但只有一条边；一个有五个顶点的树状图必须有四条边。

图 14.50c 中的图不是一个树状图。原因在于它有一个环线，即 C，D，E，C。它有五个顶点和五条边；一个有五个顶点的树状图必须正好有四条边。

☑ **检查点 1** 图 14.51 中的哪个图是树状图？解释为什么剩下的两个图不是树状图。

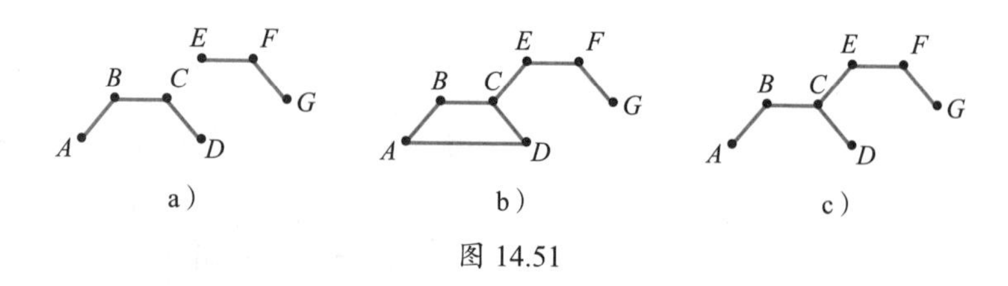

图 14.51

2 求出连通图的生成树

生成树

提高网络效率的一种方法是删除冗余连接。我们感兴趣的是子图，即从原始图中选择的顶点和边的集合。图 14.52 展示了一个原始图和两个可能的子图。

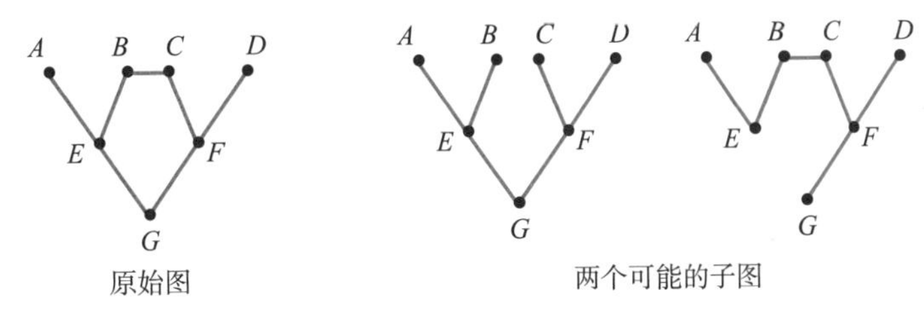

图 14.52　一个原始图和两个可能的子图

原始图是一个有七个顶点和七条边的连通图。每个子图都有连通图的所有七个顶点和六条边。虽然原始图不是树状图，但每个子图都是树状图，也就是说，每个子图都是连通的，不包含环线。

如果一个包含连通图所有顶点的子图是连通的而且不包含环线，那么这个子图称为**生成树**。图 14.52 中的两个子图是原始图的生成树。通过消除冗余连接，生成树提高了原始图所建模网络的效率。

我们总是可以从一个连通图开始，保留它的所有顶点，并删除边，直到生成树存在为止。作为一个树状图，生成树的边必须比顶点少一条。

例 2　求出生成树

求出图 14.53 中的图的生成树。

解答

一个可能的生成树必须包含图 14.53 中的连通图所示的所有 8 个顶点。生成树的边必须比顶点少 1，所以它必须有 7 条边。图 14.53 中的图有 12 条边，所以我们需要删除 5 条边。我们通过去除边 FG 来断开内部的矩形环线。我们去掉外部矩形环线的所有 4 条边，同时保留通向顶点 A、B、C 和 D 的边，这样就得到了图 14.54 所示的生成树。注意每条边都是桥，没有环线。

好问题！

一个连通图可不可以有多个生成树？

可以。大部分连通图都有很多可能的生成树。你可以将每个生成树看作一个连通图的骨架，有许多这样的骨架存在。

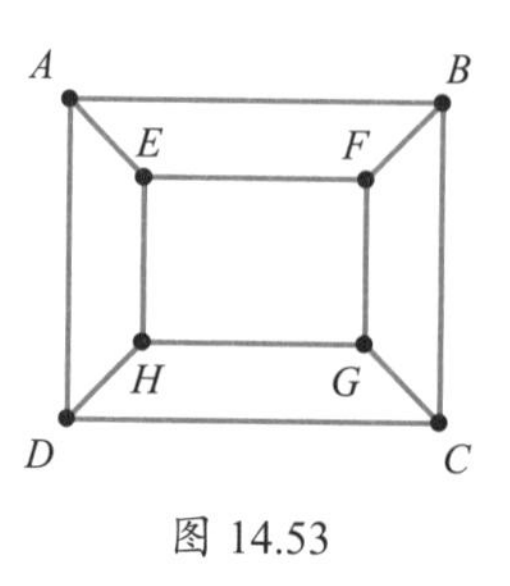

图 14.53

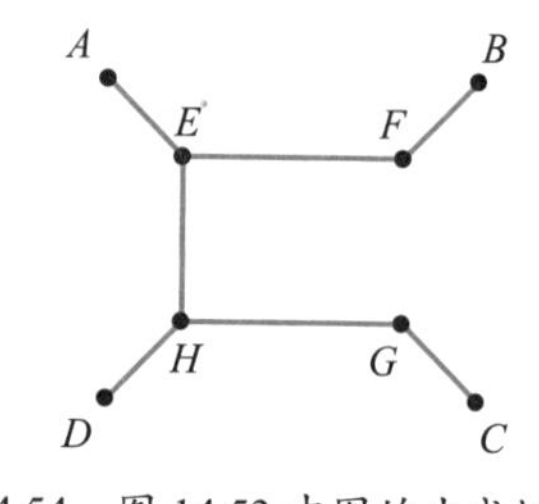

图 14.54　图 14.53 中图的生成树

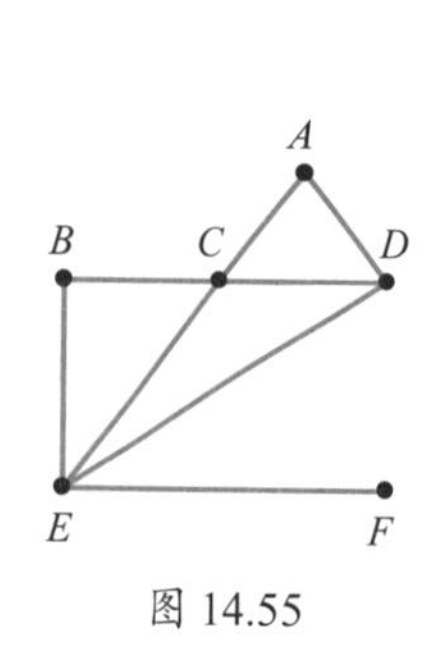

图 14.55

☑ **检查点 2**　求出图 14.55 的生成树。

3　求出加权图的最小生成树

最小生成树和克鲁斯卡算法

许多应用问题都涉及如何为加权图创建最有效的网络。权重通常用来模拟我们想要最小化的距离、成本或时间。我们通过寻找最小生成树来实现。

> **最小生成树**
>
> 加权图的**最小生成树**是可能的总权重最小的生成树。

图 14.56b 和 c 显示了图 14.56a 加权图的两个生成树。图 14.56c 中生成树的总权重 107 小于图 14.56b 中的总权重 119。这是最小生成树吗，还是我们应该继续探索其他可能的生成树，它们的总权重可能小于 107？

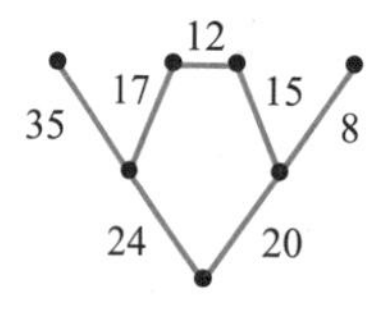

a）原始生成树

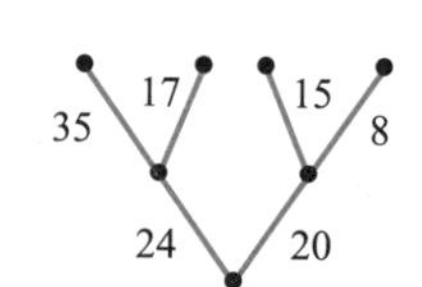

b）权重为 35+24+20+8+17+15 =119的生成树

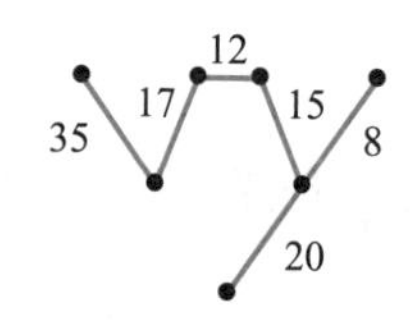

c）权重为 35+17+12+15+20+8 =107的生成树

图 14.56　一个加权图和两个具有权重的生成树

一个非常简单的图可以有许多生成树。通过查找所有可能的生成树并比较它们的权重来寻找最小生成树是非常耗时的。1956 年，美国数学家约瑟夫・克鲁斯卡发现了一个总是会产生加权图的最小生成树的步骤。**克鲁斯卡算法**的基本思想是，总是选择可用权重最小的边，但避免产生任何环线。

克鲁斯卡算法

求出加权图中最小生成树的步骤如下所示：

1. 找出图中权重最小的边。如果有超过一条这样的边，随机选一条。将它标加粗（或者其他表示法）。
2. 找出图中权重第二小的边。如果有超过一条这样的边，随机选一条。将它标加粗。
3. 找出图中权重第三小的、未标注的、不会生成红色环线的边。如果有超过一条这样的边，随机选一条。将它标加粗。
4. 重复步骤 3，直到所有的边都包括进去为止。红色的边就是想要求的最小生成树。

例 3　使用克鲁斯卡算法

如图 14.57 所示，大学校园里的七栋建筑通过人行道相连。图 14.58 中的加权图将建筑物表示为顶点，人行道表示为边，人行道长度表示为权重。

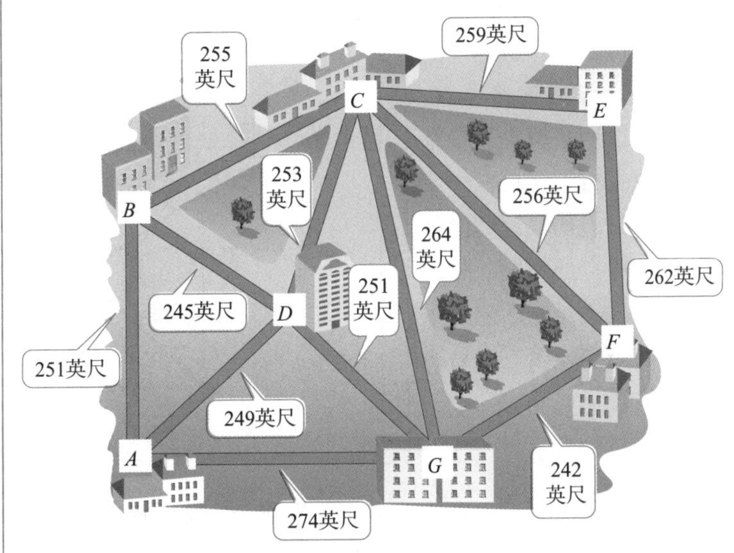

图 14.57　有七栋建筑和相连人行道的校园

> **布利策补充**
>
> **除沿着道路和人行道之外**
>
> 
>
>
> 这枚邮票由日本邮局发行，用于庆祝日本、关岛和夏威夷之间的跨太平洋光纤电缆的建设。你能看出寻找连接三个岛屿的最短距离与使用最小生成树提供最优路径有何不同吗？沿着最小生成树的连接必须沿着规定的道路或人行道。在建造许多光纤电缆系统、管道、高速铁路系统以及计算机芯片的设计中，没有连接道路。图论可以用来解决当没有道路或人行道连接三个或多个点时，用最短的网络连接这些点的问题。邮票上的图显示了电话公司用最少的电缆连接三个岛屿的网络。

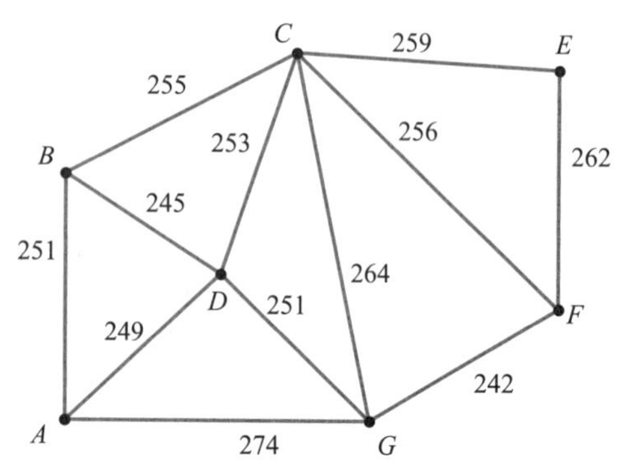

图 14.58　模拟图 14.57 中校园的加权图

下了一场大雪，需要迅速清理人行道。校园服务部门决定尽可能少清理，但仍然确保学生们可以沿着清理干净的小路从一个教学楼走到另一个教学楼。确定要清理的最短人行道序列。需要清理的人行道的总长度是多少？

解答

校园服务部门希望将清除的人行道的总长度保持在最低限度，同时仍然有一条清除的小路连接任意两座建筑。因此，他们正在为图 14.58 中的加权图寻找最小生成树。我们利用克鲁斯卡算法找到了这个最小生成树。当你在阅读算法中的步骤时，请参见图 14.59。

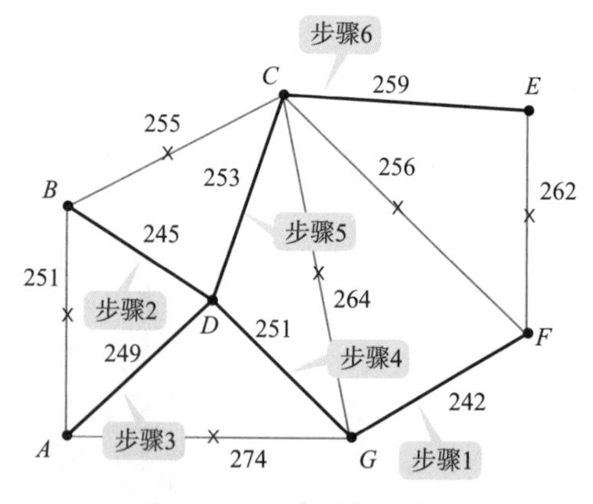

图 14.59　寻求最小生成树

步骤 1　找出权重最小的边。选择边 GF（长度：242 英尺），将它加粗。

步骤 2　找出权重第二小的边。选择边 BD（长度：245 英尺），将它加粗。

步骤 3　找出权重第三小的边。选择边 AD（长度：249 英尺），将它加粗。

步骤 4　找出权重第四小的边。第四小的边有 AB 和 DG，不能选择 AB，它会创建一个环线。选择 DG（长度：251 英尺），将它加粗。

步骤 5　找出权重第五小的边，不能创建环线。选择 CD（长度：253 英尺），将它加粗。注意，我们没有创建环线。

步骤 6　找出权重第六小的边，不能创建环线。第六小的边是 BC（长度：255 英尺），但是它会创建环线，所以不选择 BC。第七小的边是 CF（长度：256 英尺），但是它也会创建环线，所以不选择 CF。第八小的边是 CE（长度：259 英尺），它不会创建环线，所以我们选择它。

你可以看出来图 14.59 中的最小生成树已经完成了吗？加粗的子图包含了图的所有 7 个顶点，是连通的，不包含环线，并且有 $7-1=6$ 条边。因此，图 14.59 中的加粗子图显示了需要清除的最短的人行道序列。从图中，我们可以看出

$$242+245+249+251+253+259=1\ 499\text{ 英尺}$$

的人行道需要清理。

☑ **检查点 3**　使用克鲁斯卡算法求出图 14.60 中的图的最小生成树。求出最小生成树的总权重。

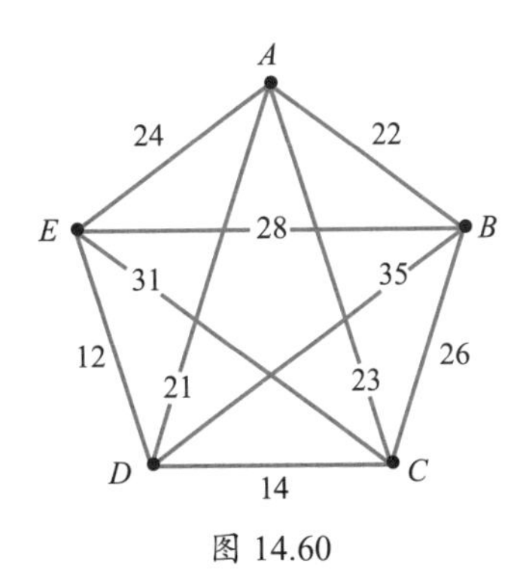

图 14.60

布利策补充

家族树：黑手党家族

《黑手党家族》：只有在有线电视上，他们才能够通过这部充满暴力和讽刺意味的人物形象，讲述一个焦虑不安的黑手党家族男人和他不正常的家庭。图 14.61 显示的是 HBO 的 Soprano 家族三代人。图 14.62 用树状图的模型描述了这个信息。顶点代表图片中的一些人物，边表示亲子关系。系谱学家使用如图 14.62 所示的树状图来显示一个家庭中不同世代成员之间的关系：

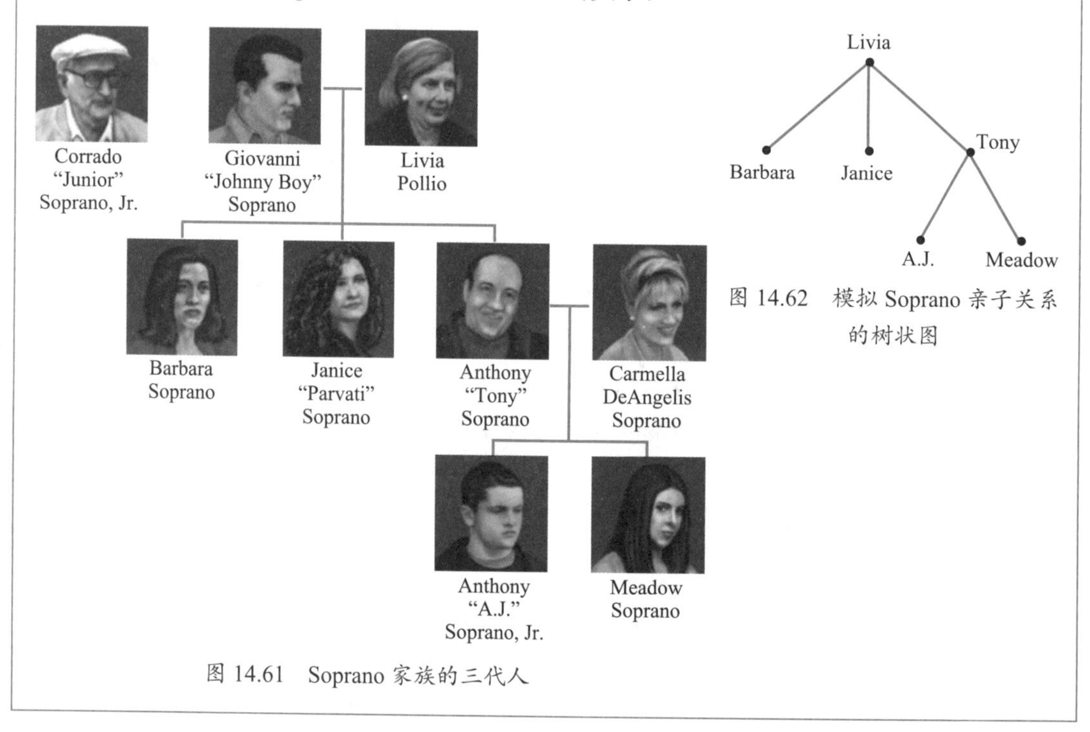

图 14.61　Soprano 家族的三代人

图 14.62　模拟 Soprano 亲子关系的树状图

Thinking Mathematically Seventh Edition

部分练习答案

11.1

检查点练习

1. 150 2. 40 3. 30 4. 160 5. 729 6. 90 000

11.2

检查点练习

1. 600 2. 120 3. a. 504 b. 524 160 c. 100 4. 840 5. 15 120 6. 420

11.3

检查点练习

1. a. 组合 b. 排列 2. 35 3. 1 820 4. 525

11.4

检查点练习

1. a. $\frac{1}{6}$ b. $\frac{1}{2}$ c. 0 d. 1 2. a. $\frac{1}{13}$ b. $\frac{1}{2}$ c. $\frac{1}{26}$ 3. $\frac{1}{2}$ 4. a. 0.32 b. 0.48

11.5

检查点练习

1. $\frac{2}{15}$ 2. $\frac{320}{229\,201\,338}=\frac{160}{114\,600\,669}$ 3. a. $\frac{1}{6}$ b. $\frac{1}{2}$

11.6

检查点练习

1．$\frac{3}{4}$ **2**．$\frac{127}{190}$ **3**．$\frac{205}{214}$ **4**．$\frac{1}{3}$ **5**．$\frac{27}{50}$ **6**．$\frac{3}{4}$ **7**．a. $\frac{197}{254}\approx 0.78$ b. $\frac{20}{127}\approx 0.16$

8．a. 2 ：50 或 1 ：25 b. 50 ：2 或 25 ：1 **9**．199 ：1 **10**．1 ：15; $\frac{1}{16}$

11.7

检查点练习

1．$\frac{1}{361}\approx 0.002\,77$ **2**．$\frac{1}{16}$ **3**．a. $\frac{625}{130\,321}\approx 0.005$ b. $\frac{38\,416}{130\,321}\approx 0.295$ c. $\frac{91\,905}{130\,321}\approx 0.705$

4．$\frac{1}{221}\approx 0.004\,52$ **5**．$\frac{11}{850}\approx 0.012\,9$ **6**．$\frac{2}{5}$ **7**．a.1 b. $\frac{1}{2}$ **8**．a. $\frac{9}{10}=0.9$ b. $\frac{45}{479}\approx 0.094$

11.8

检查点练习

1．2.5 **2**．2 **3**．a. 8 000 美元；从长远来看，平均赔偿金额是 8 000 美元。 b. 8 000 美元

4．0；没有；答案不唯一

5．表条目：998 美元，48 美元和 −2 美元，期望值：−0.90 美元；从长远来看，一个人平均每买一张彩票就会损失 0.90 美元；答案不唯一

6．−0.20 美元；从长远来看，一个人平均每买一张卡就会损失 0.20 美元。

12.1

检查点练习

1．a. 这个场景包含了城市里所有无家可归的人。

b. 不是：已经在避难所的人不太可能反对强制居住在避难所。

2．通过从避难所挑选人，不去避难所的无家可归者就没有机会被选中。一个合适的方法是随机选择城市的社区，然后在选定的社区内随机调查无家可归的人。

3．

成绩	频数
A	3
B	5
C	9
D	2
F	1
	20

4．

组	频数
40～49	1
50～59	5
60～69	4
70～79	15
80～89	5
90～99	7
	37

5．

茎	叶
4	1
5	8 2 8 0 7
6	8 2 9 9
7	3 5 9 9 7 5 5 3 3 6 7 1 7 1 5
8	7 3 9 9 1
9	4 6 9 7 5 8 0

12.2

检查点练习

1．20.1%　**2**．36　**3**．a. 35　b. 82　**4**．5

5．1 小时 06 分钟，1 小时 09 分钟，1 小时 14 分钟，1 小时 21 分钟，1 小时 22 分钟，1 小时 25 分钟，1 小时 29 分钟，1 小时 29 分钟，1 小时 34 分钟，1 小时 34 分钟，1 小时 36 分钟，1 小时 45 分钟，1 小时 46 分钟，1 小时 49 分钟，1 小时 54 分钟，1 小时 57 分钟，2 小时 10 分钟，2 小时 15 分钟；中位数：1 小时 34 分钟

6．54.5　**7**．a. 372.6 百万美元　b. 17.5 百万美元　c. 特朗普的净资产远远高于其他总统。

8．a. 8　b. 3 和 8　c. 没有众数　**9**．14.5

10．平均数：158.6 卡路里；中位数：153 卡路里；众数：138 卡路里；中列数：151 卡路里

12.3

检查点练习

1．9　**2**. 平均数：6；

数据项	离差
2	−4
4	−2
7	1
11	5

3．≈3.92　**4**．样本 A：3.74；样本 B：28.06

5．a. 小公司股票　b. 小公司股票；答案不唯一

12.4

检查点练习

1．a.75.5 英寸　b.58 英寸　**2**．a.95%　b. 47.5%　c. 16%　**3**．a. 2　b.0　c. −1　**4**．ACT

5．a. 64　b. 128　**6**．75% 的 SAT 分数低于这个学生的分数。

7．a. ± 2.0%　b. 我们可以有 95% 的把握，34% 到 38% 的美国人每年阅读超过 10 本书。

c. 回答示例：有些人可能会尴尬地承认，他们每年读的书很少或根本没有。

12.5

检查点练习

1．88.49%　**2**．8.08%　**3**．83.01%

12.6

检查点练习

1．这表明中等的关系。　2．0.89；这两个量之间有中等强的正关系。

3．$y=0.1x+0.8$；每 10 万人中有 8.8 人死亡　4．可以

13.1

检查点练习

1．a. 4 210　b. 40　c. 2 865　2．唐纳　3．鲍勃　4．卡曼　5．鲍勃

13.2

检查点练习

1．a. A　b. B　2．a. B　b. A　3．a. A　b. C　c. 是　4．a. A　b. D　c. 是

13.3

检查点练习

1．a. 50　b. 22.24; 22.36; 26.4; 30.3; 98.7; 200　2．22; 22; 27; 30; 99　3．22; 22; 26; 30; 100

4．22; 23; 27; 30; 98　5．22; 22; 27; 30; 99

13.4

检查点练习

1．B 的分配从 11 降到 10

2．a. 10；19；71　b.A 州：1.005%；B 州：0.998%　c. 虽然 A 州人口增长速度比 B 州快，但 A 州损失了一个席位给了 B 州。

3．a. 21；79　b. 随着北高加入学区，西高失去了一名顾问给了东高。

14.1

检查点练习

1．这两个图有相同数量的顶点并以相同的方式彼此连接。

2．　3．　4．　5．

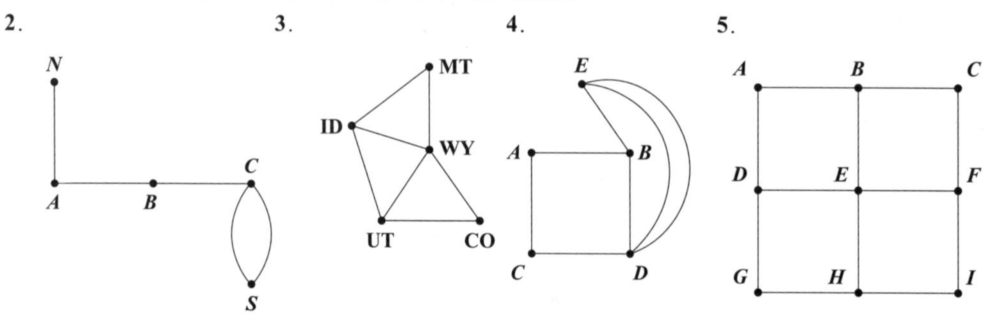

6．A 和 B，A 和 C，A 和 D，A 和 E，B 和 C，E 和 E

14.2

检查点练习

1.

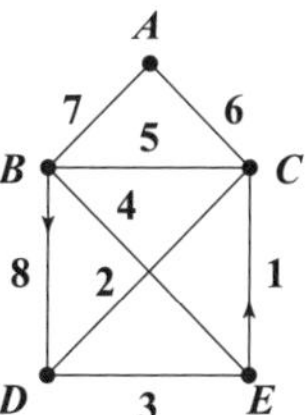

E,C,D,E,B,C,A,B,D

2.

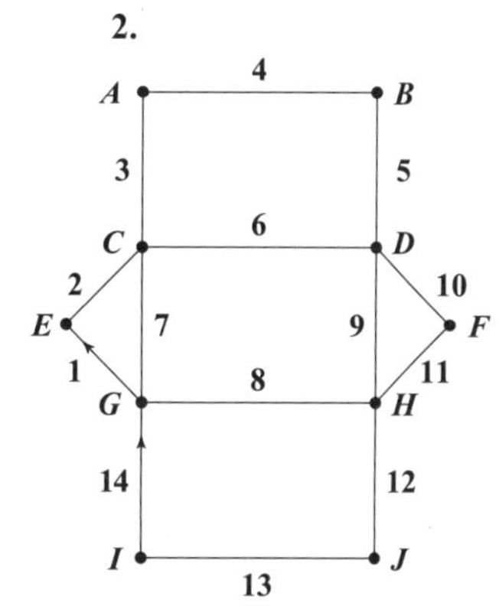

$G,E,C,A,B,D,C,G,H,D,F,H,J,I,G$

3．a. 是

b.

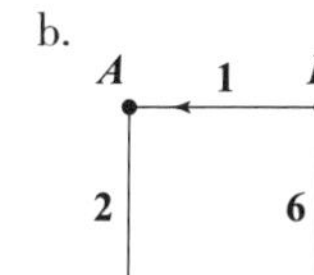

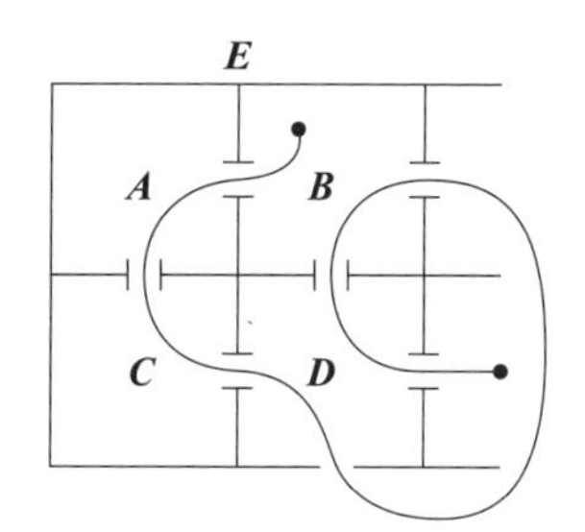

4．

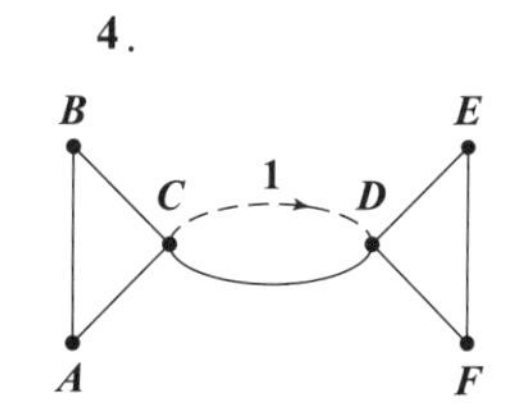

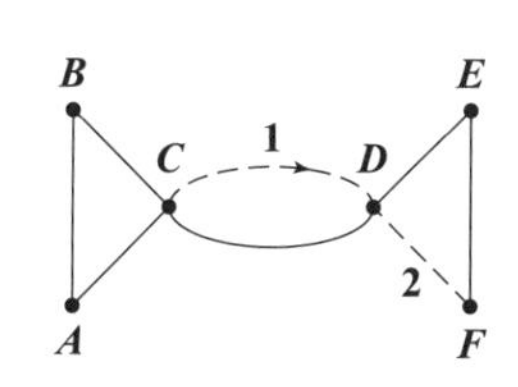

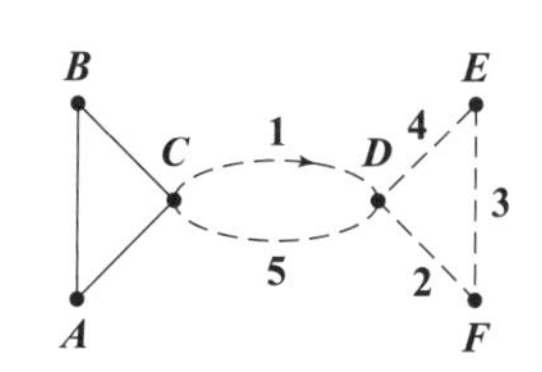

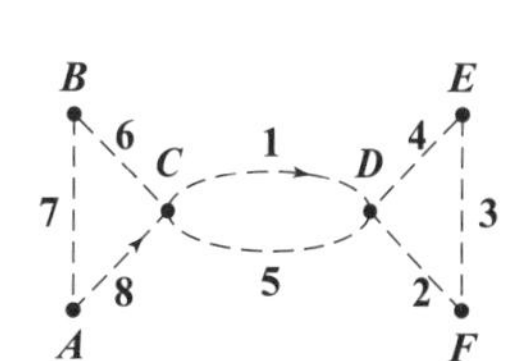

14.3

检查点练习

1．a. 可能的答案：E，C，D，G，B，A，F　b. 可能的答案：E，C，D，G，B，F，A，E

2．a. 2　b.120　c. 362 880　　3．562 美元

4.

汉密尔顿环线	边的权重和	=	总花费
A, B, C, D, A	20 + 15 + 50 + 30	=	115美元
A, B, D, C, A	20 + 10 + 50 + 70	=	150美元
A, C, B, D, A	70 + 15 + 10 + 30	=	125美元
A, C, D, B, A	70 + 50 + 10 + 20	=	150美元
A, D, B, C, A	30 + 10 + 15 + 70	=	125美元
A, D, C, B, A	30 + 50 + 15 + 20	=	115美元

A, B, C, D, A; A, D, C, B, A

5．A，B，C，D，E，A；198

14.4

检查点练习

1．图 14.51c　2．可能的答案：

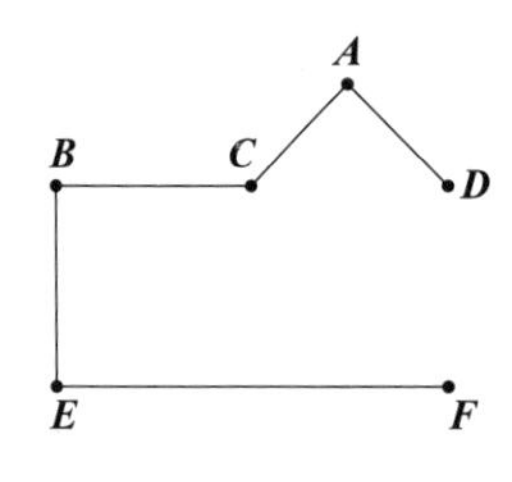

3.

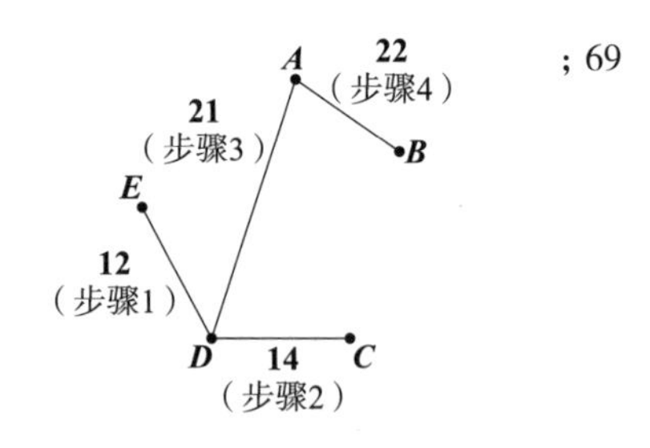

；69

推荐阅读

线性代数(原书第10版)

ISBN：978-7-111-71729-4

数学分析原理 面向计算机专业(原书第2版)

ISBN：978-7-111-71242-8

数学分析(原书第2版·典藏版)

ISBN：978-7-111-70616-8

复分析(英文版·原书第3版·典藏版)

ISBN：978-7-111-70102-6

实分析(英文版·原书第4版)

ISBN：978-7-111-64665-5

泛函分析(原书第2版·典藏版)

ISBN：978-7-111-65107-9

推荐阅读

计算贝叶斯统计导论

ISBN：978-7-111-72106-2

高维统计学：非渐近视角

ISBN：978-7-111-71676-1

最优化模型:线性代数模型、凸优化模型及应用

ISBN：978-7-111-70405-8

统计推断：面向工程和数据科学

ISBN：978-7-111-71320-3

概率与统计：面向计算机专业（原书第3版）

ISBN：978-7-111-71635-8

概率论基础教程（原书第10版）

ISBN：978-7-111-69856-2